环境影响评价

陈天明　李　娜　韩香云　主编

科学出版社

北　京

内 容 简 介

本书系统介绍了环境影响评价所涉及的法律法规体系、技术方法、技术导则和案例分析四个方面的内容，具有系统性、实用性、独立性、整体性和新颖性。全书共13章，包括环境影响评价概论、环境影响评价程序与方法、工程分析、大气环境影响评价、地表水环境影响评价、声环境影响评价、固体废物环境影响评价、生态影响评价、地下水环境影响评价、土壤环境影响评价、环境风险评价、规划环境影响评价、建设项目竣工环境保护验收等。

本书可作为高等学校环境科学与环境工程等专业的教材，也可供从事环境影响评价及相关领域的技术人员、管理人员及参加环境影响评价工程师职业资格考试的人员参考。

图书在版编目(CIP)数据

环境影响评价 / 陈天明，李娜，韩香云主编. —北京：科学出版社，2022.8

ISBN 978-7-03-071631-6

Ⅰ. ①环… Ⅱ. ①陈… ②李… ③韩… Ⅲ. ①环境影响-评价-高等学校-教材 Ⅳ. ①X820.3

中国版本图书馆 CIP 数据核字（2022）第 033014 号

责任编辑：赵晓霞 李丽娇 / 责任校对：杨 赛
责任印制：张 伟 / 封面设计：陈 敬

科 学 出 版 社 出版
北京东黄城根北街 16 号
邮政编码：100717
http://www.sciencep.com
北京中石油彩色印刷有限责任公司 印刷
科学出版社发行 各地新华书店经销
*
2022 年 8 月第 一 版 开本：787 × 1092 1/16
2023 年 1 月第二次印刷 印张：15 1/2
字数：374 000

定价：69.00 元

前　　言

环境影响评价是环境科学的一个重要分支学科，也是我国环境保护的一项重要法律制度。1989年12月26日通过的《中华人民共和国环境保护法》标志着我国的环境保护工作进入法制轨道，带动了我国环境影响评价制度的全面发展，经过几十年的发展和完善，已经形成了较为完整的技术导则、评价标准和管理体系。环境影响评价无论在理论、法规与体制上，还是在内容、方法与技术上都有长足进展，在我国经济建设、社会发展和环境保护中的地位和作用也日益彰显。

“十三五”是我国生态文明建设和生态环境保护开拓进取的重要时期。2018年，全国生态环境保护大会明确了生态文明建设是“五位一体”总体布局的重要组成部分。党的十九大通过了《中国共产党章程(修正案)》，把“增强绿水青山就是金山银山的意识”首次写入党章，绿色成为新发展理念中的重要部分。2020年，中国共产党第十九届中央委员会第五次全体会议提出，推动绿色发展，促进人与自然和谐共生；坚持绿水青山就是金山银山理念，坚持尊重自然、顺应自然、保护自然，坚持节约优先、保护优先、自然恢复为主，守住自然生态安全边界；深入实施可持续发展战略，完善生态文明领域统筹协调机制，构建生态文明体系，促进经济社会发展全面绿色转型，建设人与自然和谐共生的现代化；要加快推动绿色低碳发展，持续改善环境质量，提升生态系统质量和稳定性，全面提高资源利用效率。环境影响评价作为高等院校环境科学与工程类专业的一门核心课程，应以生态文明建设为理念，以生态环境保护机制为理论依据，培养德才兼备的环境保护工作者。

本书正是为适应日益发展的环境影响评价的研究及实践，并为满足环境类人才培养的需要而编写的。在本书编写过程中遵循以下原则：一是以环境要素为主线，系统阐述环境质量现状评价，以及环境影响评价的理论、方法和应用，力求适应新的人才培养模式需求，体现教材的科学性和先进性；二是紧扣我国环境影响评价最新的政策、法律法规、标准、方法和环境影响评价技术导则，同时吸纳国际上先进的方法和环境影响评价发展趋势方面的内容，体现教材的新颖性；三是理论与实际相结合，在环境要素的环境影响预测与评价的章节中增加案例分析，使人才培养与执业工程师培养相结合，体现教材的实用性。

本书由陈天明、李娜、韩香云主编，各章节具体编写分工为：第一章、第二章由陈天明、韩香云、费正皓编写；第三章、第六章由陈天明编写；第四章、第七至十一章由陈天明、韩香云、裔兆辉、李娜编写；第五章、第十二章、第十三章由李娜、陈天明编写，最后由陈天明负责统稿并定稿。在本书编写过程中引用了国家标准和法律法规、环境影响评价技术导则，参考了生态环境部环境工程评估中心编写的环境影响评价岗位培训教材、全国环境影响评价工程师执业资格考试系列教材，以及许多专家学者的著作和研究成果，在此深表谢意。盐城师范学院费正皓教授提出了很多宝贵的建议，在此一并感谢。

由于时间和水平有限，书中不妥之处在所难免，恳请读者批评指正。

编　者

2021 年 12 月

目　　录

第一章　环境影响评价概论

环境影响评价制度是世界各国为了人类赖以生存的环境的可持续发展，针对本国特色制定的环境保护法律制度。我国的环境影响评价制度经过几十年的发展和完善，已经形成了较为完整的技术导则、评价标准和管理体系。

第一节　环境影响评价基本概念

一、环境和环境影响评价

1. 环境

环境的定义具有较强的主观性，它是相对于某个主体而言的，主体不同，环境的大小、内容等也不尽相同。《中华人民共和国环境保护法》中对环境的定义是：影响人类生存和发展的各种天然的和经过人工改造的自然因素的总体，包括大气、水、海洋、土地、矿藏、森林、草原、野生生物、自然遗迹、人文遗迹、风景名胜区、自然保护区、城市和乡村等。

环境科学中的“环境”通常指人类环境。人类环境分为自然环境和社会环境。自然环境是直接或间接影响人类生存和发展的各种天然形成的自然因素(物质和能量)的总和，包括大气、水、土壤、生物和各种矿物资源等，如阳光、空气、陆地、天然水体、天然森林和草原、野生生物等。社会环境是人类在自然环境的基础上，经过有目的、有意识地改造后的各种社会因素(物质和文化)的总和，如水库、城市、工厂、港口、公路、铁路、学校、医院等。

需要特别指出的是，随着人类社会的发展，环境的概念也在变化。以前人们把环境仅仅看作单个物理要素的简单组合，而忽视了它们之间的相互作用关系。20世纪70年代以后，人类对环境的认识发生了一次飞跃，人类开始认识地球生命支持系统中的各个组分和各种反应过程之间的相互关系。

2. 环境质量

环境质量是环境要素及其状态对人类和动植物的生存繁衍和发展的适应程度，它是相对和变化的，具有强度性质，是因人对环境的具体要求而形成的评定环境的一种概念。

环境由自然环境要素和社会环境要素构成，因此环境质量包括自然环境质量和社会环境质量，如大气环境质量、水环境质量、土壤环境质量、生产环境质量、文化环境质量等。而各种环境要素的优劣是根据人类要求进行评价的，所以环境质量又是同环境质量评价联系在一起的，即确定具体的环境质量要素进行环境质量评价，用评价的结果表征环境质量。环境质量评价是确定环境质量的手段、方法，环境质量则是环境质量评价的结果。

3. 环境容量

环境容量是衡量和表现环境系统、结构、状态相对稳定性的概念。环境容量是指在一定行政区域内，为达到环境目标值，在特定的产业结构和污染源分布的条件下，根据该地区的自净能力，所能承受的污染物最大排放量。

某区域环境容量的大小与该区域本身的组成、结构及功能有关。通过人为的调节，控制环境的物理、化学及生物学过程，改变物质的循环转化方式，可以提高环境容量，改善环境的污染状况。

环境容量按环境要素可分为大气环境容量、水环境容量、土壤环境容量和生物环境容量等。此外，还有人口环境容量、城市环境容量等。

4. 环境影响

环境影响是指人类活动(经济活动和社会活动)导致的环境变化以及由此引起的对人类社会的效应。环境影响概念包括人类活动对环境的作用和环境对人类的反作用两个层次。

环境影响的分类：

(1) 按影响来源分为直接影响、间接影响和累积影响。

(2) 按影响效果分为有利影响和不利影响。

(3) 按影响性质分为可恢复影响和不可恢复影响。

此外，还可以将环境影响分为短期影响和长期影响，暂时影响和连续影响，地方、区域、国家或全球影响，建设阶段影响和运行阶段影响，单个影响和综合影响等。

5. 环境敏感区

根据《建设项目环境影响评价分类管理名录(2021年版)》，环境敏感区是指依法设立的各级各类保护区域和对建设项目产生的环境影响特别敏感的区域，主要包括下列区域：

(1) 国家公园、自然保护区、风景名胜区、世界文化和自然遗产地、海洋特别保护区、饮用水水源保护区。

(2) 除(1)外的生态保护红线管控范围，永久基本农田、基本草原、自然公园(森林公园、地质公园、海洋公园等)、重要湿地、天然林，重点保护野生动物栖息地，重点保护野生植物生长繁殖地，重要水生生物的自然产卵场、索饵场、越冬场和洄游通道，天然渔场，水土流失重点预防区和重点治理区，沙化土地封禁保护区，封闭及半封闭海域。

(3) 以居住、医疗卫生、文化教育、科研、行政办公为主要功能的区域，以及文物保护单位。

6. 环境影响评价

环境影响评价的概念最早是1964年在加拿大召开的一次国际环境质量评价学术会议上提出的。

环境影响评价是指对规划和建设项目实施后可能对环境产生的影响进行分析、预测和评估，并提出预防或减轻不良影响的对策措施，以及进行跟踪监测的方法和制度。

环境影响评价的根本目的是鼓励在规划和决策中考虑环境因素，最终使规划和决策等人类活动更具环境相容性。

按照评价对象，环境影响评价可以分为规划环境影响评价和建设项目环境影响评价。按照环境要素，环境影响评价可以分为大气环境影响评价、地表水环境影响评价、声环境影响评价、生态环境影响评价和固体废物环境影响评价等。

二、环境影响评价的原则

1) 依法评价

贯彻执行我国环境保护相关法律法规、标准、政策和规划等，优化项目建设，服务环境管理。

2) 科学评价

规范环境影响评价方法，科学分析项目建设对环境质量的影响。

3) 突出重点

根据建设项目的工程内容及其特点，明确与环境要素间的作用效应关系，根据规划环境影响评价结论和审查意见，充分利用符合时效的数据资料及成果，对建设项目主要环境影响予以重点分析和评价。

三、环境影响评价的重要性

环境影响评价是一项技术，也是正确认识经济发展、社会发展和环境发展之间的相互关系的科学方法，是正确处理经济发展、使之符合国家总体利益和长远利益、强化环境管理的有效手段，对确定经济发展方向和保护环境等一系列重大决策有重要的指导作用。

环境影响评价的重要性具体表现在以下几个方面。

1) 保证建设项目选址和布局的合理性

合理的布局是保证环境与经济持续发展的前提条件，而不合理的布局则是造成环境污染的重要原因。环境影响评价是从建设项目所在地区的整体出发，考察建设项目的不同选址和布局对区域整体的不同影响，并进行比较和取舍，选择最有利的方案，保证建设项目选址和布局的合理性。

2) 指导环境保护设计，强化环境管理

一般来说，开发建设活动和生产活动都要消耗一定的资源，给环境带来一定的污染与破坏，因此必须采取相应的环境保护措施。环境影响评价是针对具体的开发建设活动或生产活动，综合考虑开发活动特征和环境特征，通过对污染治理设施的技术、经济和环境论证，可以得到相对最合理的环境保护对策和措施，把因人类活动而产生的环境污染或生态破坏限制在最小范围。

3) 为区域的社会经济发展提供导向

环境影响评价可以通过对区域的自然条件、资源条件、社会条件和经济发展状况等进行综合分析，掌握该地区的资源、环境和社会承受力等状况，从而对该地区发展方向、发展规模、产业结构和产业布局等做出科学的决策和规划，以指导区域活动，实现可持续发展。

4) 促进相关环境科学技术发展

环境影响评价涉及自然科学和社会科学的广泛领域，包括基础理论研究和应用技术开发。环境影响评价工作中遇到的问题必然是对相关环境科学技术的挑战，进而推动相关环境科学技术的发展。

第二节　环境影响评价的发展历程

一、全球环境影响评价制度的建立和立法

1964 年在加拿大召开的国际环境质量评价学术会议上，首次提出了“环境影响评价”概

念。但人们在实践中很快就发现，仅靠科学方法和技术手段并不能有效遏制环境污染和生态破坏加重的趋势。在公众的强烈要求下，发达国家开始试图通过立法来解决环境污染问题。

1969年美国颁布《国家环境政策法》(NEPA)，把环境影响评价作为联邦政府在环境管理中必须遵循的一项制度，至20世纪70年代末，各州相继建立了各种形式的环境影响评价制度。

由于环境影响评价制度的实施对防止环境受到人类行为的侵害具有科学的预见性，因此这项制度很快便被世界各国采纳和效仿，并在各国立法。

继美国之后，瑞典在《环境保护法》(1969年)、澳大利亚在《联邦环境保护法》(1974年)、法国在《自然保护法》(1976年)、荷兰在《环境保护法》(1993年)中相继确立了环境影响评价制度。继而，发展中国家也建立了环境影响评价制度，如马来西亚(1974年)、印度(1978年)、中国(1979年)等。到20世纪90年代初期，非洲和南美洲的一些国家也先后制定了环境影响评价政策法规。

目前，全世界共有100多个国家和地区在开发建设活动中推行环境影响评价制度。由此可见，环境影响评价已作为一项成熟的制度在全球普及实施。

二、我国环境影响评价的发展沿革

1. 引入和确立阶段

我国是最早实施建设项目环境影响评价制度的发展中国家之一。1972年联合国人类环境会议之后，我国开始对环境影响评价制度进行探讨和研究。1973年第一次全国环境保护会议后，我国环境保护工作全面起步，环境影响评价的概念引入后，我国首先在环境质量评价方面开展了工作。1979年，第五届全国人民代表大会常务委员会第十一次会议通过了《中华人民共和国环境保护法(试行)》，规定："一切企业、事业单位的选址、设计、建设和生产，都必须充分注意防止对环境的污染和破坏。在进行新建、改建和扩建工程中，必须提出环境影响的报告书，经过环境保护部门和其他有关部门审查批准后才能进行设计。"我国的环境影响评价制度正式建立起来。

2. 规范和建设阶段

环境影响评价制度确立后，相继颁布的各项环境保护法律法规不断对环境影响评价进行规范，如1982年颁布的《中华人民共和国海洋环境保护法》第六条、第九条和第十条，1987年颁布的《中华人民共和国大气污染防治法》第九条，以及1989年颁布的《中华人民共和国环境噪声污染防治条例》第十五条等，都有关于环境影响评价的规定。

我国还通过制定部门行政规章，逐步明确了环境影响评价的内容、范围和程序，环境影响评价的技术方法也不断完善。这一阶段主要的部门行政规章有《建设项目环境保护管理办法》《建设项目环境影响评价证书管理办法》《建设项目环境影响评价收费的原则与发放证书管理办法(试行)》《关于建设项目环境影响报告书审批权限问题的通知》等。

1989年颁布的《中华人民共和国环境保护法》第十三条规定："建设污染环境的项目，必须遵守国家有关建设项目环境保护管理的规定。建设项目的环境影响报告书，必须对建设项目产生的污染和对环境的影响作出评价，规定防治措施，经项目主管部门预审并依照规定的程序报环境保护行政主管部门批准。环境影响报告书经批准后，计划部门方可批准建设项目设计任务书。”这一条款对环境影响评价制度的执行对象和任务、工作原则和审批程序、执行时段和基本建设程序之间的关系做了原则规定，是行政法规中具体规范环境影响评价制度的法律依据和基础。

3. 强化和完善阶段

随着我国改革开放的深入发展和社会主义计划经济向市场经济转轨，建设项目的环境保护管理也不断地得到改革和强化。期间我国加强了国际合作与交流，进一步完善了环境影响评价制度。

从1989年通过的《中华人民共和国环境保护法》到2002年第九届全国人民代表大会常务委员会通过的《中华人民共和国环境影响评价法》，是建设项目环境影响评价强化和完善的阶段。

1994年起，开始了环境影响评价招标试点。

1993～1997年，国家环境保护局陆续发布了《环境影响评价技术导则》(总纲、大气环境、地面水环境、声环境、非污染生态影响)、《辐射环境保护管理导则 电磁辐射环境影响评价方法与标准》、《火电厂建设项目环境影响报告书编制规范》等，环境影响评价技术规范的制订工作得到加强。

1998年颁布实施的《建设项目环境保护管理条例》是建设项目环境管理的第一个行政法规。

1999年国家环境保护总局发布了《建设项目环境影响评价资格证书管理办法》《建设项目环境保护分类管理名录(试行)》《关于执行建设项目环境影响评价制度有关问题的通知》等，成为贯彻落实《建设项目环境保护管理条例》、把环境影响评价推向新阶段的有力保证。

4. 提高阶段

2002年10月，第九届全国人民代表大会常务委员会通过了《中华人民共和国环境影响评价法》，环境影响评价从建设项目环境影响评价扩展到规划环境影响评价，使环境影响评价制度得以发展。

为加强环境影响评价管理，提高环境影响评价专业技术人员素质，确保环境影响评价质量，2004年2月，人事部、国家环境保护总局决定在全国环境影响评价行业建立环境影响评价工程师职业资格制度，对环境影响评价技术及从业者提出了更高的要求。

为了加强规划环境影响评价工作，提高规划的科学性，我国于2009年10月1日正式施行了《规划环境影响评价条例》，为规划环境影响评价提供了具有可操作性的法律依据，为环境决策融入政府宏观决策提供了制度抓手。

2008～2011年，我国相继修订颁布了《环境影响评价技术导则 大气环境》《环境影响评价技术导则 声环境》《环境影响评价技术导则 生态影响》《环境影响评价技术导则 总纲》，2011年，制定颁布了《环境影响评价技术导则 地下水环境》，标志着我国环境影响评价进入了提高阶段。

5. 改革和优化阶段

进入“十三五”以来，环境影响评价进入了改革和优化阶段。为适应我国社会和经济发展，保证环境影响评价工作正常有序进行，国家相关部门陆续对各项环境保护法律法规和部门规章进行了大力改革。环境保护部印发了《“十三五”环境影响评价改革实施方案》，为在新时期充分发挥环境影响评价源头预防环境污染和生态破坏的作用、推动实现“十三五”绿色发展和改善生态环境质量总体目标，制定了实施方案。

2016年7月修订了《中华人民共和国环境影响评价法》。2017年6月21日国务院第177次常务会议通过了《国务院关于修改〈建设项目环境保护管理条例〉的决定》，自2017年10月1日起施行。2016年12月8日环境保护部发布了修订的《建设项目环境影响评价技术导则 总纲》，2017年1月1日起实施。

6. 全面深化改革阶段

2018年12月29日发布了修订的《中华人民共和国环境影响评价法》，取消了建设项目环境影响评价资质行政许可事项，不再强制要求由具有资质的环境影响评价机构编制建设项目环境影响报告书(表)，规定建设单位既可以委托技术单位为其编制环境影响报告书(表)，如果自身就具备相应技术能力也可以自行编制。在全面深化“放管服”改革的新形势下，随着环境影响评价技术校核等事中事后监管的力度越来越大，放开事前准入的条件逐步成熟，此次修法标志着环境影响评价资质管理的改革瓜熟蒂落。

2018年7月31日发布了修订的《环境影响评价技术导则 大气环境》，2018年12月1日起实施；2018年10月8日发布了修订的《环境影响评价技术导则 地表水环境》，2019年3月1日起实施；2018年10月15日发布了修订的《建设项目环境影风险评价技术导则》，2019年3月1日起实施；2018年9月13日首次发布了《环境影响评价技术导则 土壤环境(试行)》，2019年7月1日起实施。为落实《中华人民共和国环境影响评价法》等法律法规，衔接区域 “三线一单”，推动“放管服”改革，规范和指导规划环境影响评价工作。生态环境部修订印发了《规划环境影响评价技术导则 总纲》，2020年3月1日正式实施。

2019年9月生态环境部发布《建设项目环境影响报告书(表)编制监督管理办法》，同年10月又发布了《关于发布〈建设项目环境影响报告书(表)编制监督管理办法〉配套文件的公告》，至此，环境影响评价改革后的相关监督管理要求正式落地。

第三节　我国的环境影响评价制度

环境影响评价制度是指把环境影响评价工作以法律法规或行政规章的形式确定下来从而必须遵守的制度。环境影响评价是评价技术，环境影响评价制度是进行评价的法律依据。

环境影响评价制度的建立体现了人类环境意识的提高，是正确处理人类与环境关系、保证社会经济与环境协调发展的一个进步。

一、环境影响评价制度体系

经过多年的发展，我国的环境影响评价制度体系初步形成(图 1-1)，包括环境影响法律，配套行政法规，涉及有关区域、行业环境影响评价的部门规章和地方性法规与规章。

(1) 环境影响评价基础法：《中华人民共和国环境影响评价法》(由项目环境影响评价扩展到规划环境影响评价，2018年修订)。

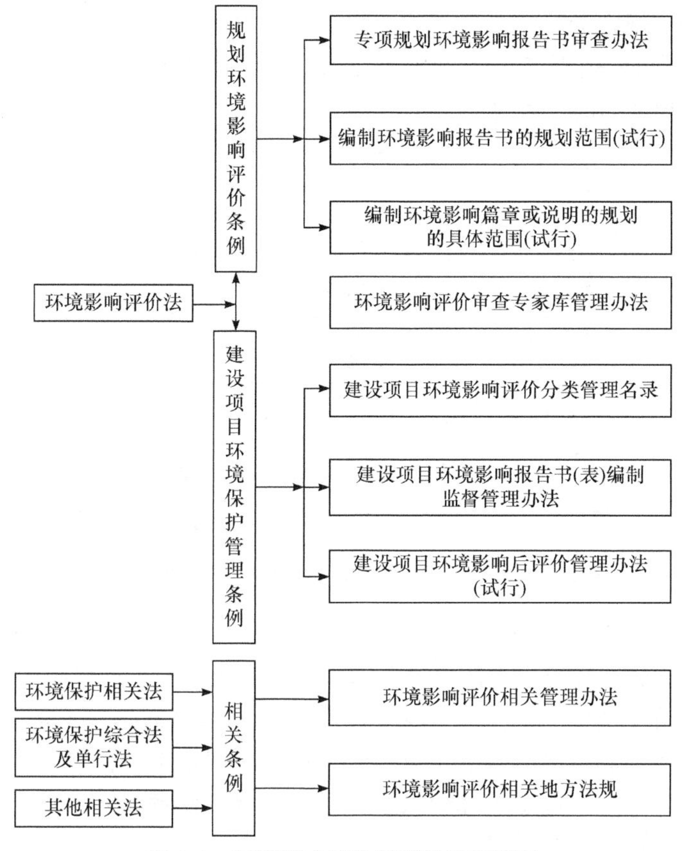

图 1-1　环境影响评价制度体系框架图

(2) 环境影响评价单行法：《中华人民共和国海洋环境保护法》《中华人民共和国水污染防治法》《中华人民共和国大气污染防治法》《中华人民共和国固体废物污染环境防治法》等。

(3) 环境保护综合法：《中华人民共和国环境保护法》。

(4) 环境保护相关法：《中华人民共和国清洁生产促进法》。

(5) 环境影响评价行政法规：《建设项目环境保护管理条例》。

二、我国环境影响评价的依据

我国的环境影响评价与环境保护的法律法规体系密不可分，环境影响评价的依据是环境保护的法律法规和环境标准。环境法律法规和标准及环境目标反映的是一个地区、国家和国际组织的环境政策，也是其环境基本价值的体现。

1. 环境影响评价的法规依据

环境影响评价的法律法规与标准体系是指国家为保护和改善环境、防治污染及其他公害而制定的体现政府行为准则的各种法律、法规、规章制度及政策性文件的有机整体框架系统，是开展环境影响评价的基本依据。

我国目前已经建立了由法律、国务院行政法规、政府部门规章、地方性法规和地方政府规章、环境标准、环境保护国际条约等组成的较为完整的环境保护法律法规体系。该体系以《中华人民共和国宪法》中关于环境保护的规定为基础，以综合性环境基本法为核心，以相关法律关于环境保护的规定为补充，是由若干相互联系协调的环境保护法律、法规、规章、标准及国际条约所组成的一个完整而又相对独立的法律法规体系。我国环境保护法律法规体系框架及各项法律法规之间的关系见图 1-2。

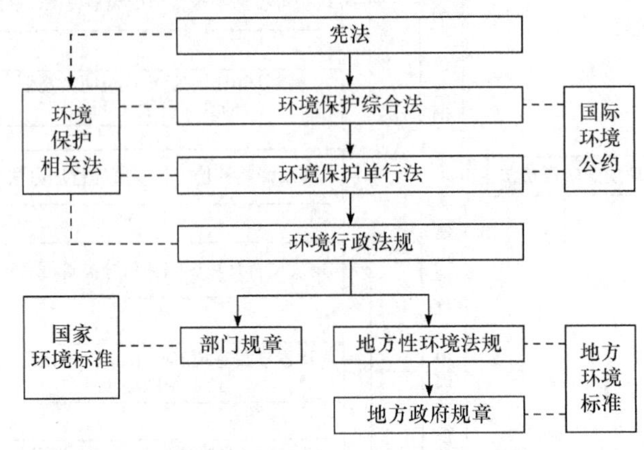

图 1-2　我国环境保护法律法规体系框架结构示意图

1) 宪法中关于环境保护的规定

我国宪法是建立健全环境保护法律法规体系的依据和基础，具有最高法律效力。2018 年 3 月 11 日通过修订的《中华人民共和国宪法》第二十六条规定：“国家保护和改善生活环境和生态环境，防治污染和其他公害。”第九条规定：“国家保障自然资源的合理利用，保护珍贵的动物和植物。禁止任何组织和个人用任何手段侵占或者破坏自然资源。”第十条、第二十二条也是关于环境保护的规定。

2) 环境保护法中的规定

为保护和改善环境，防治污染和其他公害，保障公众健康，推进生态文明建设，促进经济社会可持续发展，1989 年 12 月 26 日颁布实施了《中华人民共和国环境保护法》，标志着我国的环境保护工作进入法制轨道，带动了我国环境保护立法的全面发展。2015 年 1 月 1 日正式修订实施的《中华人民共和国环境保护法》是现阶段我国环境保护的综合性法律，在环境保护法律体系中占据核心地位。该法共七章 70 条，分为总则、监督管理、保护和改善环境、防治污染和其他公害、信息公开和公众参与、法律责任及附则。其中第十九条明确规定：编制有关开发利用规划，建设对环境有影响的项目，应当依法进行环境影响评价；第六十一条规定：建设单位未依法提交建设项目环境影响评价文件或者环境影响评价文件未经批准，擅自开工建设的，由负有环境保护监督管理职责的部门责令停止建设，处以罚款，并可以责令恢复原状。

3) 环境影响评价法

2002 年 10 月 28 日通过的《中华人民共和国环境影响评价法》是一部独特的环境保护单行法，规定了规划和建设项目环境影响评价的相关法律要求，是我国环境立法的重大发展。2016 年 7 月 2 日《中华人民共和国环境影响评价法》通过修订，将环境影响评价的范畴从建设项目扩展到规划，即战略层次，力求从策略的源头防治污染和生态破坏，标志着我国环境与资源立法进入了一个新的阶段。2018 年 12 月该法再次修订。

4) 环境保护单行法

环境保护单行法是针对特定的污染防治对象或资源保护对象而制定的。它分为两大类：

一类是自然资源保护法，如《中华人民共和国森林法》《中华人民共和国草原法》《中华人民共和国渔业法》《中华人民共和国矿产资源法》《中华人民共和国土地管理法》《中华人民共和国水法》《中华人民共和国野生动物保护法》《中华人民共和国水土保持法》《中华人民共和国气象法》《中华人民共和国环境保护税法》等；另一类是污染防治法，如《中华人民共和国水污染防治法》《中华人民共和国大气污染防治法》《中华人民共和国固体废物污染环境防治法》《中华人民共和国噪声污染防治法》《中华人民共和国海洋环境保护法》《中华人民共和国清洁生产促进法》《中华人民共和国放射性污染防治法》等。这些法律中都有环境影响评价的相关规定。

5) 环境保护行政法规

环境保护行政法规是由国务院制定并公布的环境保护规定文件。分为两类：一类是为执行某些环境保护单行法而制定的实施细则或条例，如 2013 年 9 月国务院印发的《大气污染防治行动计划》、2015 年 4 月国务院印发的《水污染防治行动计划》、2018 年 1 月 1 日起施行的《中华人民共和国环境保护税法实施条例》；另一类是针对环境保护工作中某些尚无相应单行法的重要领域而制定的条例、规定或办法，如 2017 年 10 月国务院发布施行的《建设项目环境保护管理条例》。

6) 环境保护部门规章

环境保护部门规章是由国务院环境保护行政主管部门单独发布的或者与国务院有关部门联合发布的环境保护规范文件。它以有关的环境保护法规为依据制定，或针对某些尚无法律法规调整的领域而作出相应的规定，如 2016 年 1 月 1 日起施行的《建设项目环境影响后评价管理办法(试行)》、2017 年 9 月 1 日起施行的《建设项目环境影响评价分类管理名录》、2017 年 1 月 1 日起施行的《最高人民法院、最高人民检察院关于办理环境污染刑事案件适用法律若干问题的解释》等。

7) 环境保护地方性法规和地方政府规章

环境保护地方性法规和地方政府规章是地方权力机关和地方行政机关依据宪法和相关法律法规制定的环境保护规范性文件。这些规范性文件是根据本地的实际情况和特殊的环境问题，为实施环境保护法律法规而制定的，具有较强的可操作性，如北京市地方标准《水污染物综合排放标准》(DB 11/307—2013)、江苏省地方标准《化学工业挥发性有机物排放标准》(DB 32/3151—2016)、《江苏省大气污染防治条例》。

8) 环境保护国际公约

环境保护国际公约是指我国缔结和参加的环境保护国际公约、条约和议定书。国际公约与我国环境法有不同规定时，优先适用国际公约的规定，但我国声明保留的条款除外，如 1991 年我国加入了《关于消耗臭氧层物质的蒙特利尔议定书》、2017 年 8 月 16 日在我国正式生效的《关于汞的水俣公约》。

2. 环境政策、产业政策与污染防治技术政策

1) 环境政策

环境政策指由国务院依法制定并公布，或由国务院有关行政主管部门和省、自治区、直辖市人民政府依法负责制定，经国务院批准发布的环境保护规范性指导文件(包括各种决定、办法、名录、目录、批复等)。它是推动社会、经济和环境可持续协调发展的重要指针，也是

环境影响评价的主要依据之一。

目前在环境影响评价领域重点贯彻执行的几项环境政策有：《国务院关于落实科学发展观加强环境保护的决定》《国务院关于酸雨控制区和二氧化硫污染控制区有关问题的批复》《全国生态环境保护纲要》《资源综合利用目录》等。这些环境政策是宪法、环境保护综合法、环境保护单行法和环境保护相关法的具体体现，对环境影响评价具有重要的促进作用和指导意义。

2) 产业政策

产业政策指为保证我国国民经济按照可持续发展战略原则，在适应国内市场的需求和有利于开拓国际市场的条件下，改善投资结构，促进产业的技术进步，有利于节约资源和改善生态环境，促进经济结构的合理化，从而使各产业部门得以协调、有序、持续、快速、健康地发展，实现国家对经济的宏观调控而制定和发布的有关政策。需要指出的是，各项产业政策都是为了适应某一特定时期内的某些要求而制定和发布的。随着国民经济的发展、科学技术的进步、产业结构的变化、环境标准的提高，国家将会根据实际状况对有关产业政策进行及时的调整、增补、修订或废止。因此，在从事环境影响评价的过程中，必须密切关注国家宏观经济环境的发展趋势，注意跟踪有关产业政策的变化动向，以保证拟议中的规划和建设项目符合国家的产业政策。

目前我国的产业政策主要有以下几大类：

(1) 制止某些行业盲目投资的政策，如《关于制止钢铁行业盲目投资的若干意见》《关于制止电解铝行业违规建设盲目投资的若干意见》《关于防止水泥行业盲目投资加快结构调整的若干意见》等。

(2) 鼓励某些产业发展的政策，如《国务院关于印发进一步鼓励软件产业和集成电路产业发展若干政策的通知》《关于做好环保产业发展工作的通知》等。

(3) 对某些行业实施准入条件的政策，如《电石行业准入条件(2014 年修订)》《再生铅行业准入条件》《焦化行业准入条件》《铜冶炼行业准入条件》《废轮胎综合利用行业准入条件》等。

(4) 对饮食娱乐服务业的环境管理政策，如《关于加强饮食娱乐服务企业环境管理的通知》。

(5) 促进产业结构调整的政策，如《促进产业结构调整暂行规定》。

(6) 对企业投资建设项目实行核准制政策，如《企业投资项目核准暂行办法》。

3) 污染防治技术政策

污染防治技术政策指政府有关部门根据国家环境保护法律和行政法规，结合一定阶段的经济技术发展水平、发展趋势以及环境保护工作的需要，针对污染严重的行业或具有共性的污染问题而制定和发布的指导性技术原则和技术路线。它是我国环境政策体系的重要组成部分。和环境政策与产业政策不同，污染防治技术政策本身并不具有强制性，但对污染防治能够起到技术指导作用，并引导环境保护产业的发展，同时也为环境保护行政主管部门实施环境监督管理提供技术依据。例如，《燃煤二氧化硫排放污染防治技术政策》《城市污水处理及污染防治技术政策》《火电厂氮氧化物防治技术政策》《畜禽养殖业污染防治技术政策》《危险废物污染防治技术政策》《湖库富营养化防治技术政策》《水泥工业污染防治技术政策》《废电池污染防治技术政策》《印刷工业污染防治可行技术指南》《制浆造纸工业污染防治可行技术指南》。

根据《中华人民共和国环境影响评价法》，“一地三域”规划有关环境影响的篇章或者说明，应当提出“预防或者减轻不良环境影响的对策和措施”；专项规划的环境影响报告书应当包括“预防或者减轻不良环境影响的对策和措施”；建设项目的环境影响报告书应当包括“建设项目环境保护措施及其技术、经济论证”。而污染防治技术政策正好能够为这些对策措施的提出、分析和论证提供重要的依据。

3. 环境标准

环境影响评价的主要任务之一是就拟议中的规划或建设项目对环境的影响程度和范围做出分析和评价。这种分析和评价包括定性和定量两个方面。环境保护标准(以下简称环境标准)就是环境影响定量分析和评价的基准，也是环境影响评价的重要依据。换句话说，离开了环境标准，环境影响的定量分析与评价就无从谈起，当然也就谈不上就拟议中的规划或建设项目对环境的影响程度和范围进行相对清晰的界定。

1) 环境标准及其作用

环境标准是为了防治环境污染，维护生态平衡，保护人群健康，由国务院环境保护行政主管部门和省、自治区、直辖市人民政府依据国家有关法律规定，对环境保护工作中需要统一的各项技术规范、技术要求和技术指南而制定和发布的技术规定。具体地讲，环境标准是国家为了保护人民健康，促进生态良性循环，实现社会经济发展目标，根据国家的环境政策和法规，在综合考虑本国自然环境特征、社会经济条件和科学技术水平的基础上规定环境中污染物的允许浓度和污染源排放污染物的数量(包括总量)、浓度、时间和速率以及其他有关技术规范、技术要求和技术指南。

环境标准不仅是环境影响定量分析与评价的基准，在环境保护的其他领域也发挥着重要的作用。这些作用主要表现在以下几个方面：

(1) 环境标准是国家环境保护法规的重要组成部分。

(2) 环境标准是环境保护规划的体现。

(3) 环境标准是环境保护行政主管部门依法行政的依据。

(4) 环境标准是推动环境保护科技进步的动力。

(5) 环境标准是进行环境影响评价的基准。

(6) 环境标准具有投资导向作用。

2) 环境标准体系

环境标准体系是指各类环境标准之间存在着客观的内在联系而相互依存、衔接、补充和制约，从而构成的一个有机整体。从环境标准化角度看，环境标准体系是整个环境管理体系内联系的综合反映，即环境政策、体制结构、科技水平、资源条件和环境状况的综合反映。

目前我国的环境标准从发布权限上分为国家环境标准、地方环境标准两大类；从执行力上分为强制性环境标准和推荐性环境标准。

(1) 国家环境标准。

国家环境标准是指由生态环境部依法组织制定、批准和发布，并在全国范围内执行的环境标准，包括国家环境质量标堆、国家污染物排放(控制)标准、国家环境监测类标准、国家环境管理规范类标准和国家环境基础类标准五个类别。

(a) 国家环境质量标准：为保护自然环境、人体健康和社会物质财富，限制环境中的有害物质和因素而依法制定和发布的环境标准。

(b) 国家污染物排放(控制)标准：为实现环境质量标准，结合技术经济条件和环境特点，限制排入环境中的污染物或对环境造成危害的其他因素而依法制定和发布的环境标准。国家污染物排放(控制)标准又分为综合性污染物排放(控制)标准和行业性污染物排放(控制)标准。

(c) 国家环境监测类标准：为监测环境质量和污染物排放，规范采样、分析测试、数据处理等所做的统一规定。主要包括环境监测分析方法标准、环境监测技术规范、环境监测仪器技术要求以及环境标准样品四类。

(d) 国家环境管理规范类标准：为提高环境管理的科学性、规范性，对环境影响评价、排污许可、污染防治、生态保护、环境监测、监督执法、环境统计与信息等各项环境管理工作中需要统一的技术要求、管理要求做出的规定。

其中，环境影响评价技术导则由规划环境影响评价技术导则和建设项目环境影响评价技术导则组成。

规划环境影响评价技术导则主要是针对拟议中的规划制定和发布的环境影响评价技术导则，如《规划环境影响评价技术导则　总纲》(HJ 130—2019)、《规划环境影响评价技术导则　煤炭工业矿区总体规划》(HJ 463—2009)。

建设项目环境影响评价技术导则由总纲、污染源源强核算技术指南、环境要素环境影响评价技术导则、专题环境影响评价技术导则和行业建设项目环境影响评价技术导则等构成。

环境要素环境影响评价技术导则有《环境影响评价技术导则　大气环境》(HJ 2.2—2018)、《环境影响评价技术导则　地表水环境》(HJ 2.3—2018)、《环境影响评价技术导则　声环境》(HJ 2.4—2021)、《环境影响评价技术导则　生态影响》(HJ 19—2011)、《环境影响评价技术导则　地下水环境》(HJ 610—2016)、《环境影响评价技术导则　土壤环境(试行)》(HJ 964—2018)等；专题环境影响评价技术导则有《建设项目环境风险评价技术导则》(HJ 169—2018)等。

行业建设项目环境影响评价技术导则是按产业或行业类别划分制定和发布的环境影响评价技术导则，如《火电厂建设项目环境影响报告书编制规范》(HJ/T 13—1996)、《环境影响评价技术导则　民用机场建设工程》(HJ/T 87—2002)、《环境影响评价技术导则　水利水电工程》(HJ/T 88—2003)、《环境影响评价技术导则　石油化工建设项目》(HJ/T 89—2003)、《环境影响评价技术导则　农药建设项目》(HJ 582—2010)、《环境影响评价技术导则　制药建设项目》(HJ 611—2011)等。

污染源源强核算技术指南包括污染源源强核算准则和火电、造纸、水泥、钢铁等行业污染源源强核算技术指南。

(e) 国家环境基础类标准：为统一环境保护工作中的技术术语、符号、代号(代码)、图形、指南、导则、量纲及信息编码等制定统一规定。

(2) 地方环境标准。

地方环境标准是对国家环境标准的补充和完善，是指由省、自治区、直辖市人民政府依法组织制定、批准和发布，并在本辖区范围内执行的环境标准，包括地方环境质量标准、地方污染物排放(控制)标准两个类别。

根据《环境标准管理办法》，省、自治区、直辖市人民政府对国家环境质量标准中未做规定的项目，可以制定地方环境质量标准。对国家污染物排放(控制)标准中未做规定的项目，可以制定地方污染物排放(控制)标准，对国家污染物排放(控制)标准已做规定的项目，可以制定严于国家污染物排放(控制)标准的地方污染物排放(控制)标准。地方环境质量标准、地方污染物排放标准应报国务院生态环境主管部门备案。

(3) 生态环境部标准。

生态环境部标准(又称环境保护行业标准)是指需要在全国环境保护工作范围内统一的技术要求而又没有国家环境标准时，由生态环境部依法组织制定、批准和发布，并在全国范围内执行的环境标准。国家环境标准发布后，相应的生态环境部标准自行废止。

(4) 强制性环境标准是指国家法律和行政法规规定必须执行的标准。环境质量标准、污染物排放(控制)标准属于强制性环境标准，强制性环境标准必须执行。

(5) 推荐性环境标准是指强制性环境标准以外的环境标准。国家环境监测方法标准、国家环境标准样品标准和国家环境基础标准大多属于推荐性环境标准。国家鼓励采用推荐性环境标准。推荐性环境标准被强制性环境标准引用，也必须强制执行。我国环境标准体系框架参见图 1-3。

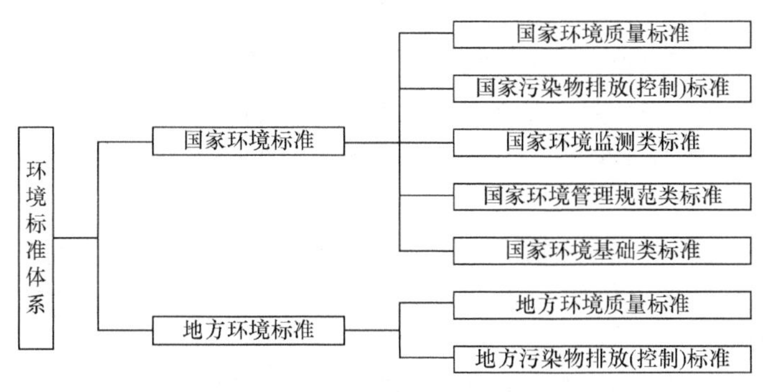

图 1-3　我国环境标准体系

3) 各类环境标准之间的关系

(1) 国家环境标准和地方环境标准的关系。根据有关法律法规的规定，建设项目向已有地方污染物排放标准的区域排放污染物时，应执行地方污染物排放标准，对于地方污染物排放标准中没有规定的指标，执行国家污染物排放标准中相应的指标。也就是说，在执行上，地方环境标准优先于国家环境标准。

(2) 国家污染物排放(控制)标准之间的关系。根据有关法律法规的规定，综合性污染物排放(控制)标准与行业性污染物排放(控制)标准不交叉执行。有行业污染物排放(控制)标准的执行行业性污染物排放(控制)标准；没有行业性污染物排放(控制)标准的执行综合性污染物排放(控制)标准。也就是说，在执行上，行业性污染物排放(控制)标准优先于综合性污染物排放(控制)标准。

(3) 国内环境标准与国外环境标准的关系。根据有关法律法规的规定，有国内环境标准的执行国内环境标准。建设从国外引进的项目，其排放的污染物在国家和地方污染物排放(控制)标准中无相应污染物排放(控制)指标时，该建设项目引进单位应提交项目输出国或发达国家现行的该污染物排放(控制)标准及有关技术资料，由市(地)级人民政府环境保护行政主管部门结合当地环境条件和经济技术状况，提出该项目应执行的污染物排放(控制)指标，经省、自治区、直辖市人民政府环境保护行政主管部门批准后实行，并报生态环境部备案。也就是说，在执行上，国内环境标准优先于国外环境标准。

(4) 环境标准体系内各类环境标准之间的关系。环境质量标准和污染物排放(控制)标准是环境标准体系的主体，构成了环境标准体系的核心内容，从环境监督管理的要求上集中体现了环境标准体系的基本功能，是实现环境标准体系目标的基本途径。环境基础类标准是环境标准体系的基础和关于环境标准的“标准”。它对统一和规范环境保护标准的制定、执行等具有重要的指导作用，是环境标准体系的基石。环境监测类标准和环境管理规范类标准构成环境标准体系的支持系统。它们直接服务于环境质量标准和污染物排放(控制)标准，是环境质量标准和污染物排放(控制)标准内容的补充，以及有效执行环境质量标准和污染物排放(控制)标准的技术保证。

4) 环境标准的实施

进行拟议中的规划或建设项目环境影响评价时，必须在环境影响评价大纲或环境影响评价实施方案中明确环境影响评价执行的环境标准，经报请当地县(区、市)或县(区、市)以上人民政府环境保护行政主管部门核准同意后，在环境影响评价过程中实施，并作为建设项目设计、施工、竣工环境保护验收和运行的依据。承担环境影响评价工作的机构应按照环境质量标准进行环境质量评价。

县级以上人民政府环境保护行政主管部门在审批建设项目环境影响报告书(表)时，应根据下列因素或情形确定该建设项目应执行的污染物排放(控制)标准。

(1) 建设项目所属的行业类别、所处环境功能区、排放污染物种类、污染物排放去向和建设项目环境影响报告书(表)批准的时间。

(2) 建设项目向已有地方污染物排放(控制)标准的区域排放污染物时，应执行地方污染物排放(控制)标准，对于地方污染物排放(控制)标准中没有规定的指标，执行国家污染物排放(控制)标准中相应的指标。

(3) 实行总量控制区域内的建设项目，在确定排污单位应执行的污染物排放(控制)标准的同时，还应确定排污单位应执行的污染物排放总量控制指标。

(4) 建设从国外引进的项目，其排放的污染物在国家和地方污染物排放(控制)标准中无相应污染物排放指标时，该建设项目引进单位应提交项目输出国或发达国家现行的该污染物排放(控制)标准及有关技术资料，由市(地)级人民政府环境保护行政主管部门结合当地环境条件和经济技术状况，提出该项目应执行的排污指标，经省、自治区、直辖市人民政府环境保护行政主管部门批准后实行，并报生态环境部备案。

建设项目的设计、施工、验收及投产后，均应执行经环境保护行政主管部门在批准的建设项目环境影响报告书(表)中所确定的污染物排放标准。

进行生态和环境质量影响评价时，执行有关环境影响评价技术导则及规范。

环境影响评价中涉及清洁生产分析和建立环境管理体系的内容时，应执行清洁生产标准和环境管理体系标准。

4. 其他相关规定和技术文件

除环境保护法律法规、环境政策与产业政策、环境影响评价标准和环境影响评价技术导则等以外，环境影响评价的主要依据通常还有以下几种相关规定和技术文件。

1) 规划或建设项目文件

规划或建设项目文件包括(但不限于)：①规划文本及其相关文件(如规划主管部门的文件、会议纪要、技术评估意见等)；②规划环境影响评价实施方案及其相关文件(如规划主管部门的文件、会议纪要、技术评估意见等)；③建设项目可行性研究报告及其相关文件(如建设项目主管部门的文件、会议纪要、技术评估意见等)；④建设项目环境影响评价大纲及其相关文件(如建设项目主管部门的文件、会议纪要、技术评估意见等)；⑤环境影响评价执行标准的请示及当地环境保护行政主管部门的批复文件；⑥其他与规划或建设项目相关的文件。

2) 与环境影响评价相关的行政许可文件

与环境影响评价相关的行政许可文件包括(但不限于)：①经水行政主管部门审查同意的水土保持方案及其审查意见和行政许可文件；②经水行政主管部门审查同意的水资源论证报告及其审查意见和行政许可文件；③经规划行政主管部门审查同意的规划或建设项目选址报告及其审查意见和行政许可文件；④经国土资源行政主管部门审查同意的土地征用报告及其审查意见；⑤规划或建设项目环境影响评价相关的行政许可文件；⑥其他与规划或建设项目相关的文件。

3) 与环境影响评价相关的规划

与环境影响评价相关的规划包括(但不限于)：①国民经济和社会发展第×个五年规划纲要；②城市发展规划；③生态环境保护规划；④环境保护规划；⑤污染防治技术规划；⑥其他与环境影响评价相关的规划。

三、环境影响评价分类管理

1. 建设项目环境影响评价分类管理

国家根据建设项目对环境的影响程度，对建设项目的环境影响评价实行分类管理。

建设项目环境影响评价分类管理是指依据建设项目对环境影响程度的大小，分类别规定其所适用的环境影响评价的具体要求及管理规定和程序。建设单位应按照下列规定组织编制环境影响报告书、环境影响报告表或填报环境影响登记表。

(1) 可能造成重大环境影响的，应当编制环境影响报告书，对建设项目产生的污染和对环境的影响进行全面评价。

(2) 可能造成轻度环境影响的，应当编制环境影响报告表，对产生的环境影响进行分析或者专项评价。

(3) 对环境影响很小、不需要进行环境影响评价的，应当填报环境影响登记表。

《建设项目环境影响评价分类管理名录》由国务院环境保护行政主管部门在组织专家进行论证和征求有关部门、行业协会、企事业单位、公众等意见的基础上制定并公布。

现行《建设项目环境影响评价分类管理名录》于2021年1月1日实施。

2. 规划环境影响评价分类管理

《中华人民共和国环境影响评价法》中，对需要进行环境影响评价的规划实行了分类管理。明确要求：国务院有关部门、设区的市级以上地方人民政府及其有关部门，对其组织编制的土地利用的有关规划，区域、流域、海域的建设、开发利用规划，应当在规划编制过程中组织进行环境影响评价，编写该规划有关环境影响的篇章或者说明。国务院有关部门、设区的市级以上地方人民政府及其有关部门，对其组织编制的工业、农业、畜牧业、林业、能源、水利、交通、城市建设、旅游、自然资源开发的有关专项规划(以下简称专项规划)，应当在该专项规划草案上报审批前，组织进行环境影响评价，并向审批该专项规划的机关出具环境影响报告书。

四、环境影响评价中的公众参与

环境影响评价的公共参与制度指建设单位及审批环境影响评价报告书(表)机关以外的其

他相关机关、地方政府、社会团体、学者专家、人大代表、政协委员、当地居民等，通过法定的方式，参与环境影响评价的制作、审查与监督等的活动。

为推进和规范环境影响评价活动中的公众参与，根据《中华人民共和国环境影响评价法》《中华人民共和国行政许可法》等法律和法规性文件有关公开环境信息和强化社会监督的规定，环境保护总局于2006年发布了《环境影响评价公众参与暂行办法》、生态环境部于2018年7月16日公布了《环境影响评价公众参与办法》，2019年1月1日起施行。

《中华人民共和国环境影响评价法》中规定，国家鼓励有关单位、专家和公众以适当方式参与环境影响评价。除规定需要保密的情形外，对环境可能造成重大影响、应当编制环境影响报告书的建设项目，建设单位应当在报批建设项目环境影响报告书前，举行论证会、听证会或者采取其他形式，征求有关单位、专家和公众的意见。建设单位报批的环境影响报告书应当附具对有关单位、专家和公众的意见采纳或者不采纳的说明。

对编制环境影响报告表或填报环境影响登记表的建设项目，法律上并不要求征求有关单位、专家和公众的意见。但并不排除行政法规或地方性法规可以对其他可能对有关单位或者公众利益产生一定影响的建设项目，如产生油烟或噪声扰民的餐饮服务业项目，则规定建设单位应当征求利益相关者的意见。

思 考 题

1. 名词解释。
   (1) 环境影响评价 (2) 环境容量
   (3) 环境标准 (4) 建设项目环境影响评价分类管理
2. 简述环境标准体系的组成。
3. 环境影响评价的法律依据有哪些？

第二章　环境影响评价程序与方法

一个对环境可能产生影响的建设项目从提出申请到环境影响评价文件审查通过的全过程，每一步都必须按照法规的要求执行。环境影响评价程序主要用于指导环境影响评价工作的监督与管理，以及指导环境影响评价工作的具体实施。

第一节　环境影响评价程序

一、环境影响评价程序的定义与分类

环境影响评价程序是指按一定的顺序或步骤指导完成环境影响评价工作的过程，其程序可分为管理程序和工作程序。

环境影响评价的管理程序用于指导环境影响评价的监督与管理；工作程序用于指导环境影响评价工作的具体实施。

二、环境影响评价的管理程序

对环境可能产生影响的建设项目从提出申请到环境影响报告书(表)审查批准或环境影响登记表备案的全过程，每一步都必须按照法定程序要求执行。

1. 对环境影响评价文件审批权限的规定

《中华人民共和国环境影响评价法》中规定，建设项目的环境影响报告书、报告表由建设单位按照国务院的规定报有审批权的生态环境主管部门审批；海洋工程建设项目的海洋环境影响报告书的审批，依照《中华人民共和国海洋环境保护法》的规定办理。《建设项目环境保护管理条例》对建设项目的环境影响评价文件审批权的规定同上述规定一致。

为保证审批质量，环境保护行政主管部门可以组织技术机构对建设项目环境影响报告书、环境影响报告表进行技术评估，技术机构应当对其提出的技术评估意见负责。

依法应当填报环境影响登记表的建设项目，建设单位应当按照国务院生态环境主管部门的规定将环境影响登记表报建设项目所在地县级环境保护行政主管部门备案。

2. 环境影响评价文件的报批时限

《建设项目环境保护管理条例》第九条规定，依法应当编制环境影响报告书、环境影响报告表的建设项目，建设单位应当在开工建设前将环境影响报告书、环境影响报告表报有审批权的环境保护行政主管部门审批。环境保护行政主管部门分别自收到环境影响报告书之日起60日内、收到环境影响报告表之日起30日内，作出审批决定并书面通知建设单位。

《中华人民共和国环境影响评价法》第二十四条规定，建设项目的环境影响评价文件经批准后，建设项目的性质、规模、地点、采用的生产工艺或者防治污染、防止生态破坏的措施发生重大变动的，建设单位应当重新报批建设项目的环境影响评价文件。建设项目的环境影

响评价文件自批准之日起超过 5 年，方决定该项目开工建设的，其环境影响评价文件应当报原审批部门重新审核；原审批部门应当自收到建设项目环境影响评价文件之日起 10 日内，将审核意见书面通知建设单位。

3. 管理程序

我国建设项目环境影响评价管理程序见图 2-1。

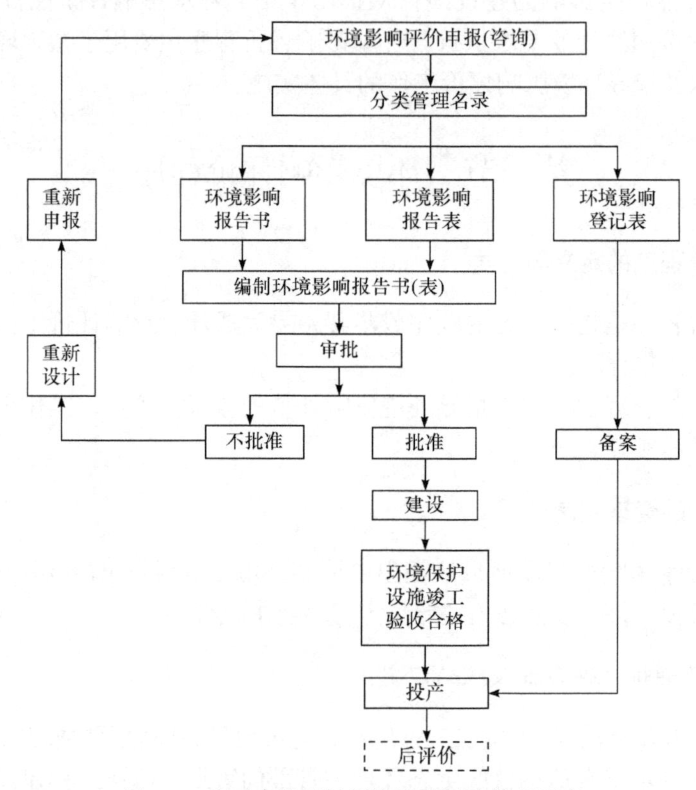

图 2-1　我国建设项目环境影响评价管理程序

1) 申请与受理

建设项目根据分类管理、分级审批的原则，委托技术单位或自行(建设单位具备环境影响评价技术能力的)开展环境影响评价文件的编制工作，其间开展公众参与，调查受影响公众的意见。环境影响评价文件完成后，由建设单位向环境保护行政主管部门提出申请，提交环境影响评价文件。

2) 审查

有审批权限的环境保护行政主管部门受理建设项目环境影响评价报告书(表)后，认为需要进行技术评估的，由环境影响评估机构对环境影响报告书(表)进行技术评估，组织专家评审。

环境保护行政主管部门审批环境影响报告书、环境影响报告表，应当重点审查建设项目的环境可行性、环境影响分析预测评估的可靠性、环境保护措施的有效性、环境影响评价结论的科学性等。

经审查通过的建设项目，环境保护行政主管部门作出予以批准的决定，并书面通知建设单位。

在作出批准的决定前，在政府网站公示拟批准的建设项目目录，公示时间为 5 天。

作出批准决定后，在政府网站公告建设项目审批结果。

对不符合条件的建设项目，环境保护行政主管部门作出不予批准的决定，书面通知建设单位，并说明理由。

根据《建设项目环境保护管理条例》第十一条：建设项目有下列情形之一的，环境保护行政主管部门应当对环境影响报告书、环境影响报告表作出不予批准的决定：

(1) 建设项目类型及其选址、布局、规模等不符合环境保护法律法规和相关法定规划。

(2) 所在区域环境质量未达到国家或者地方环境质量标准，且建设项目拟采取的措施不能满足区域环境质量改善目标管理要求。

(3) 建设项目采取的污染防治措施无法确保污染物排放达到国家和地方排放标准，或者未采取必要措施预防和控制生态破坏。

(4) 改建、扩建和技术改造项目，未针对项目原有环境污染和生态破坏提出有效防治措施。

(5) 建设项目的环境影响报告书、环境影响报告表的基础资料数据明显不实，内容存在重大缺陷、遗漏，或者环境影响评价结论不明确、不合理。

3) 后评价

编制环境影响报告书的建设项目通过环境保护设施竣工验收且稳定运行一定时期后，对其实际产生的环境影响以及污染防治、生态保护和风险防范措施的有效性进行跟踪监测和验证评价，并提出补救方案或者改进措施。

三、环境影响评价的工作程序

环境影响评价工作一般分为三个阶段，即调查分析和工作方案制定阶段、分析论证和预测评价阶段、环境影响报告书(表)编制阶段。具体流程见图 2-2。

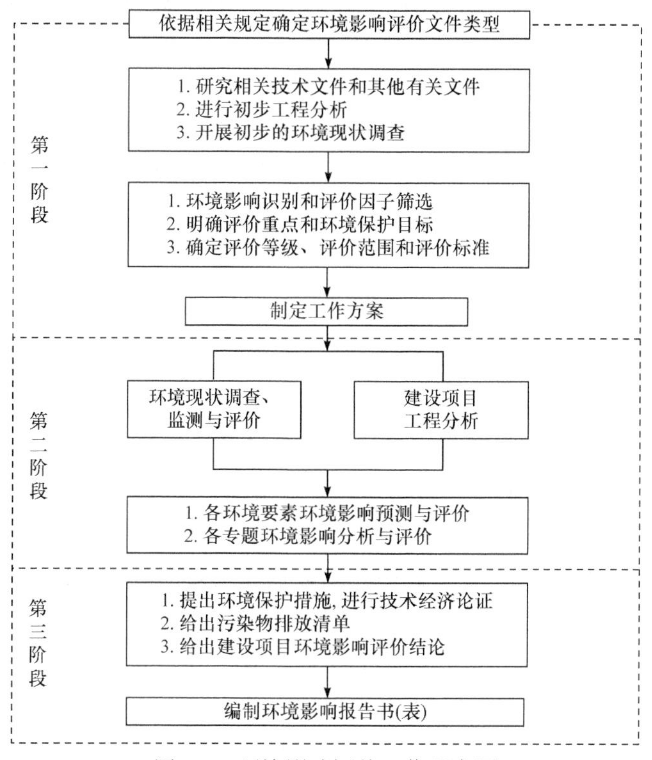

图 2-2　环境影响评价工作程序图

1. 环境影响识别与评价因子筛选

1) 环境影响识别

列出建设项目的直接和间接行为，结合建设项目所在区域发展规划、环境保护规划、环境功能区划、生态功能区划及环境现状，分析可能受上述行为影响的环境影响因素。

环境影响识别应明确建设项目在建设阶段、生产运行、服务期满后(可根据项目情况选择)等不同阶段的各种行为与可能受影响的环境要素间的作用效应关系、影响性质、影响范围、影响程度等，定性分析建设项目对各环境要素可能产生的污染影响与生态影响，包括有利与不利影响、长期与短期影响、可逆与不可逆影响、直接与间接影响、累积与非累积影响等。对建设项目实施形成制约的关键环境因素或条件，应作为环境影响评价的重点内容。

2) 评价因子筛选

根据建设项目的特点、环境影响的主要特征，结合区域环境功能要求、环境保护目标、评价标准和环境制约因素，筛选和确定评价因子。

2. 环境影响评价工作等级的确定

环境影响评价工作等级是指编制环境影响评价和各专题工作深度的划分。各专项环境影响评价一般划分为三个等级，一级评价对环境影响进行全面、详细、深入的评价，二级评价对环境影响进行较为详细、深入的评价，三级评价可只进行环境影响分析；具体的环境影响评价工作等级划分的详细规定，可参阅各专项环境影响评价技术导则、行业建设项目环境影响评价技术导则的相关规定。工作等级的划分依据如下：

(1) 建设项目的工程特点(工程性质、工程规模、能源及资源的使用量及类型、源项等)。

(2) 项目所在地区的环境特征(自然环境特点、环境敏感程度、环境质量现状及社会经济状况等)。

(3) 相关法律法规、标准及规划、环境功能区划等。

对于某一具体建设项目，在划分各专项评价的工作等级时，根据建设项目对环境的影响、所在地区的环境特征、工程污染或当地对环境的特殊要求情况进行适当调整，但调整的幅度不超过一级，并应说明调整的具体理由。

四、环境影响评价文件的编制与填报

1. 环境影响报告书的编制

《中华人民共和国环境影响评价法》第十七条规定，建设项目的环境影响报告书应当包括：①建设项目概况；②建设项目周围环境现状；③建设项目对环境可能造成影响的分析、预测和评估；④建设项目环境保护措施及其技术、经济论证；⑤建设项目对环境影响的经济损益分析；⑥对建设项目实施环境监测的建议；⑦环境影响评价的结论。

建设项目环境影响报告书编制内容根据建设项目的类型及对环境影响不同而有所不同。《建设项目环境影响评价技术导则 总纲》(HJ 2.1—2016)中典型环境影响报告书的编制内容如下。

1) 概述

简要说明建设项目的特点、环境影响评价的工作过程、分析判定相关情况、关注的主要环境问题及环境影响、环境影响评价的主要结论等。

2) 总则

总则主要包括编制依据、评价因子与评价标准、评价工作等级和评价范围、相关规划及环境功能区划、主要环境保护目标等。

3) 建设项目工程分析

建设项目工程分析包括建设项目概况、影响因素分析和污染源源强核算。建设项目概况采用图表及文字结合方式，概要说明建设项目的基本情况、工程组成(主体工程、辅助工程、公用工程、环保工程、储运工程及依托工程等)、主要工艺路线、工程布置及与原有、在建工程的关系。影响因素分析包括污染影响因素分析及生态影响因素分析。污染源源强核算是根据污染物产生环节(生产、装卸、储存、运输等)、产生方式和治理措施，选用可行的方法，核算建设项目有组织与无组织、正常工况与非正常工况下的污染物产生和排放强度，给出污染因子及其产生和排放的方式、浓度、数量等。

4) 环境现状调查与评价

根据环境影响因素识别结果，开展相应的现状调查与评价，包括自然环境、环境保护目标、环境质量和区域污染源等方面的现状调查，并给出相应的调查与评价结果。

5) 环境影响预测与评价

给出各环境要素或专题的环境影响预测时段、预测内容、预测范围、预测方法及预测结果，并根据环境质量标准或评价指标对建设项目的环境影响进行评价。重点预测建设项目生产运行阶段正常工况和非正常工况等情况的环境影响。

6) 环境保护措施及其可行性论证

明确提出建设项目建设阶段、生产运行阶段和服务期满后(可根据项目情况选择)拟采取的具体污染防治、生态保护、环境风险防范等环境保护措施；分析论证拟采取措施的技术可行性、经济合理性、长期稳定运行和达标排放的可靠性、满足环境质量改善和排污许可要求的可行性、生态保护和恢复效果的可达性。

各类措施的有效性判定应以同类或相同措施的实际运行效果为依据，没有实际运行经验的，可提供工程化实验数据。

7) 环境影响经济损益分析

以建设项目实施后的环境影响预测与环境质量现状进行比较，从环境影响的正、负两方面，以定性与定量相结合的方式，对建设项目的环境影响后果(包括直接和间接影响、不利和有利影响)进行货币化经济损益核算，估算建设项目环境影响的经济价值。

8) 环境管理与监测计划

按建设项目建设阶段、生产运行、服务期满后(可根据项目情况选择)等不同阶段，针对不同工况、不同环境影响和环境风险特征，提出具体环境管理要求。给出污染物排放清单，明确污染物排放的管理要求。提出建立日常环境管理制度、组织机构和环境管理台账相关要求，明确各项环境保护设施和措施的建设、运行及维护费用保障计划。环境监测计划应包括污染源监测计划和环境质量监测计划，内容包括监测因子、监测网点布设、监测频次、监测数据采集与处理、采样分析方法等，明确自行监测计划内容。

9) 环境影响评价结论

对建设项目的建设概况、环境质量现状、污染物排放情况、主要环境影响、公众意见采纳情况、环境保护措施、环境影响经济损益分析、环境管理与监测计划等内容进行概括总结，结合环境质量目标要求，明确给出建设项目的环境影响可行性结论。

对存在重大环境制约因素、环境影响不可接受或环境风险不可控、环境保护措施经济技术不满足长期稳定达标及生态保护要求、区域环境问题突出且整治计划不落实或不能满足环境质量改善目标的建设项目，应提出环境影响不可行的结论。

10) 附录和附件

附录和附件包括建设项目依据文件、相关技术资料、引用文献等，附在环境影响报告书后。

2. 环境影响报告表的编制

环境影响报告表应采用规定格式，根据工程特点、环境特征，有针对性地突出环境要素或设置专题开展评价。

(1) 建设项目环境影响报告表(污染影响类)的内容包括：①建设项目基本情况；②建设项目工程分析；③区域环境质量现状、环境保护目标及评价标准；④主要环境影响和保护措施；⑤环境保护措施监督检查清单；⑥结论；⑦附表和附图。

(2) 建设项目环境影响报告表(生态影响类)的内容包括：①建设项目基本情况；②建设内容；③生态环境现状、保护目标及评价标准；④生态环境影响分析；⑤主要生态环境保护措施；⑥生态环境保护措施监督检查清单；⑦结论；⑧附图。

3. 环境影响登记表的填报

2017 年 1 月 1 日实施的《建设项目环境影响登记表备案管理办法》规定了建设项目环境影响登记表的内容和格式。

建设单位应当在建设项目建成并投入生产运营前，登录网上备案系统，在网上备案系统注册真实信息，在线填报并提交建设项目环境影响登记表。建设单位在线提交环境影响登记表后，网上备案系统自动生成备案编号和回执，该建设项目环境影响登记表备案即为完成。建设单位可以自行打印留存其填报的建设项目环境影响登记表及建设项目环境影响登记表备案回执。建设项目环境影响登记表备案回执是环境保护行政主管部门确认收到建设单位环境影响登记表的证明。建设项目环境影响登记表备案完成后，县级环境保护行政主管部门通过其网站的网上备案系统同步向社会公开备案信息，接受公众监督。

第二节　环境影响评价方法

环境是一个复杂的系统，受人类活动等多种途径的影响，从而决定了环境影响评价方法具有多样性、交叉性。环境影响评价的方法从功能上可以概括为：环境影响识别方法、环境影响预测方法、环境影响综合评价方法。

一、环境影响识别方法

1. 环境影响识别的基本内容

环境影响识别就是通过系统地分析拟建项目的各项“活动”与各环境要素之间的关系，识别可能的环境影响，包括环境影响因子、影响对象(环境因子)、环境影响程度和环境影响的方式。

项目的建设阶段、生产运行阶段和服务期满后对环境的影响内容是各不相同的，因此有不同的环境影响识别表。

2. 环境影响因子识别步骤

环境影响因子的选择应根据工程的组成、特性及功能，结合工程影响地区的特点，从自然环境和社会环境两个方面，选择需要进行影响评价的环境因子。

自然环境影响包括对地质地貌、水文、气候、地表水质、空气质量、土壤、草原森林、陆生生物与水生生物等方面的影响；而社会环境影响包括对城镇、耕地、房屋、交通、文物古迹、风景名胜、自然保护区、人群健康以及重要的军事、文化设施等方面的影响。

为使入选的环境因子尽可能精练，并能反映评价对象的主要环境影响和充分表达环境质量状态，以及便于监测和度量，选出的因子应能组成群，并构成与环境总体结构相一致的层次，在各个层次上将环境影响全部识别出来。

3. 影响程度识别

建设项目对环境因子的影响程度可用等级划分来反映，按不利影响与有利影响两类分别划级。

(1) 不利影响：常用负号表示，按环境敏感度划分。例如，可划分为极端不利、非常不利、中度不利、轻度不利、微弱不利 5 个等级。

(2) 有利影响：一般用正号表示，按对环境与生态产生的良性循环、提高的环境质量、产生的社会经济效益程度而划分为微弱有利、轻度有利、中等有利、大有利、特有利 5 个等级。

4. 环境影响识别方法

将可能受开发方案影响的环境因子和可能产生的影响性质，通过核查在一张表上一一列出，称为核查表法，也称列表清单法或一览表法。

该方法发展较早，有以下几种形式。

(1) 简单型清单：仅是一个可能受影响的环境因子表，不作其他说明，可作定性的环境影响识别分析，但不能作为决策依据。

(2) 描述型清单：比简单型清单多了环境因子如何度量的准则。

(3) 分级型清单：在描述型清单基础上又增加了环境影响程度分级。

工程项目的环境影响随项目的类型、性质、规模而异，但同类项目影响的环境要素大同小异，因此对受影响的环境因素进行简单的分类，可以简化识别过程，突出有价值的环境因子。目前，对环境资源有显著影响的工程项目，如工业工程类、能源工程类、水利工程类、交通工程类、农业工程类等均有主要环境影响识别表可供参考。

此外，具有环境影响识别功能的方法还有矩阵法、图形叠置法、网络法等，由于它们还具有综合评价的功能，将在综合评价方法中具体介绍。

二、环境影响预测方法

预测环境影响时应尽量选用通用、成熟、简便并能满足准确度要求的方法。目前常用的预测方法大体可分为以下几类。

(1) 以专家经验为主的主观预测方法。

(2) 以数学模式为主的客观预测方法。根据人们对预测对象认识的深浅，又可分为黑箱、灰箱(用统计、归纳的方法在时间域上通过外推作出预测，称为统计模式)、白箱(用某领域内的系统理论进行逻辑推理，通过数学物理方程求解，得出其解析解或数值解来预测，故又可分为解析模式和数值模式)三类。

(3) 以试验手段为主的试验模拟方法。在实验室或现场通过直接对物理、化学、生物过程测试来预测人类活动对环境的影响，一般称为物理模拟模式。

1. 数学模式方法

用于环境预测的解析模式，与数值模式一样，可分为零维、一维、二维、三维，以及稳态、非稳态模式。应用时必须注意模式推导过程中所用的假设条件以及尺度分析，这些条件也是模式使用的限制条件。但现实中的环境影响问题总与以上条件有所差异，即原型与模式在以上因素存在差异，这是模式质量(误差)的主要决定因素(来源)。

模式参数(如扩散参数)的确定可采用类比法、数值模式逐步逼近法、现场测定法和物理试验法等方法确定。前两种方法属统计方法，后两种方法属物理模拟方法，常用的有示踪剂测定法、照相测定法、平衡球测定法与风洞、水渠试验方法。但所得模式参数与原型中的实际参数是有差别的，此差别又是模式质量问题的又一重要影响因素。

与预测质量直接相关的影响因素是输入数据的质量，包括源、汇项数据(如源、汇强度)、环境数据(如风速、气温、水速、水温)以及用于模式参数确定的原始测量数据(如监测数据)的质量。这些数据必须经过严格的质量把关检查。

以上三项误差的存在，决定了环境预测结果的误差或不确定性。一般严格的环境影响预测，要求有这方面的讨论，必要时可用模式验证形式进行，以让决策者对预测结果有一个比较全面的认识。

2. 物理模拟模式方法

除了应用数学分析工具进行理论研究外，还可以应用物理、化学、生物等方法直接模拟环境影响问题，通称为物理模拟模式预测方法，属实验物理学研究范畴。

这类方法的最大特点是采用实物模型(非抽象模型)进行预测，方法的关键在于原型与模型的相似，通常要考虑几何相似、运动相似、热力相似、动力相似。

(1) 几何相似：模型流场与原型流场中的地形地物(建筑物、烟囱)的几何形状、对应部分的夹角和相对位置要相同，尺寸要按相同比例缩小。几何相似是其他相似的前提条件。

(2) 运动相似：模型流场与原型流场在各对应点上的速度方向相同，并且大小(包括平均风速与湍流强度)成常数比例，即风洞模拟的模型流场的边界层风速垂直廓线、湍流强度要与原型流场的相似。

(3) 热力相似：模型流场的温度垂直分布要与原型流场的相似。

(4) 动力相似：模型流场与原型流场在对应点上受到的力要求方向一致，并且大小成常数比例。

物理模拟的主要测试技术有示踪物浓度测量法和光学轮廓法。

3. 对比法和类比法

1) 对比法

对比法是最简单的主观预测方法。此法通过对工程兴建前后某些环境因子影响机制及变化过程进行对比来分析。

2) 类比法

类比法即一个未来工程(或拟建工程)对环境的影响，可以通过一个已知的相似工程兴建前后对环境的影响订正得到。此法特别适用于相似工程的分析，应用广泛。

4. 专业判断法

进行环境影响预测时，常会遇到这样一些问题，如缺乏足够的数据、资料，无法进行客观的统计分析；某些环境因子难以用数学模型定量化；某些因果关系太复杂，找不到适合的预测模型；或由于时间、经济等条件的限制，不能应用客观的预测方法，此时，只能用主观预测方法。最简单的方法是召开专家会议，通过组织专家讨论，对一些疑难问题进行咨询，在此基础上作出预测。

三、环境影响综合评价方法

环境影响综合评价是按照一定的评价目的，把人类活动对环境的影响从总体上综合起来，对环境影响进行定性或定量的评定。

由于人类活动的多样性与各环境要素之间关系的复杂性，评价各项活动对环境的综合影响是一个十分复杂的问题，目前还没有通用的方法。这里仅介绍部分具有代表性的方法。

1. 指数法

环境现状评价中常采用能代表环境质量好坏的环境质量指数进行评价，具体有单因子指数评价、多因子指数评价和环境质量综合指数评价等方法。其中，单因子指数分析评价是基础。此类评价方法也可应用于环境影响综合评价。

1) 普通指数法

一般的指数分析评价，先引入环境质量标准，然后对评价对象进行处理，通常以实测值(或预测值)C与标准值C_s的比值作为其数值：

$$P = \frac{C}{C_s} \tag{2-1}$$

单因子指数法用于分析该环境因子的达标($P_i < 1$)或超标($P_i > 1$)及其程度。显然，P_i越小越好。

在各因子的影响评价已经完成的基础上，为求所有因子的综合评价，可引入综合指数，所用方法称为综合指数法。综合过程可以分层次进行，如先综合得出大气环境影响分指数、水体环境影响分指数、土壤环境影响分指数等，再综合得出总的环境影响综合指数：

$$P = \sum_{i=1}^{n}\sum_{j=1}^{m} P_{ij} \tag{2-2}$$

$$P_{i,j} = \frac{C_{ij}}{C_{sij}} \tag{2-3}$$

式中：i 为第 i 个环境要素；n 为环境要素总数；j 为第 i 个环境要素中的第 j 个环境因子；m 为第 i 个环境要素中的环境因子总数。

以上综合方法是等权综合，即各影响因子的权重完全相等。各影响因子权重不同的综合方法可采用式(2-4)，或在此基础上再作函数运算(为了便于评分)。

$$P_{i,j}=\frac{\sum_{i=1}^{n}\sum_{j=1}^{m}W_{ij}P_{ij}}{\sum_{i=1}^{n}\sum_{j=1}^{m}W_{ij}} \tag{2-4}$$

式中：W_{ij} 为权重因子，根据有关研究或专家咨询确定。

指数评价方法的作用如下。

(1) 可根据 P 值与健康、生态影响之间的关系进行分级，转化为健康、生态影响的综合评价(如格林空气污染指数、橡树岭空气质量指数、英哈巴尔水质指数等)。

(2) 可以评价环境质量好坏与影响大小的相对程度。采用同一指数，还可作不同地区、不同方案间的相互比较。

2) 巴特尔指数法

巴特尔指数法是把评价对象的变化范围定为横坐标，把环境质量指数定为纵坐标，且把纵坐标标准化为 0～1，以“0”表示质量最差，“1”表示质量最好。每个评价因子均有质量指数函数图，各评价因子若已得出预测值，便可根据此图得出该因子的质量影响评价值。

2. 矩阵法

矩阵法由清单法发展而来，不仅具有影响识别功能，还有影响综合分析评价功能。

矩阵法是将清单中所列内容按因果关系加以系统排列，并把开发行为和受影响的环境要素组成一个矩阵，在开发行为和环境影响之间建立起直接的因果关系，以定量或半定量地说明拟议的工程行动对环境的影响。这类方法主要有相关矩阵法、迭代矩阵法两种。此处仅介绍相关矩阵法。

利奥波德相关矩阵法是利奥波德(Leopold)等 1971 年提出的矩阵评价方法。在该矩阵中，横轴上列出了 100 项工程行动(一种清单)，纵轴上列出 88 种受开发行为影响的环境要素(另一种清单)。把两种清单组成一个矩阵有助于对影响进行识别，并确定某种影响是否可能产生。如果在一张清单上的一项条目可能与另一清单的各项条目有系统的关系，可确定它们之间有无影响。当开发活动和环境因素之间的相互作用确定后，此矩阵就成为一种简单明了且有用的评价工具。

把每个工程行动对每个环境要素影响的大小划分为若干等级(有的分为 5 级，有的分为 10 级)，用阿拉伯数字表示。由于各个环境要素在环境中的重要性不同，各个行为对环境影响的程度也不同，为了求得各个行为对整个环境影响的总和，常用加权的办法。假设 M_{ij} 表示开发行为 j 对环境要素 i 的影响，W_{ij} 表示环境要素 i 对开发行为 j 的权重。所有开发行为对环境要素 i 总的影响，则为 $\sum_{j}M_{ij}W_{ij}$；开发行为 j 对整个环境总的影响，则为 $\sum_{i}M_{ij}W_{ij}$，所有开发行为对整个环境的影响，则为 $\sum_{i}\sum_{j}M_{ij}W_{ij}$，如表 2-1 所示。

表 2-1　各开发行为对环境要素的影响(按矩阵法排列)

环境要素	居住区改变	水文排水改变	修路	噪声和振动	城市化	平整土地	侵蚀控制	园林化	汽车环行	总影响
地形	8(3)	–2(7)	3(3)	1(1)	9(3)	–8(7)	–3(7)	3(10)	1(3)	3
水循环使用	1(1)	1(3)	4(3)			5(3)	6(1)	1(10)		47
气候	1(1)				1(1)					2
洪水稳定性	–3(7)	–5(7)	4(3)			7(3)	8(1)	2(10)		5
地震	2(3)	–1(7)			1(1)	8(3)	2(1)			26
空旷地	8(10)		6(10)	2(3)	–10(7)			1(10)	1(3)	89
居住区	6(10)				9(10)					150
健康和安全	2(10)	1(3)	3(3)		1(3)	5(3)	2(1)		–1(7)	45
人口密度	1(3)			4(1)	5(3)					22
建筑	1(3)	1(3)	1(3)		3(3)	4(3)	1(1)		1(3)	34
交通	1(3)		–9(7)		7(3)				–10(7)	–109
总影响	180	–47	42	11	97	31	–2	70	–68	314

注：表中数字表示影响大小：1 表示没有影响，10 表示影响最大；负数表示不利影响，正数表示有利影响；括号内数字表示权重，数值越大权重越大。

从表中得出：加权后总影响为 314，是正值，意味着整个工程是有益的；而交通这一环境要素受到的总影响为–109，是负值，意味着该工程对交通产生的是不利影响；得益最大的是居住区和空旷地，分别为 150 和 89。居住区改变、城市化、园林化三项开发行为的总影响分别为 180、97、70，得益最大，而汽车环行与水文排水改变两个开发行为的总影响分别为–68 与–47，意味着此两项开发行为对环境具有较大的不利影响，应采取相应对策补救。

3. 图形叠置法(手工叠图及计算机叠图)

图形叠置法用于变量分布空间范围很广的开发活动。McHary 于 1968 年就用该方法分析了几种可供选择的公路路线的环境影响，以确定建设方案。

传统的图形叠置法为手工作业，准备一张画上项目的位置和要考虑影响评价的区域和轮廓基图的透明图片，另有一份可能受影响的当地环境因素一览表，指出那些被专家判断为可能受项目影响的环境因素。对每一种要评价的因素都准备一张透明图片，每种因素受影响的程度可以用专门的黑白色码的阴影的深浅来表示。通过在透明图上的地区给出的特定的阴影，可以很容易地表示影响程度。把各种色码的透明片叠置到基片图上就可看出一项工程的综合影响。不同地区的综合影响差别由阴影的相对深度来表示。

图形叠置法易于理解，能显示影响的空间分布，并容易说明项目的单个和整个复合影响与受影响地点居民分布的关系，也可决定有利影响和不利影响的分布。

手工叠图有不少缺点，由于每种影响要求一种单独的明图，因此只有在影响因子有限的情况下才能考虑用此法。现在已有人用计算机叠图，可以不受此限制。

经验证明，对各种线路(如管道、公路和高压线等)开发项目进行路线方案选择时，图形叠置法最有效。

4. 网络法

网络法是采用原因-结果的分析网络来阐明和推广矩阵法。除了矩阵法的功能外，网络法还可以鉴别累积影响和间接影响。用网络图可表示活动造成的环境影响以及各种影响之间的因果关系。多级影响逐步展开，呈树枝状，因此又称为关系树或影响树，可以表述和记载第二和第三以及更高层次上的影响，如图 2-3 所示。

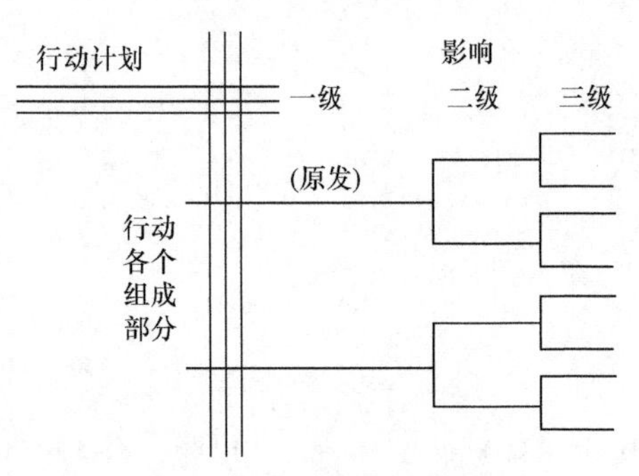

图 2-3　影响网络的基本框架

由于环境是一个复杂系统，一个社会活动可能产生一种或几种环境影响，后者又会依次引起一种或几种后续条件的变化，最终产生多种环境影响结果，网络法可以较好地描述这种环境影响的复杂关系。

网络法用简要的形式给出了由于某项活动直接产生和诱发影响的全貌，因此是有用的工具。然而这种方法只是一种定性的概括，它只能给出总体的影响程度。

思考题

1. 什么是环境影响评价程序？
2. 简述环境影响报告书的编制内容。
3. 什么是环境影响识别？环境影响识别的基本内容有哪些？

第三章　工 程 分 析

工程分析是环境影响预测和评价的基础，贯穿影响评价工作的全过程。其主要目的是通过工程全部组成、一般特征和污染特征的全面分析，从项目总体上纵观开发建设活动与环境全局的关系，同时从微观上为环境影响评价工作提供所需要的基础数据。

按照建设项目对环境影响的不同表现，可以分为以污染影响为主的污染型建设项目的工程分析和以生态破坏为主的生态影响型建设项目的工程分析。

第一节　工程分析的作用与原则

一、工程分析的作用

1. 工程分析是项目决策的重要依据

建设项目工程分析从项目建设性质、产品结构、生产规模、原料路线、工艺技术、设备选型、能源结构、技术经济指标、总图布置方案、占地面积、移民数量和安置方式等基础资料入手，确定工程建设和运行过程中的产污环节、核算污染源源强、计算排放总量。

从环境保护的角度分析技术经济先进性、污染治理措施可行性、总图布置合理性、达标排放可能性。衡量建设项目是否符合国家产业政策、环境保护政策和相关法律法规的要求，确定建设该项目的环境可行性。

2. 工程分析为各专题预测评价提供基础数据

工程分析专题是环境影响评价的基础，工程分析给出的产污节点、污染源坐标、源强、污染物排放方式和排放去向等技术参数是大气环境、水环境、声环境影响预测计算的依据，为定量评价建设项目对环境影响的程度和范围提供了可靠的保证，为评价污染防治对策的可行性提出完善改进建议，从而为实现污染物排放总量控制创造条件。

3. 工程分析为环境保护设计提供优化建议

项目的环境保护设计是在已知生产工艺过程中产生污染物的环节和数量的基础上，采用必要的治理措施，实现达标排放，一般很少考虑对环境质量的影响，对于改扩建项目则更少考虑原有生产装置环保“欠账”问题以及环境承载能力。环境影响评价中的工程分析需要对生产工艺进行优化论证，提出满足清洁生产要求的清洁生产工艺方案，实现“增产不增污”或“增产减污”的目标，使环境质量得以改善或不使环境质量恶化，起到对环境保护设计优化的作用。

分析所采取的污染防治措施的先进性、可靠性，必要时要提出进一步完善、改进治理措施的建议，对改扩建项目须提出“以新带老”的计划，并反馈到设计中予以落实。

4. 工程分析为环境的科学管理提供依据

工程分析筛选的主要污染因子是项目生产单位和环境管理部门日常管理的对象，所提出的环境保护措施是工程验收的重要依据，为保护环境所核定的污染物排放总量是开发建设活动进行污染控制的目标。

工程分析也是建设项目环境管理的基础，工程分析对建设项目污染物排放情况的核算，是排污许可证的主要内容，也是排污许可证申领的基础。我国开始实施的固定污染源环境管理的核心制度——排污许可制，向企事业单位核发排污许可证，作为生产运营期排污行为的唯一行政许可。根据排污许可证管理的相关要求，排污许可制与环境影响评价制度有机衔接，污染物总量控制由行政区域向企事业单位转变，新建项目申领排污许可证时，环境影响评价文件及批复中与污染物排放相关的主要内容会纳入排污许可证。

二、工程分析的技术原则

1. 体现政策性

在国家制定的一系列方针、政策和法规中，对建设项目的环境要求都有明确的规定，贯彻执行这些规定是评价单位义不容辞的责任。

2. 具有针对性

工程特征的多样性决定了影响环境因素的复杂性。工程分析应根据建设项目的性质、类型、规模，以及污染物种类、数量、毒性、排放方式、排放去向等工程特征，通过全面系统分析，从众多的污染因素中筛选出对环境干扰强烈、影响范围大，并有致害威胁的主要因子作为评价主攻对象，尤其应明确拟建项目的特征污染因子。

3. 应为各专题评价提供定量而准确的基础资料

工程分析数据是各评价专题的基础。所提供的特征参数，特别是污染物最终排放量是各专题开展影响预测的基础数据。因此，工程分析提出的定量数据应准确可靠，定性资料力求可信，复用资料要经过精心筛选，注意时效性。

4. 应从环境保护角度为项目选址、工程设计提出优化建议

(1) 根据国家颁布的环境保护法规和当地环境规划等条件，有理有据地提出优化选址、合理布局、最佳布置建议。

(2) 根据环境保护技术政策分析生产工艺的先进性，根据资源利用政策分析原料消耗、燃料消耗的合理性，同时探索把污染物排放量压缩到最低限度的途径。

(3) 根据当地环境条件对工程设计提出合理建设规模和污染排放的有关建议，防止只顾经济效益忽视环境效益。

(4) 分析拟定的环境保护措施方案的可行性，提出必须保证的环境保护措施。

第二节 污染型项目工程分析

一、工程分析的方法

工程分析的方法主要有类比分析法、物料衡算法、查阅参考资料分析法、实测法、试验法等。

1. 类比分析法

类比分析法是利用与拟建项目类型相同的现有项目的设计资料或实测数据进行工程分析的常用方法。为提高类比数据的准确性，应充分注意分析对象与类比对象之间的相似性和可比性，具体如下。

1) 工程一般特征的相似性

一般特征包括建设项目的性质、建设规模、车间组成、产品结构、工艺路线、生产方法、原料、燃料来源与成分、用水量和设备类型等。

2) 污染物排放特征的相似性

污染物排放特征包括污染物排放类型、浓度、强度与数量，排放方式与去向，以及污染方式与途径等。

3) 环境特征的相似性

环境特征包括气象条件、地貌状况、生态特点、环境功能以及区域污染情况等。在生产建设中常会遇到环境特征相似的情况，即某污染物在甲地是主要污染因素，在乙地则可能是次要因素，甚至是可被忽略的因素。

类比分析法也常用单位产品的经验排污系数法计算污染物排放量。但是采用此法必须注意，一定要根据生产规模等工程特征和生产管理以及外部因素等实际情况进行必要的修正。

经验排污系数法公式为

$$A=\mathrm{AD}\times M \tag{3-1}$$

$$\mathrm{AD}=\mathrm{BD}-(\mathrm{aD}+\mathrm{bD}-\mathrm{cD}+\mathrm{dD}) \tag{3-2}$$

式中：A 为某污染物的排放总量；AD 为单位产品某污染物的排放定额；M 为产品总产量；BD 为单位产品投入或生成的某污染物量；aD 为单位产品中某污染物的含量；bD 为单位产品所生成的副产物、回收品中某污染物的含量；cD 为单位产品分解转化掉的污染物量；dD 为单位产品被净化处理掉的污染物量。

采用经验排污系数法计算污染物排放量时，必须对生产工艺、化学反应、副反应和管理等情况进行全面了解，掌握原料、辅助材料、燃料的成分和消耗定额。

2. 物料衡算法

物料衡算法是用于计算污染物排放量的常规方法。此法的基本原则是遵守质量守恒定律，即在生产过程中投入系统的物料总量必须等于产出的产品量和物料流失量之和。其计算通式如下：

$$\sum G_{投入}=\sum G_{产品}+\sum G_{流失} \tag{3-3}$$

式中：$\sum G_{投入}$ 为投入系统的物料总量；$\sum G_{产品}$ 为产出产品总量；$\sum G_{流失}$ 为物料流失总量。

当投入的物料在生产过程中发生化学反应时，可按下述总物料衡算公式进行衡算。

1) 总物料衡算公式

$$\sum G_{排放}=\sum G_{投入}-\sum G_{回收}-\sum G_{处理}-\sum G_{转化}-\sum G_{产品} \tag{3-4}$$

式中：$\sum G_{投入}$ 为投入物料中的某污染物总量；$\sum G_{回收}$ 为进入回收产品中的某污染物总量；$\sum G_{处理}$ 为经净化处理的某污染物总量；$\sum G_{转化}$ 为生产过程中被分解、转化的某污染物的总量；$\sum G_{产品}$ 为进入产品结构中的某污染物总量；$\sum G_{排放}$ 为某污染物的排放量。

2) 单元工艺过程或单元操作的物料衡算

对某单元过程或某工艺操作进行物料衡算，可以确定这些单元工艺过程、单一操作的污染物产生量。例如，对管道和泵输送、吸收过程、分离过程、反应过程等进行物料衡算，可以核定这些加工过程的物料损失量，从而了解污染物产生量。

工程分析中常用的物料衡算有：总物料衡算、有毒有害物料衡算、有毒有害元素物料衡算。

采用物料衡算法计算污染物排放量时，必须对生产工艺、化学反应、副反应和管理等情况进行全面了解，掌握原料、辅助材料、燃料的成分和消耗定额。

3. 查阅参考资料分析法

查阅参考资料分析法是利用同类工程已有的环境影响报告书或可行性研究报告等资料进行工程分析的方法。此法较为简便，但所得数据的准确性很难保证，所以只能在评价工作等级较低的建设项目工程分析中使用。

4. 实测法

通过选择相同或类似工艺实测一些关键的污染参数，作为建设项目工程分析污染源计算的依据。

5. 试验法

试验法是通过一定的试验手段来确定一些关键的污染参数的方法。

二、工程分析的主要内容

对于环境影响以污染因素为主的建设项目来说，工程分析的工作内容，原则上应根据建设项目的工程特征，包括建设项目的类型、性质、规模、开发建设方式与强度、能源与资源用量、污染物排放特征以及项目所在地的环境而确定。通常包括六部分，见表 3-1。

表 3-1　工程分析主要工作内容

工程分析项目	工作内容
工程概况	工程一般特征简介 项目组成 物料与能源消耗定额
工艺流程及产污环节分析	工艺流程及污染物产生环节
污染源源强分析与核算	污染源分布及污染源源强核算 物料平衡与水平衡 无组织排放源强统计及分析 非正常工况排污的源强统计及分析 污染物排放总量控制建议指标
清洁生产水平分析	从原料、产品、工艺技术、装备水平分析清洁生产情况
环保措施方案分析	分析环保措施方案及所选工艺及设备的先进水平和可靠程度 分析与处理工艺有关技术经济参数的合理性 分析环保设施投资构成及其在总投资中占有的比例
总图布置方案分析	分析厂区与周围的保护目标之间所定卫生防护距离的安全性 根据气象、水文等自然条件分析工厂和车间布置的合理性 分析环境敏感点(保护目标)处置措施的可行性

1. 工程概况

1) 工程一般特征简介

工程一般特征简介包括项目组成、建设地点、原辅料、生产工艺、主要生产设备、产品(包括主产品和副产品)方案、平面布置、建设周期、总投资及环境保护投资等。

改扩建及异地搬迁建设项目还应包括现有工程的基本情况、污染物排放及达标情况、存在的环境保护问题及拟采取的整改方案等内容。

2) 项目组成

工程分析的范围应包括主体工程、辅助工程、公用工程、环保工程、储运工程及依托工程等，通过项目组成分析找出项目建设存在的主要环境问题，列出项目组成表，见表 3-2～表 3-4。

表 3-2　新建项目主体工程及产品(含副产品)方案

序号	工程名称(车间、生产装置或生产线)	产品名称及规格	设计能力	年运行时数

注：产品名称及规格栏含副产品

表 3-3　扩建技改项目主体工程及产品(含副产品)方案

序号	工程名称(车间、生产装置或生产线)	产品名称及规格	设计能力			年运行时数
			技改前	技改后	增量	

注：产品名称及规格栏含副产品

表 3-4　公用及辅助工程一览表

工程类别	主要内容	设计能力	备注
储运工程	1 2 ⋮		
公用工程	1 2 ⋮		
环保工程	1 2 ⋮		
辅助工程	1 2 ⋮		
依托工程	1 2 ⋮		
办公及生活设施			

3) 物料与能源消耗定额

物料与能源消耗定额包括主要原料、辅助材料、助剂、能源(煤、油、气、电和蒸气)以及用水等的来源、成分和消耗量。

2. 工艺流程及产污环节分析

一般情况下，工艺流程应在设计单位或建设单位的可行性研究或设计文件基础上，根据工艺过程的描述及同类项目生产的实际情况进行绘制。环境影响评价工艺流程图有别于工程设计工艺流程图，环境影响评价关注的是工艺过程中产生污染物的具体部位、污染物的种类和数量。所以，绘制污染工艺流程图应包括产生污染物的装置和工艺流程，不产生污染物的过程和装置可以简化，有化学反应产生的工序要列出主要化学反应式和副反应式，并在总平面布置图上标出污染源的准确位置，以便为其他专题评价提供可靠的污染源资料。工艺流程的叙述应与工艺流程图相对应，注意产排污节点的编号应一致。在产污环节分析中，应包括主体工程、公用工程、辅助工程、储运工程等项目组成的内容，说明是否会增加依托工程污染物排放量。

绘制包含产污环节的生产工艺流程图；按照生产、装卸、储存、运输等环节分析包括常规污染物、特征污染物在内的污染物产生、排放情况(包括正常工况和开停工及维修等非正常工况)，存在具有致癌、致畸、致突变的物质或持久性有机污染物、重金属的，应明确其来源、转移途径和流向；给出噪声、振动、放射性及电磁辐射等污染的来源、特性及强度等；说明各种源头防控、过程控制、末端治理、回收利用等环境影响减缓措施状况。

明确项目消耗的原料、辅料、燃料、水资源等种类、构成和数量，给出主要原辅材料及其他物料的理化性质、毒理特征，产品及中间体的性质、数量等。

对建设阶段和生产运行期间，可能发生突发性事件或事故，引起有毒有害、易燃易爆等物质泄漏，对环境及人身造成影响和损害的建设项目，应开展建设和生产运行过程的风险因素识别。存在较大潜在人群健康风险的建设项目，应开展影响人群健康的潜在环境风险因素识别。

3. 污染源源强分析与核算

1) 污染物分布及污染源源强核算

污染物分布和污染物类型及排放量是各专题评价的基础资料，必须按建设过程、生产过程两个时期，详细核算和统计。根据项目评价需求，一些项目还应对服务期满后(退役期)的影响源强进行核算。因此，对于污染物分布应根据已经绘制的污染流程图，并按排放点编号，标明污染物排放部位，然后列表逐点统计各因子的排放强度、浓度及数量。对于最终排入环境的污染物，确定其是否达标排放，达标排放必须以项目的最大负荷核算。例如，燃煤锅炉二氧化硫、烟尘排放量，必须要以锅炉最大产气量时所耗的燃煤量为基础进行核算。

对于废气可按点源、面源、线源进行核算，说明源强、排放方式和排放高度及存在的有关问题。废水应说明种类、成分、浓度、排放方式、排放去向。按《中华人民共和国固体废物污染环境防治法》对废物进行分类，废液应说明种类、成分、浓度、是否属于危险废物、处置方式和去向等有关问题；废渣应说明有害成分、溶出物浓度、是否属于危险废物、数量、处理和处置方法、储存方法等；噪声和放射性应列表说明源强、剂量及分布。

污染源源强的核算基本要求是根据污染物产生环节、产生方式和治理措施，核算建设项目正常工况和非正常工况(开车、停车、检修等)的污染物排放量，一方面要确定污染源的主要排放因子，另一方面要明确污染源的排放参数和位置。对于改扩建项目，需要分别按现有工程、在建、改扩建项目实施后等多种情形下的污染物产生量、排放量及其变化量，明确改扩建项目建成后最终的污染物排放量。对国家和地方限期达标规划及其他相关环境管理规定有特殊要求的时段，包括重污染天气应急预警期间等，应说明建设项目的污染物排放情况的调整措施。

工程分析中污染源源强核算可参考具体行业污染源源强核算指南规定的方法。

(1) 对于新建项目污染物排放量统计，需按废水污染物和废气污染物分别统计各种污染物排放总量。固体废物按照我国规定统计一般固体废物和危险废物。应算清“两本账”：一本是生产过程中的污染物产生量；另一本是按治理规划和评价规定措施实施后能够实现的污染物削减量。二者之差为污染物最终排放量。新建项目污染物排放量统计见表 3-5。

表 3-5　新建项目污染物排放量统计

类别	污染物名称	产生量	治理削减量	排放量
废水				
废气				
固体废物				

(2) 对于技改扩建项目的污染物排放量统计则要求算清新老污染源“三本账”：第一本是改扩建前现有的污染物实际排放量；第二本是改扩建项目按计划实施的自身污染物排放量；第三本是实施治理措施和评价规定措施后能够实现的污染削减量(“以新带老”削减量)。三本账的代数和可作为评价所需的最终排放量，可用表 3-6 列出。

表 3-6　技改扩建项目污染物排放量统计

类别	污染物名称	现有工程排放量	拟建项目排放量	“以新带老”削减量	改扩建完成后总排放量	增减量变化
废水						
废气						
固体废物						

技改扩建前排放量 − “以新带老”削减量 + 技改扩建项目排放量 = 技改扩建完成后的排放量。

2) 物料平衡与水平衡

在环境影响评价进行工程分析时，必须根据不同行业的具体特点，选择若干有代表性的物料，主要是有毒有害的物料，进行物料衡算。

水作为工业生产中的原料和载体，在任一用水单元内都存在水量的平衡关系，也同样可以依据质量守恒定律，进行质量平衡计算，这就是水平衡。根据“清污分流、一水多用、节约用水”的原则做好水平衡，给出总用水量、新鲜用水量、废水产生量、循环使用量、处理量、回用量和最终外排量等，明确具体的回用部位；根据回用部位的水质、温度等工艺要求，分析废水回用的可行性。按照国家节约用水的要求，提出进一步节水的有效措施。

工业用水量和排水量的关系见图 3-1，水平衡式见式(3-5)。

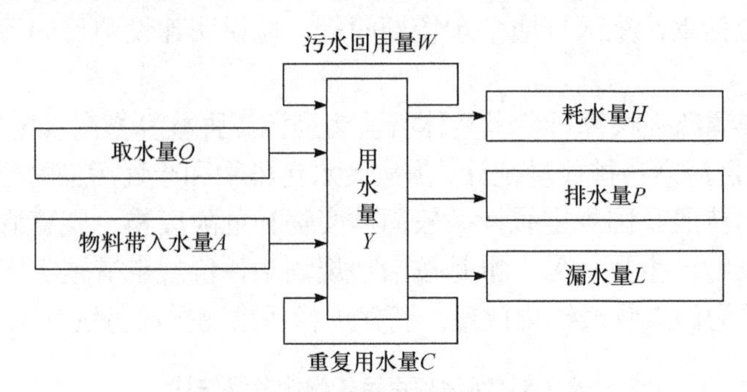

图 3-1　工业用水量和排水量的关系

$$Q + A = H + P + L \tag{3-5}$$

改扩建及异地搬迁建设项目需说明现有工程的基本情况、污染排放及达标情况、存在的环境保护问题及拟采取的整改措施等内容。

3) 无组织排放源强统计及分析

无组织排放是对应于有组织排放而言的，主要针对废气排放，表现为生产工艺过程中产生的污染物没有进入收集和排气系统，而通过厂房天窗或直接弥散到环境中。工程分析中将没有排气筒或排气筒高度低于 15 m 的排放源定为无组织排放。其确定方法主要有以下三种。

(1) 物料衡算法。通过全厂物料的投入产出分析，核算无组织排放量。

(2) 类比法。与工艺相同、使用原料相似的同类工厂进行类比，在此基础上，核算本厂无组织排放量。

(3) 反推法。通过对同类工厂正常生产时无组织监控点进行现场监测，利用面源扩散模式进行反推，以此确定工程无组织排放量。

4) 非正常工况排污的源强统计及分析

非正常工况排污是指工艺设备或环保设施达不到设计规定指标运行时的超额排污，在风险评价中，以此作为源强。非正常工况排污还包括设备检修、开车停车、试验性生产等。此类异常排污分析应重点说明异常情况的原因、发生频率和处置措施。

5) 污染物排放总量控制建议指标

在核算污染物排放量的基础上，按国家对污染物排放总量控制指标的要求，指出工程污染物排放总量控制建议指标，污染物排放总量控制建议指标应包括国家规定的指标和项目的特征污染物，其单位是吨/年(t/a)。提出的工程污染物排放总量控制建议指标必须满足以下要求：一是满足达标排放的要求；二是符合其他环保相关要求(特殊控制的区域和河段)；三是技术上可行。

4. 清洁生产水平分析

1) 清洁生产的概念

清洁生产在不同的发展阶段或不同的国家有着不同的提法，联合国环境规划署将其定义为：清洁生产是一种新的创造性思想，该思想将整体预防的环境战略持续应用于生产过程、产品和服务中，以增加生态效率和减少人类及环境的风险。对生产过程，要求节约原材料和能源，淘汰有毒原材料，减少和降低所有废物的数量和毒性；对产品，要求减少从原材料提炼到产品最终处置的全生命期的不利影响；对服务，要求将环境因素纳入设计和所提供的服务中。

《中华人民共和国清洁生产促进法》第二条关于清洁生产的定义是："本法所称清洁生产，是指不断采取改进设计、使用清洁的能源和原料、采用先进的工艺技术与设备、改善管理、综合利用等措施，从源头削减污染，提高资源利用效率，减少或者避免生产、服务和产品使用过程中污染物的产生和排放，以减轻或者消除对人类健康和环境的危害。"

2) 清洁生产与环境影响评价

清洁生产是我国工业可持续发展的重要战略，体现"预防为主"的方针，目的是"节能、降耗、减污、增效"。建设项目环境影响评价中开展清洁生产分析，可以促使企业调整投资结构，实现从末端治理到全过程控制的战略转移，促进企业生产健康、持久、有序发展。

《建设项目环境保护管理条例》规定，"工业建设项目应当采用能耗物耗小、污染物产生量少的清洁生产工艺，合理利用自然资源，防止环境污染和生态破坏。"

《中华人民共和国清洁生产促进法》第四条规定，"国务院和县级以上地方人民政府，应当将清洁生产促进工作纳入国民经济和社会发展规划、年度计划以及环境保护、资源利用、产业发展、区域开发等规划。"同时第十八条还规定："新建、改建和扩建项目应当进行环境影响评价，对原料使用、资源消耗、资源综合利用以及污染物产生与处置等进行分析论证，优先采用资源利用率高以及污染物产生量少的清洁生产技术、工艺和设备。"

3) 清洁生产评价指标

依据生命周期分析的原则，清洁生产评价指标应覆盖原材料、生产过程和产品的各个主要环节，尤其是对生产过程，既要考虑对资源的使用，又要考虑污染物的产生。因此，环境影响评价中的清洁生产评价指标可分为六大类：生产工艺与装备要求、资源能源利用指标、产品指标、污染物产生指标、废物回收利用指标和环境管理要求。

4) 清洁生产指标等级

生态环境部推出的清洁生产标准，一般将清洁生产指标分为三个级别。

一级代表国际清洁生产先进水平。当一个建设项目全部达到一级标准时，表明该项目在生产工艺、装备选择、资源利用、产品设计及使用、生产过程废弃物的产生量、废物回收利用和环境管理等方面做得非常好，达到国际先进水平，从清洁生产的角度讲，该项目是一个很好的项目。

二级代表国内清洁生产先进水平。当一个建设项目全部达到二级标准时，表明该项目在工艺、装备选择、资源能源利用、产品设计和使用、生产过程的废物产生和利用及环境管理方面做得比较好，达到国内先进水平，从清洁生产角度衡量是个好项目，可以接受。

三级代表国内清洁生产基本水平。当一个建设项目全部达到三级标准时，表明该项目清洁生产指标达到一定水平，但对于新建项目，尚需要在设计等方面做出较大的调整和改进，使之达到国内先进水平。对于国家明令禁止或限制盲目发展的项目，应在清洁生产方面提出更高的要求。

5. 环保措施方案分析

环保措施方案是对项目可行性研究报告等文件提供的污染防治措施进行技术先进性、经济合理性及运行的可靠性评价，若所提措施有的不能满足环保要求，则需提出切实可行的改进完善建议，包括替代方案。分析要点如下。

(1) 分析建设项目可行性研究阶段环保措施方案的技术经济可行性。根据建设项目产生的污染物特点，充分调查同类企业的现有环保处理方案的经济技术运行指标，分析建设项目可行性研究阶段所采用的环保设施的技术可行性、经济合理性及运行可靠性，在此基础上提出进一步改进的意见，包括替代方案。

(2) 分析项目采用污染处理工艺，排放污染物达标的可靠性。根据现有的同类环保设施的运行技术经济指标，结合建设项目排放污染物的基本特点和所采用污染防治措施的合理性，分析建设项目环保设施运行参数是否合理，有无承受冲击负荷能力，能否稳定运行，确保污染物排放达标的可靠性，并提出进一步改进的意见。

(3) 分析环保设施投资构成及其在总投资(或建设投资)中占有的比例。汇总建设项目环保设施的各项投资，分析其投资结构，并计算环保投资在总投资(或建设投资)中所占的比例。环保投资一览表可按表 3-7 给出，该表是指导建设项目竣工环境保护验收的重要参照依据。

表 3-7　建设项目环保投资

项目	建设内容	投资
废气治理	1 2 ⋮	
废水治理	1 2 ⋮	
噪声治理	1 2 ⋮	
土壤防控	1 2 ⋮	
环境风险防控	1 2 ⋮	
固体废物处置	1 2 ⋮	
厂区绿化		
其他	1 2 ⋮	

对于技改扩建项目，环保设施投资一览表中还应包括“以新带老”的环保投资内容。

(4) 依托设施的可行性分析。对于改扩建项目，原有工程的环保设施有相当一部分是可以利用的，如现有污水处理厂、固体废物填埋场、焚烧炉等。原有环保设施是否能满足改扩建后的要求，需要认真核实，分析依托的可靠性。随着经济的发展，依托公用环保设施已经成为区域环境污染防治的重要组成部分。对于项目产生废水，经过简单处理后排入区域或城市污水处理厂进一步处理或排放的项目，除了对其所采用的污染防治技术的可靠性、可行性进行分析评价外，还应对接纳排水的污水处理厂的工艺合理性进行分析，其处理工艺是否与项目排水的水质相容；对于可以进一步利用的废气，要结合所在区域的社会经济特点，分析其集中、收集、净化、利用的可行性；对于固体废物，则要根据项目所在地的环境、社会经济特点，分析综合利用的可能性；对于危险废物，则要分析其能否得到妥善的处置。

6. 总图布置方案分析

(1) 分析厂区与周围的保护目标之间所定卫生防护距离的可靠性。参考大气导则、国家有关卫生防护距离规范，分析厂区与周围的保护目标之间所定防护距离的可靠性，合理布置建设项目的各构筑物及生产设施，给出总图布置方案与外环境关系图。

(2) 根据气象、水文等自然条件分析工厂和车间布置的合理性。在充分掌握项目建设地点的气象、水文和地质资料的条件下，认真考虑这些因素对污染物的污染特性的影响，合理布置工厂和车间，尽可能减少对环境的不利影响。

(3) 分析对周围环境敏感点处置措施的可行性。分析项目所产生的污染物的特点及其污染特征，结合现有的有关资料，确定建设项目对附近环境敏感点的影响程度，在此基础上提出切实可行的处置措施(如搬迁、防护等)。

(4) 在总图上标示建设项目主要污染源的位置。设计文件较详细时，在厂区平面布置图中还可标明主要生产单元及公用工程单元设施名称、位置，如有组织废气排放源、废水排放口、雨水排放口、固废仓库、危废暂存场所等。

第三节 生态影响型项目工程分析

一、导则的基本要求

《环境影响评价技术导则 生态影响》(HJ 19—2011)对以生态影响为主的建设项目工程分析有如下明确的要求。

工程分析时段应涵盖勘察期、施工期、运营期和退役期，以施工期和运营期为调查分析的重点。

工程分析内容应包括：项目所处的地理位置、工程的规划依据和规划环境影响评价依据、工程类型、项目组成、占地规模、总平面及现场布置、施工方式、施工时序、运行方式、替代方案、工程总投资与环保投资、设计方案中的生态保护措施等。

根据评价项目自身特点、区域的生态特点以及评价项目与影响区域生态系统的相互关系，确定工程分析的重点，分析生态影响的源及其强度。主要内容应包括：

(1) 可能产生重大生态影响的工程行为。

(2) 与特殊生态敏感区和重要生态敏感区有关的工程行为。

(3) 可能产生间接、累积生态影响的工程行为。

(4) 可能造成重大资源占用和配置的工程行为。

二、工程分析时段

在实际工作中，针对各类生态影响型建设项目的影响性质和所处的区域环境特点的差异，其关注的工程行为和重要生态影响会有所侧重，不同阶段有不同阶段的问题需要关注和解决。

勘察设计期一般不晚于环境影响评价阶段结束，主要包括初勘、选址选线和工程可行性(预)研究报告。初勘和选址选线工作在进入环境影响评价阶段前已完成，其主要成果在工程可行性(预)研究报告会有体现，而工程可行性(预)研究报告与环境影响评价是一个互动阶段，环境影响评价以工程可行性(预)研究报告为基础，评价过程中发现初勘、选址选线和相关工程设计中存在环境影响问题时应提出调整或修改建议，工程可行性(预)研究报告据此进行修改或调整，最终形成科学的工程可行性(预)研究报告与环境影响评价报告。

施工期时间跨度少则几个月，多则几年。对生态影响来说，施工期和运营期的影响同等重要且各具特点，施工期产生的直接影响一般属临时性质，但在一定条件下，其产生的间接影响可能是永久性的。在实际工程中，施工期生态影响注重直接影响的同时，也不应忽略可能造成的间接影响。施工期是生态影响评价必须关注的时段。

运营期一般比施工期长得多，在工程可行性(预)研究报告中会有明确的期限要求。由于跨度时间长，该时期的生态和污染影响可能会造成区域性的环境问题，如水库蓄水会使周边区域地下水位抬升，进而造成区域土壤盐渍化甚至沼泽化，井工采矿时大量疏干排水导致地表沉降和地面植被生长不良甚至荒漠化。运营期是环境影响评价必须重点关注的时段。

退役期不仅包括主体工程的退役，也涉及主要设备和相关配套工程的退役。例如，矿井(区)闭矿、渣场封闭、设备报废更新等，也可能存在环境影响问题需要解决。

三、工程分析的内容

1. 工程概况

以生态影响为主的建设项目应明确项目组成、建设地点、占地规模、总平面及现场布置、施工方式、施工时序、建设周期和运行方式、总投资及环境保护投资等。应给出工程特征表；明确工程项目组成，包括施工期临时工程，给出项目组成表；阐述工程施工和运营设计方案，给出施工期和运营期的工程布置示意图；有比选方案时，在上述内容中均应有介绍。

应给出地理位置图、总平面布置图、施工平面布置图、物料(含土石方)平衡图和水平衡图等工程基本图件。

2. 初步论证

初步论证主要从宏观上进行项目可行性论证，必要时提出替代或调整方案。初步论证主要包括以下三方面内容。

(1) 建设项目和法律法规、产业政策、环境政策和相关规划的符合性。

(2) 建设项目选址选线、施工布置和总图布置的合理性。

(3) 清洁生产和区域循环经济的可行性，提出替代或调整方案。

3. 影响源识别

结合建设项目特点和区域环境特征，明确建设项目在建设阶段、生产运行、服务期满后(可根据项目情况选择)等不同阶段的各种行为和污染源与可能受影响的环境要素间的作用效应关系、影响性质、影响范围、影响程度等，分析建设项目可能产生的生态影响和污染影响。重点为影响程度大、范围广、历时长或涉及环境敏感区的作用因素和影响源，关注间接性影响、区域性影响、长期性影响以及累积性影响等特有生态影响因素的分析。

工程行为分析时，应明确给出土地征用量、临时用地量、地表植被破坏面积、取土量、弃渣量、库区淹没面积和移民数量等。

污染源分析时，原则上按污染型建设项目要求进行，从废水、废气、固体废物、噪声与振动、电磁等方面分别考虑，明确污染源位置、属性、产生量、处理处置量和最终排放量。

对于改扩建项目，还应分析原有工程存在的环境问题，识别原有工程影响源和源强。

4. 环境影响识别

建设项目环境影响识别一般从社会影响、生态影响和环境污染三个方面考虑，在结合项目自身环境影响特点、区域环境特点和具体环境敏感目标的基础上进行识别。

应结合建设项目所在区域发展规划、环境保护规划、环境功能区划、生态功能区划、生态保护红线及环境现状，分析可能受建设行为影响的环境影响因素。生态影响型建设项目的生态影响识别，不仅要识别工程行为造成的直接生态影响，而且要注意污染影响造成的间接生态影响，甚至要求识别工程行为和污染影响在时间或空间上的累积效应(累积影响)，明确各类影响的性质(有利/不利)和属性(可逆/不可逆、临时/长期等)。

5. 环境保护方案分析

初步论证表明可从宏观上对项目可行性进行论证，环境保护方案分析要求从经济、环境、技术和管理方面来论证环境保护措施的可行性，且必须满足达标排放、总量控制、环境规划和环境管理要求，技术先进且与社会经济发展水平相适应，确保环境保护目标可达性。环境保护方案分析至少应有以下五方面内容。

(1) 施工和运营方案合理性分析。

(2) 工艺和设施的先进性和可靠性分析。

(3) 环境保护措施的有效性分析。

(4) 环保设施处理效率合理性和可靠性分析。

(5) 环境保护投资估算及合理性分析。

经过环境保护方案分析，对于不合理的环境保护措施应提出比选方案，进行比选分析后提出推荐方案或替代方案。

对于改扩建工程，应明确“以新带老”环保措施。

6. 其他分析

其他分析包括非正常工况类型及源强、风险潜势初判、事故风险识别和源项分析以及防范与应急措施说明。

四、生态影响型项目工程分析技术要点

1. 工程组成完全

工程组成包括主体工程、辅助工程、配套工程、公用工程和环保工程等。有完善的项目组成表，明确的占地、施工、技术标准等主要内容。

2. 重点工程明确

主要噪声环境影响的工程，应作为重点的工程分析对象，明确其名称、位置、规模、建设方案、运行方式。一般还应将其所涉及的环境作为分析对象。

以高速公路为例，重点工程包括：隧道，大桥、特大桥，高填方路段，深挖方路段，互通立交桥，服务区，取土场，弃土场。

重点工程确定方法：设计文件与现场踏勘，类比调查，根据投资分项，从环境敏感区入手反推工程组成。

3. 全过程分析

全过程分析包括选址选线(工程预可研期)、设计方案(初步设计与工程设计)、建设期(施工期)、运营期和运营后期(结束期、闭矿、设备退役和渣场封闭)。

4. 污染源分析

污染源分析主要是明确产生污染的源，污染物的类型、源强、排放方式和纳污环境。

5. 其他分析

其他分析如风险分析等。

案 例 分 析

某拟建的离子膜烧碱和聚氯乙烯(PVC)项目位于规划工业区。离子膜烧碱装置以原盐为原料生产氯气、氢气、烧碱。为使烧碱装置运行稳定，在场内设置 3 台容积为 50 m^3 的液氯储罐，液氯储存单元属重大危险源。

PVC 生产过程为 HCl 与乙炔气体在 $HgCl_2$ 催化剂作用下反应生成氯乙烯单体(VCM)，再采用悬浮聚合技术生产 PVC。全年生产 8000 h。

VCM 生产过程中使用 $HgCl_2$ 催化剂 100.8 t/a(折汞 8188.3756 kg/a)、活性炭 151.2 t/a。采用活性炭除汞器除去粗 VCM 精馏尾气中的汞升华物(折汞 2380.8913 kg/a)。VCM 洗涤产生的盐酸经处理返回 VCM 生产系统，碱洗产生的含汞废碱水为 2.5 m^3/h，总汞浓度为 2.0 mg/L。废催化剂中折汞 4927.2044 kg/a，更换催化剂卸泵产生的少量废水经锯末、活性炭等吸附带走汞 840.2799 kg/a，废水排入含汞废碱水预处理系统。含汞废碱水经化学沉淀、三段活性炭吸附、三段离子交换树脂预处理，总汞浓度为 0.0015 mg/L。废活性炭、树脂更换带走汞 39.9700 kg/a。预处理合格的废水与厂内其他废水混合，经处理后排至工业区污水处理厂。含汞废物统一送催化剂生产厂家回收处理。

根据以上资料，请回答以下问题。

(1) 给出 VCM 生产过程总汞的平衡图(单位：kg/a)。

(2) 在 VCM 生产单元氯元素投入、产出平衡计算中，投入项应包括的物料有哪些？

(3) 给出本项目水污染物总量控制应考虑的指标。

(4) 本项目应考虑哪些物料平衡的核算？

思 考 题

1. 工程分析的目的是什么？
2. 污染型项目工程分析的主要内容有哪些？
3. 什么是无组织排放？
4. 什么是清洁生产？环境影响评价中的清洁生产评价指标可分哪六大类？
5. 生态影响型项目工程分析的重点包括哪些工程行为？

第四章　大气环境影响评价

大气是人类赖以生存的环境要素之一。大气环境影响评价是对建设项目的大气环境可行性的论证，是大气污染物防治设计的依据之一，是环境管理的依据及环境影响评价的重要组成部分。

第一节　概　　述

一、基本概念

1. 大气污染源

释放大气污染物到大气中的装置(指排放大气污染物的设施或建筑构造)，称为大气污染源(排放源)。大气污染源按预测模式的模拟形式分为点源、线源、面源、体源。

点源：通过某种装置集中排放的固定点状源，如烟囱、集气筒等。

线源：污染物呈线状排放或者由移动源构成线状排放的源，如城市道路的机动车排放源等。

面源：在一定区域范围内，以低矮密集的方式自地面或近地面的高度排放污染物的源，如工艺过程中的无组织排放、储存堆、渣场等排放源。

体源：由源本身或附近建筑物的空气动力学作用使污染物呈一定体积向大气排放的源，如焦炉炉体、屋顶天窗等。

2. 大气污染物分类

大气污染源排放的污染物按存在形态分为颗粒态污染物和气态污染物；按生成机理分为一次污染物和二次污染物。其中由人类或自然活动直接产生，由污染源直接排入环境的污染物称为一次污染物；排入环境中的一次污染物在物理、化学因素的作用下发生变化，或与环境中的其他物质发生反应所形成的新污染物称为二次污染物。

3. 环境空气保护目标

环境空气保护目标指评价范围内按《环境空气质量标准》(GB 3095—2012)规定划分为一类区的自然保护区、风景名胜区和其他需要特殊保护的区域，二类区中的居住区、文化区和农村地区中人群较集中的区域。

4. 长期浓度

长期浓度指某污染物的评价时段大于等于 1 个月的平均质量浓度，包括月平均质量浓度、季平均质量浓度和年平均质量浓度。

5. 短期浓度

短期浓度指某污染物的评价时段小于等于 24 h 的平均质量浓度，包括 1 h 平均质量浓度、8 h 平均质量浓度以及 24 h 平均质量浓度(也称为日平均质量浓度)。

6. 基本污染物

基本污染物指《环境空气质量标准》中所规定的基本项目污染物，包括二氧化硫(SO_2)、二氧化氮(NO_2)、可吸入颗粒物(PM_{10})、细颗粒物($PM_{2.5}$)、一氧化碳(CO)、臭氧(O_3)等。

7. 其他污染物

其他污染物指除基本污染物以外的其他项目污染物。

8. 非正常排放

非正常排放指非正常工况下的污染物排放，如开停车(工、炉)、设备检修、污染物排放控制措施达不到应有效率、工艺设备运转异常等情况下的排放。

9. 空气质量模型

空气质量模型指采用数值方法模拟大气中污染物的物理扩散和化学反应的数学模型，包括高斯扩散模型和区域光化学网格模型。

高斯扩散模型也称高斯烟团或烟流模型，简称高斯模型。采用非网格、简化的输送扩散算法，没有复杂化学机理，一般用于模拟一次污染物的输送与扩散，或通过简单的化学反应机理模拟二次污染物。

区域光化学网格模型简称网格模型。采用包含复杂大气物理(平流、扩散、边界层、云、降水、干沉降等)和大气化学(气、液、气溶胶、非均相)算法以及网格化的输送化学转化模型，一般用于模拟城市和区域尺度的大气污染物输送与化学转化。

二、大气环境影响评价常用标准

1. 《环境影响评价技术导则　大气环境》(HJ 2.2—2018)

《环境影响评价技术导则　大气环境》规定了大气环境影响评价的一般性原则、内容、工作程序、方法和要求。适用于建设项目的大气环境影响评价。区域和规划的大气环境影响评价可参照使用。

该导则是对《环境影响评价技术导则　大气环境》(HJ/T 2.2—1993)的第二次修订，于2018年7月31日发布，2018年12月1日实施。

2. 《环境空气质量标准》(GB 3095—2012)

《环境空气质量标准》规定了环境空气功能区分类、标准分级、污染物项目、平均时间及浓度限值、监测方法、数据统计的有效性规定等内容。各省、自治区、直辖市人民政府对本标准中未作规定的污染物项目，可以制定地方环境空气质量标准。本标准中的污染物浓度均为质量浓度。

3. 《大气污染物综合排放标准》(GB 16297—1996)

本标准规定了33种大气污染物的排放限值，同时规定了标准执行中的各种要求。在我国现有的国家大气污染物排放标准体系中，按照综合性排放标准与行业性排放标准不交叉执行的原则，适用于尚无行业排放标准的现有污染源(1997年1月1日前设立的污染源)大气污染物排放管理，以及建设项目的环境影响评价、设计、环境保护设施竣工验收及其投产后的大气污染物排放管理。

1) 指标体系

指标体系设置了以下三项指标。

(1) 通过排气筒排放污染物的最高允许排放浓度。

(2) 通过排气筒排放的污染物，按排气筒高度规定的最高允许排放速率。

任何一个排气筒必须同时遵守上述两项指标，超过任何一项均为超标排放。

(3) 以无组织方式排放的污染物，规定无组织排放的监控点及相应的监控浓度限值。

2) 排放速率标准分级

标准规定的最高允许排放速率，现有污染源(1997 年 1 月 1 日前)分为一、二、三级，新污染源(1997 年 1 月 1 日起)分为二、三级。按污染源所在的环境空气质量功能区类别，执行相应级别的排放速率标准。

3) 排气筒高度及排放速率

(1) 排气筒高度应高出周围 200 m 半径范围的建筑 5 m 以上，不能达到该要求的排气筒，应按其高度对应的表列排放速率标准值严格 50% 执行。

(2) 两个排放相同污染物(不论其是否由同一生产工艺过程产生)的排气筒，若其距离小于其几何高度之和，应合并视为一根等效排气筒。

(3) 若某排气筒的高度处于本标准列出的两个值之间，其执行的最高允许排放速率以内插法计算；当某排气筒的高度大于或小于本标准列出的最大或最小值时，以外推法计算其最高允许排放速率。

(4) 新污染源(1997 年 1 月 1 日起设立)的排气筒高度一般不应低于 15 m。若新污染源的排气筒必须低于 15 m 时，其排放速率标准值按外推计算结果再严格 50%执行。

(5) 排放氯气、氰化氢和光气的排气筒高度不应低于 25 m。

4. 《锅炉大气污染物排放标准》(GB 13271—2014)

本标准适用于以燃煤、燃油和燃气为燃料的单台出力 65 t/h 及以下蒸汽锅炉、各种容量的热水锅炉及有机热载体锅炉；各种容量的层燃炉、抛煤机炉。

使用型煤、水煤浆、煤矸石、石油焦、油页岩、生物质成型燃料等的锅炉，参照本标准中燃煤锅炉排放控制要求执行。

本标准不适用于以生活垃圾、危险废物为燃料的锅炉，适用于在用锅炉的大气污染物排放管理，以及锅炉建设项目环境影响评价、环境保护设施设计、竣工环境保护验收及其投产后的大气污染物排放管理。

本标准规定了锅炉烟气中颗粒物、二氧化硫、氮氧化物、汞及其化合物的最高允许排放浓度限值和烟气黑度限值。

5. 《工业炉窑大气污染物排放标准》(GB 9078—1996)

本标准适用于除炼焦炉、焚烧炉、水泥厂以外使用固体、液体、气体燃料和电加热的工业炉窑的管理，以及工业炉窑建设项目的环境影响评价、设计、竣工验收及其建成后的排放管理。规定了适用区域划分，分时段的 10 类 19 种工业炉窑(粉)尘浓度、烟气黑度和无组织排放烟(粉)尘的最高允许浓度(或排放限值)，各种工业炉窑的二氧化硫、氟及其化合物、铅、汞、铍及其化合物、沥青油烟等 6 种有害污染物最高允许排放浓度以及有关烟囱高度和监测的规定等。

6. 《恶臭污染物排放标准》(GB 14554—1993)

本标准适用于所有向大气排放恶臭气体单位及垃圾堆放场的排放管理，以及建设项目的环境影响评价、设计、环境保护设施竣工验收及其投产后的大气污染物排放管理。规定了氨

(NH_3)、三甲胺$[(CH_3)_3N]$、硫化氢(H_2S)、甲硫醇(CH_3SH)、甲硫醚$[(CH_3)_2S]$、二甲二硫醚、二硫化碳(CS_2)、苯乙烯、臭气浓度等恶臭污染物的一次最大排放限值、复合恶臭物质的臭气浓度限值及无组织排放源的厂界浓度限值。

7.《挥发性有机物无组织排放控制标准》(GB 37822—2019)

本标准适用于涉及 VOCs 无组织排放的现有企业或生产设施的 VOCs 无组织排放管理，以及涉及 VOCs 无组织排放的建设项目的环境影响评价、环境保护设施设计、竣工环境保护验收、排污许可证核发及其投产后 VOCs 无组织排放的管理。该标准规定了 VOCs 物料储存无组织排放控制要求、VOCs 物料转移和输送无组织排放控制要求、工艺过程 VOCs 无组织排放控制要求、设备与管线组件 VOCs 泄漏控制要求、敞开液面 VOCs 无组织排放控制要求，以及 VOCs 无组织排放废气收集处理系统要求、企业厂区内及周边污染监控要求。

三、大气环境影响评价工作任务与程序

1. 工作任务

通过调查、预测等手段，对项目在建设阶段、生产运行和服务期满后(可根据项目情况选择)所排放的大气污染物对环境空气质量影响的程度、范围和频率进行分析、预测和评估，为项目的选址选线、排放方案、大气污染治理设施与预防措施制定、排放量核算以及其他有关的工程设计、项目实施环境监测等提供科学依据或指导性意见。

2. 工作程序

大气环境影响评价工作程序见图 4-1。

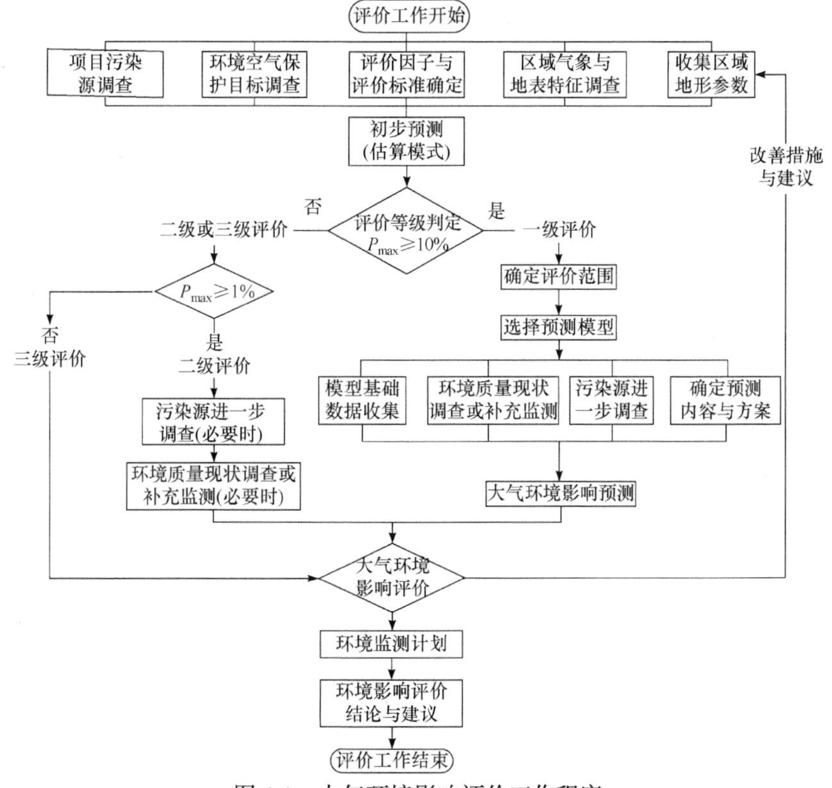

图 4-1　大气环境影响评价工作程序

第二节　大气环境影响评价等级与评价范围的确定

一、环境影响识别与评价因子筛选

(1) 按《建设项目环境影响评价技术导则 总纲》(HJ 2.1—2016)或《规划环境影响评价技术导则 总纲》(HJ 130—2019)的要求识别大气环境影响因素，并筛选出大气环境影响评价因子。大气环境影响评价因子主要为项目排放的基本污染物及其他污染物。

(2) 当建设项目排放的 SO_2 和 NO_x 年排放量大于或等于 500 t/a 时，评价因子应增加二次 $PM_{2.5}$，见表 4-1。

表 4-1　二次污染物评价因子筛选

类别	污染物排放量/(t/a)	二次污染物评价因子
建设项目	$SO_2 + NO_x \geqslant 500$	$PM_{2.5}$
规划项目	$SO_2 + NO_x \geqslant 500$	$PM_{2.5}$
	$NO_x + VOCs \geqslant 2000$	O_3

(3) 当规划项目排放的 SO_2、NO_x 及 VOCs 年排放量达到表 4-1 规定的量时，评价因子应相应增加二次 $PM_{2.5}$ 及 O_3。

二、评价标准确定

(1) 确定各评价因子所适用的环境质量标准及相应的污染物排放标准。其中环境质量标准选用《环境空气质量标准》(GB 3095—2012)中的环境空气质量浓度限值，如已有地方环境质量标准，应选用地方标准中的浓度限值。

(2) 对于《环境空气质量标准》及地方环境质量标准中未包含的污染物，可参照《环境影响评价技术导则 大气环境》(HJ 2.2—2018)附录 D 中的浓度限值。

(3) 对上述标准中都未包含的污染物，可参照选用其他国家、国际组织发布的环境质量浓度限值或基准值，但应作出说明，经生态环境主管部门同意后执行。

三、大气环境影响评价工作等级

根据项目污染源初步调查结果，分别计算项目排放主要污染物的最大地面空气质量浓度占标率 P_i(第 i 个污染物，简称“最大浓度占标率”)，及第 i 个污染物的地面浓度达到标准值 10%时所对应的最远距离 $D_{10\%}$。然后按评价工作分级判据进行分级。

P_i 定义为

$$P_i = \frac{C_i}{C_{0i}} \times 100\% \tag{4-1}$$

式中：P_i 为第 i 个污染物的最大地面空气质量浓度占标率，%；C_i 为采用估算模型计算出的第 i 个污染物的最大 1 h 地面空气质量浓度，$\mu g/m^3$；C_{0i} 为第 i 个污染物的环境空气质量浓度标准，$\mu g/m^3$。C_{0i} 一般选用《环境空气质量标准》中 1 h 平均质量浓度二级标准的浓度限值；如项目位于一类环境空气功能区，应选择相应的一级浓度限值；对该标准中未包含的污染物，使用

“二、评价标准确定”中确定的各评价因子 1 h 平均质量浓度限值；对仅有 8 h 平均质量浓度限值、日平均质量浓度限值或年平均质量浓度限值的，可分别按 2 倍、3 倍、6 倍折算为 1 h 平均质量浓度限值。大气环境影响评价工作分级判据见表 4-2。

表 4-2　大气环境影响评价工作分级判据

评价工作等级	分级判据
一级	P_{max}≥10%
二级	1%≤P_{max}<10%
三级	P_{max}<1%

评价工作等级的确定还应符合以下规定：

(1) 同一项目有多个污染源(两个及以上，下同)时，则按各污染源分别确定评价等级，并取评价等级最高的作为项目的评价等级。

(2) 对电力、钢铁、水泥、石化、化工、平板玻璃、有色等高耗能行业的多源项目或以使用高污染燃料为主的多源项目，并且编制环境影响报告书的项目评价等级提高一级。

(3) 对等级公路、铁路项目，分别按项目沿线主要集中式排放源(如服务区、车站大气污染源)排放的污染物计算其评价等级。

(4) 对新建包含 1 km 及以上隧道工程的城市快速路、主干路等城市道路项目，按项目隧道主要通风竖井及隧道出口排放的污染物计算其评价等级。

(5) 对新建、迁建及飞行区扩建的枢纽及干线机场项目，应考虑机场飞机起降及相关辅助设施排放源对周边城市的环境影响，评价等级取一级。

(6) 确定评价等级的同时应说明估算模型计算参数和判定依据。

四、大气环境影响评价范围

(1) 一级评价项目根据建设项目排放污染物的最远影响距离($D_{10\%}$)确定大气环境影响评价范围。即以项目厂址为中心区域，自厂界外延 $D_{10\%}$的矩形区域作为大气环境影响评价范围。当 $D_{10\%}$超过 25 km 时，确定评价范围为边长 50 km 的矩形区域；当 $D_{10\%}$小于 2.5 km 时，评价范围边长取 5 km。

(2) 二级评价项目大气环境影响评价范围边长取 5 km。

(3) 三级评价项目不需设置大气环境影响评价范围。

(4) 对于新建、迁建及飞行区扩建的枢纽及干线机场项目，评价范围还应考虑受影响的周边城市，最大边长取 50 km。

(5) 规划的大气环境影响评价范围以规划区边界为起点，外延规划项目排放污染物的最远影响距离($D_{10\%}$)的区域。

五、评价基准年筛选

依据评价所需环境空气质量现状、气象资料等数据的可获得性、数据质量、代表性等因素，选择近 3 年中数据相对完整的 1 个日历年作为评价基准年。

六、环境空气保护目标调查

在带有地理信息的底图中标注调查项目大气环境评价范围内主要环境空气保护目标，并列表给出环境空气保护目标内主要保护对象的名称、保护内容、所在大气环境功能区及其与项目厂址的相对距离、方位、坐标等信息。

第三节　环境空气质量现状调查与评价

一、调查内容和目的

1. 一级评价项目

(1) 调查项目所在区域的环境质量达标情况，作为项目所在区域是否为达标区的判断依据。

(2) 调查评价范围内有环境质量标准的评价因子的环境质量监测数据或进行补充监测，用于评价项目所在区域的污染物环境质量现状，以及计算环境空气保护目标和网格点的环境质量现状浓度。

2. 二级评价项目

(1) 调查项目所在区域的环境质量达标情况。

(2) 调查评价范围内有环境质量标准的评价因子的环境质量监测数据或进行补充监测，用于评价项目所在区域的污染物环境质量现状。

3. 三级评价项目

只调查项目所在区域的环境质量达标情况。

二、环境空气质量现状调查

1. 数据来源

1) 基本污染物环境质量现状数据

(1) 项目所在区域达标判定，优先采用国家或地方生态环境主管部门公开发布的评价基准年环境质量公告或环境质量报告中的数据或结论。

(2) 采用评价范围内国家或地方环境空气质量监测网中评价基准年连续 1 年的监测数据，或采用生态环境主管部门公开发布的环境空气质量现状数据。

(3) 评价范围内没有环境空气质量监测网数据或公开发布的环境空气质量现状数据的，可选择符合《环境空气质量监测点位布设技术规范(试行)》(HJ 664—2013)规定，并且与评价范围地理位置邻近，地形、气象条件相近的环境空气质量城市点或区域点监测数据。

2) 其他污染物环境质量现状数据。

(1) 优先采用评价范围内国家或地方环境空气质量监测网中评价基准年连续 1 年的监测数据。

(2) 评价范围内没有环境空气质量监测网数据或公开发布的环境空气质量现状数据的，可收集评价范围内近 3 年与项目排放的其他污染物有关的历史监测资料。

(3) 没有以上相关监测数据或监测数据不能满足评价要求时，应按要求进行补充监测。

2. 补充监测

1) 监测时段

(1) 根据监测因子的污染特征，选择污染较重的季节进行现状监测。补充监测应至少取得7 d有效数据。

(2) 对于部分无法进行连续监测的其他污染物，可监测其一次空气质量浓度，监测时次应满足所用评价标准的取值时间要求。

2) 监测布点

以近20年统计的当地主导风向为轴向，在厂址及主导风向下风向5 km范围内设置1～2个监测点。若需在一类区进行补充监测，监测点应设置在不受人为活动影响的区域。

3) 监测方法

应选择符合监测因子对应环境质量标准或参考标准所推荐的监测方法，并在评价报告中注明。

4) 监测采样

环境空气监测中的采样点、采样环境、采样高度及采样频率，按《环境空气质量监测点位布设技术规范(试行)》及相关评价标准规定的环境监测技术规范执行。

三、环境质量现状评价内容与方法

1. 项目所在区域达标判断

(1) 城市环境空气质量达标情况评价指标为SO_2、NO_2、PM_{10}、$PM_{2.5}$、CO和O_3，六项污染物全部达标即为城市环境空气质量达标。

(2) 根据国家或地方生态环境主管部门公开发布的城市空气质量达标情况，判断项目所在区域是否属于达标区。若项目评价范围涉及多个行政区(县级或以上，下同)，需分别评价各行政区的达标情况，若存在不达标行政区，则判定项目所在评价区域为不达标区。

(3) 国家或地方生态环境主管部门未发布城市环境空气质量达标情况的，可按照《环境空气质量评价技术规范(试行)》(HJ 663—2013)中各评价项目的年评价指标进行判定。年评价指标中的年均浓度和相应百分位数24 h平均或8 h平均质量浓度满足《环境空气质量标准》中浓度限值要求即为达标。

2. 各污染物的环境质量现状评价

(1) 长期监测数据的现状评价内容，按《环境空气质量评价技术规范(试行)》中的统计方法对各污染物的年评价指标进行环境质量现状评价。对于超标的污染物，计算其超标倍数和超标率。

(2) 补充监测数据的现状评价内容，分别对各监测点位不同污染物的短期浓度进行环境质量现状评价。对于超标的污染物，计算其超标倍数和超标率。

3. 环境空气保护目标及网格点环境质量现状浓度

(1) 对采用多个长期监测点位数据进行现状评价的，取各污染物相同时刻各监测点位的浓度平均值，作为评价范围内环境空气保护目标及网格点环境质量现状浓度。

(2) 对采用补充监测数据进行现状评价的，取各污染物不同评价时段监测浓度的最大值，作为评价范围内环境空气保护目标及网格点环境质量现状浓度。对于有多个监测点位数据的，先计算相同时刻各监测点位的平均值，再取各监测时段平均值中的最大值。

四、污染源调查

1. 调查内容

一级评价项目调查本项目不同排放方案有组织及无组织排放源，对于改建、扩建项目还应调查本项目现有污染源。本项目污染源调查包括正常排放和非正常排放，其中非正常排放调查内容包括非正常工况、频次、持续时间和排放量。调查本项目所有拟被替代的污染源(如有)，包括被替代污染源名称、位置、排放污染物及排放量、拟被替代时间等。调查评价范围内与评价项目排放污染物有关的其他在建项目、已批复环境影响评价文件的拟建项目等污染源。对于编制报告书的工业项目，分析调查受本项目物料及产品运输影响新增的交通运输移动源，包括运输方式、新增交通流量、排放污染物及排放量。

二级评价项目参照一级评价项目要求调查本项目现有及新增污染源和拟被替代的污染源。

三级评价项目只调查本项目新增污染源和拟被替代的污染源。

对于城市快速路、主干路等城市道路的新建项目，需调查道路交通流量及污染物排放量。

对于采用网格模型预测二次污染物的，需结合空气质量模型及评价要求，开展区域现状污染源排放清单调查。

污染源调查内容及格式要求按点源、面源、体源、线源、火炬源、烟塔合一源、城市道路源、机场源等分别给出。

2. 数据来源与要求

新建项目的污染源调查依据《建设项目环境影响评价技术导则　总纲》(HJ 2.1—2016)、《规划环境影响评价技术导则　总纲》(HJ 130—2019)、《排污许可证申请与核发技术规范　总则》(HJ 942—2018)、行业排污许可证申请与核发技术规范、各污染源源强核算技术指南，并结合工程分析从严确定污染物排放量。

评价范围内在建和拟建项目的污染源调查，可使用已批准的环境影响评价文件中的资料；改建、扩建项目现状工程的污染源和评价范围内拟被替代的污染源调查，可根据数据的可获得性，依次优先使用项目监督性监测数据、在线监测数据、年度排污许可执行报告、自主验收报告、排污许可证数据、环境影响评价数据或补充污染源监测数据等。污染源监测数据应采用满负荷工况下的监测数据或者换算至满负荷工况下的排放数据。

网格模型模拟所需的区域现状污染源排放清单调查按国家发布的清单编制相关技术规范执行。污染源排放清单数据应采用近 3 年内国家或地方生态环境主管部门发布的包含人为源和天然源在内所有区域污染源清单数据。在国家或地方生态环境主管部门未发布污染源清单之前，可参照污染源清单编制指南自行建立区域污染源清单，并对污染源清单的准确性进行验证分析。

第四节　污染气象调查与分析

大气污染物浓度是由污染物排放量和污染气象条件共同决定的。污染气象调查旨在获取影响大气污染物浓度的重要气象要素，从而确定用于预测大气污染物浓度的参数。

一、模型所需气象数据

1. 估算模型 AERSCREEN

模型所需最高和最低环境温度一般需选取评价区域 20 年以上资料的统计结果。最小风速可取 0.5 m/s，风速计高度取 10 m。

2. AERMOD 和 ADMS

地面气象数据选择距离项目最近或气象特征基本一致的气象站的逐时地面气象数据，要素至少包括风速、风向、总云量和干球温度。根据预测精度要求及预测因子特征，可选择观测资料，包括湿球温度、露点温度、相对湿度、降水量、降水类型、海平面气压、地面气压、云底高度、水平能见度等。其中对观测站点缺失的气象要素，可采用经验证的模拟数据或采用观测数据进行插值得到。

高空气象数据选择模型所需观测或模拟的气象数据，要素至少包括一天早晚两次不同等压面上的气压、离地高度和干球温度等，其中离地高度 3000 m 以内的有效数据层数应不少于 10 层。

3. AUSTAL 2000

地面气象数据选择距离项目最近或气象特征基本一致的气象站的逐时地面气象数据，要素至少包括风向、风速、干球温度、相对湿度，以及采用测量或模拟气象资料计算得到的稳定度。

4. CALPUFF

地面气象资料应尽量获取预测范围内所有地面气象站的逐时地面气象数据，要素至少包括风速、风向、干球温度、地面气压、相对湿度、云量、云底高度。若预测范围内地面观测站少于 3 个，可采用预测范围外的地面观测站进行补充，或采用中尺度气象模拟数据。

高空气象资料应获取最少 3 个站点的测量或模拟气象数据，要素至少包括一天早晚两次不同等压面上的气压、离地高度、干球温度、风向及风速，其中离地高度 3000 m 以内的有效数据层数应不少于 10 层。

5. 光化学网格模型

光化学网格模型的气象场数据可由 WRF 或其他区域尺度气象模型提供。气象场应至少涵盖评价基准年 1 月、4 月、7 月、10 月。气象模型的模拟区域范围应略大于光化学网格模型的模拟区域，气象数据网格分辨率、时间分辨率与光化学网格模型的设定相匹配。在气象模型的物理参数化方案选择时应注意和光化学网格模型所选择参数化方案的兼容性。非在线的 WRF 等气象模型计算的气象数据提供给光化学网格模型应用时，需要经过相应的数据前处理，处理的过程包括光化学网格模拟区域截取、垂直差值、变量选择和计算、数据时间处理以及数据格式转换等。

二、常规气象资料的调查内容

常规气象观测资料包括常规地面气象观测资料和常规高空气象探测资料。

对于各级评价项目，均应调查评价范围 20 年以上的主要气候统计资料，包括年平均风速和风向玫瑰图、最大风速和月平均风速、年平均气温、极端气温和月平均气温、年平均相对湿度、年均降水量、降水量极值、日照等。

对于一级评价项目，还应调查逐日、逐次的常规气象观测资料及其他气象观测资料，二、三级项目无须调查。

1. 地面气象观测资料

根据所调查地面气象观测站的类别，并遵循“先基准站，次基本站，后一般站”的原则，收集每日实际逐次观测资料。

根据不同评价等级预测精度要求及预测因子特征，可选择调查的观测资料的内容见表 4-3。

表 4-3　地面气象观测资料内容

名称	单位	名称	单位
年		湿球温度	℃
月		露点温度	℃
日		相对湿度	%
时		降水量	mm/h
风向	度(方位)	降水类型	
风速	m/s	海平面气压	hPa(百帕)
总云量	十分量	观测站地面气压	hPa(百帕)
低云量	十分量	云底高度	km
干球温度	℃	水平能见度	km

2. 常规高空气象探测资料

常规高空气象探测资料至少包括一天早晚两次不同等压面上的气压、离地高度、干球温度、风向及风速，其中离地高度 3000 m 以内的有效数据层数应不少于 10 层。观测资料的常规调查项目见表 4-4。

表 4-4　常规高空气象探测资料内容

名称	单位	名称	单位
年		离地高度	m
月		干球温度	℃
日		露点温度	℃
时		风速	m/s
探空数据层数		风向(以角度或按16个方位表示)	度(方位)
气压	hPa(百帕)		

第五节　大气环境影响预测与评价

一、大气环境影响预测的目的与步骤

1. 预测目的

预测的主要目的是为评价提供可靠和定量的基础数据。具体有以下几点：

(1) 了解建设项目建成以后对大气环境质量影响的程度和范围。

(2) 比较各种建设方案对大气环境质量的影响。

(3) 给出各类或各个污染源对任一点污染物浓度的贡献(污染分担率)。

(4) 优化城市或区域的污染源布局以及对其实行总量控制。

(5) 从景观生态与人文生态的敏感对象上，预测和评估其可能发生的风险影响及出现的频率与风险程度，寻求最佳预防对策方案。

2. 预测步骤

大气环境影响预测的步骤一般如下。

1) 确定预测因子

预测因子应根据评价因子而定，选取有环境空气质量标准的评价因子作为预测因子。

2) 确定预测范围

(1) 预测范围应覆盖评价范围，同时还应考虑污染源的排放高度、评价范围的主导风向、地形和周围环境敏感区的位置等。

(2) 计算污染源对评价范围的影响时，一般取项目位于预测范围的中心，东西向为 X 坐标轴、南北向为 Y 坐标轴。

3) 确定计算点

计算点可分三类：环境空气敏感区、预测范围内的网格点、区域最大地面浓度点。

(1) 应选择所有的环境空气敏感区中的环境空气保护目标作为计算点。

(2) 预测网格点的分布应具有足够的分辨率以尽可能精确预测污染源对评价范围的最大影响，预测网格可以根据具体情况采用直角坐标网格或极坐标网格，并应覆盖整个评价范围。

(3) 区域最大地面浓度点的预测网格设置，应依据计算出的网格点浓度分布而定，在高浓度分布区，计算点间距应不大于 50 m，一般采用“近密远疏法”。

4) 确定污染源参数

污染源参数应按点源、面源、体源和线源源强分别统计。

点源参数包括排气筒底部中心坐标及海拔高度、排气筒几何高度及出口内径、烟气出口速度及出口温度、年排放时数、排放工况、排放源强等；面源参数包括确定面源位置的坐标、尺寸、海拔高度、有效排放高度、年排放时数、排放工况、排放源强等；线源参数包括分段坐标、道路高度及宽度、平均车速、车流量、车型比例、各车型污染物排放速率等。对于排放颗粒污染物的还要调查颗粒物的粒径分布情况；体源参数包括体源中心坐标、尺寸、海拔高度、有效高度、排放速率、排放工况、年排放时数、初始扩散参数等。

5) 确定气象条件

计算小时平均浓度需采用长期气象条件，进行逐时或逐次计算。选择污染最严重的(针对所有计算点)小时气象条件和对各环境空气保护目标影响最大的若干个小时气象条件(可针对各环境空气敏感区的影响程度而定)作为典型小时气象条件。

计算日平均浓度需采用长期气象条件，进行逐日平均计算。选择污染最严重的(针对所有计算点)日气象条件和对各环境空气保护目标影响最大的若干个日气象条件(可针对各环境空气敏感区的影响程度而定)作为典型日气象条件。

6) 确定地形数据

在非平坦的评价范围内，地形的起伏对污染物的传输、扩散会有一定的影响。对于复杂地形下的污染物扩散模拟需要输入地形数据。

地形数据的来源应予以说明，地形数据的精度应结合评价范围及预测网格点的设置进行合理选择。

7) 确定预测内容和设定预测情景

8) 选择预测模式

9) 确定模式中的相关参数

10) 进行大气环境影响预测与评价

二、一般性要求

(1) 一级评价项目应采用进一步预测模型开展大气环境影响预测与评价。

(2) 二级评价项目不进行进一步预测与评价，只对污染物排放量进行核算。

(3) 三级评价项目不进行进一步预测与评价。

三、预测因子

预测因子根据评价因子而定，选取有环境质量标准的评价因子作为预测因子。

四、预测范围

(1) 预测范围应覆盖评价范围，并覆盖各污染物短期浓度贡献值占标率大于 10%的区域。

(2) 对于经判定需预测二次污染物的项目，预测范围应覆盖 $PM_{2.5}$ 年平均质量浓度贡献值占标率大于 1%的区域。

(3) 对于评价范围内包含环境空气功能区一类区的，预测范围应覆盖项目对一类区最大环境影响。

(4) 预测范围一般以项目厂址为中心，东西向为 X 坐标轴、南北向为 Y 坐标轴。

五、预测周期

(1) 选取评价基准年作为预测周期，预测时段取连续 1 年。

(2) 选用网格模型模拟二次污染物的环境影响时，预测时段应至少选取评价基准年 1 月、4 月、7 月、10 月。

六、预测模型

1. 预测模型选择原则

(1) 一级评价项目应结合项目环境影响预测范围、预测因子及推荐模型的适用范围等选择空气质量模型。

(2) 各推荐模型适用范围见表 4-5。

表 4-5 推荐模型适用范围

模型名称	适用污染源	适用排放形式	推荐预测范围	模拟污染物			其他特性
				一次污染物	二次 $PM_{2.5}$	O_3	
AERMOD 和 ADMS	点源、面源、线源、体源	连续源、间断源	局地尺度 (≤50 km)	模型模拟法	系数法	不支持	—

续表

模型名称	适用污染源	适用排放形式	推荐预测范围	模拟污染物			其他特性
				一次污染物	二次 $PM_{2.5}$	O_3	
AUSTAL2000	烟塔合一源	连续源、间断源	局地尺度(≤50 km)	模型模拟法	系数法	不支持	—
EDMS/AEDT	机场源	连续源、间断源	局地尺度(≤50 km)	模型模拟法	系数法	不支持	—
CALPUFF	点源、面源、线源、体源	连续源、间断源	城市尺度(50 km 到几百千米)	模型模拟法	模型模拟法	不支持	局地尺度特殊风场，包括长期静、小风和岸边熏烟
区域光化学网格模型	网格源	连续源、间断源	区域尺度(几百千米)	模型模拟法	模型模拟法	模型模拟法	模拟复杂化学反应

(3) 当推荐模型适用性不能满足需要时，可选择适用的替代模型。

2. 预测模型选取的其他规定

(1) 当项目评价基准年内存在风速≤0.5 m/s 的持续时间超过 72 h 或近 20 年统计的全年静风(风速≤0.2 m/s)频率超过 35%时，应采用 CALPUFF 模型进行进一步模拟。

(2) 当建设项目处于大型水体(海或湖)岸边 3 km 范围内时，应首先采用估算模型判定是否会发生熏烟现象。如果存在岸边熏烟，并且估算的最大 1 h 平均质量浓度超过环境质量标准，应采用 CALPUFF 模型进行进一步模拟。

3. 推荐模型使用要求

(1) 采用推荐模型时，应按要求提供污染源、气象、地形、地表参数等基础数据。

(2) 环境影响预测模型所需气象、地形、地表参数等基础数据应优先使用国家发布的标准化数据。采用其他数据时，应说明数据来源、有效性及数据预处理方案。

4. 推荐模式说明

1) 估算模式

估算模式 AERSCREEN 是一种单源预测模式，可计算点源、面源、体源和火炬源的最大地面浓度，以及建筑物下洗和熏烟等特殊条件下的最大地面浓度，估算模式中嵌入了多种预设的气象组合条件，包括一些最不利的气象条件，此类气象条件在某个地区可能发生，也可能不发生。经估算模式计算出的最大地面浓度大于进一步预测模式的计算结果。对于小于 1 h 的短期非正常排放，用估算模式进行预测。估算模式一般用于大气环境影响评价等级及影响范围判定。

估算模型参数见表 4-6。

表 4-6　估算模型参数

参数		取值
城市农村/选项	城市/农村	
	人口数(城市人口数)	

续表

参数		取值
最高环境温度		
最低环境温度		
土地利用类型		
区域湿度条件		
是否考虑地形	考虑地形	□是　□否
	地形数据分辨率/m	
是否考虑海岸线熏烟	考虑海岸线熏烟	□是　□否
	海岸线距离/km	
	海岸线方向/(°)	

主要污染源估算模型计算结果见表4-7。

表4-7　主要污染源估算模型计算结果

下风向距离/m	污染源1		污染源2		污染源3	
	预测质量浓度/(μg/m³)	占标率/%	预测质量浓度/(μg/m³)	占标率/%	预测质量浓度/(μg/m³)	占标率/%
50						
75						

2) 进一步预测模式

(1) AERMOD模式系统。

AERMOD是一个稳态烟羽扩散模式，可基于大气边界层数据特征模拟点源、面源、体源等排放的污染物在短期(小时平均、日平均)、长期(年平均)的浓度分布，适用于农村或城市地区、简单或复杂地形。AERMOD考虑了建筑物尾流的影响，即烟羽下洗。模式使用每小时连续预处理气象数据模拟大于或等于1 h平均时间的浓度分布。

AERMOD包括两个预处理模式，即AERMET气象预处理和AERMAP地形预处理模式。

AERMOD适用于预测范围小于或等于50 km的一级评价项目。

(2) ADMS模式系统。

ADMS可模拟点源、面源、线源和体源等排放的污染物在短期(小时平均、日平均)、长期(年平均)的浓度分布，还包括一个街道窄谷模型，适用于农村或城市地区、简单或复杂地形。模式考虑了建筑物下洗、湿沉降、重力沉降和干沉降以及化学反应等功能。化学反应模块包括计算一氧化氮、二氧化氮和臭氧等之间的反应。ADMS有气象预处理程序，可以用地面的常规观测资料、地表状况以及太阳辐射等参数模拟基本气象参数的廓线值。在简单地形条件下，使用该模型模拟计算时，可以不调查探空观测资料。

ADMS-EIA版适用于预测范围小于或等于50 km的一级评价项目。

(3) CALPUFF模式系统。

CALPUFF是一个烟团扩散模型系统，可模拟三维流场随时间和空间发生变化时污染物的输送、转化和清除过程。CALPUFF 适用于从 50 km 到几百千米范围内的模拟尺度，包括近距离模拟的计算功能，如建筑物下洗、烟羽抬升、排气筒雨帽效应、部分烟羽穿透、次层网格尺度的地形和海陆的相互影响、地形的影响；还包括长距离模拟的计算功能，如干沉降、湿沉降的污染物清除、化学转化、垂直风切变效应，跨越水面的传输、熏烟效应以及颗粒物浓度对能见度的影响。CALPUFF 还适合于特殊情况，如稳定状态下的持续静风、风向逆转、在传输和扩散过程中气象场时空发生变化下的模拟。

CALPUFF 适用于预测范围大于或等于 50 km 的一级评价项目，以及发生岸边熏烟或长期静、小风条件下的预测范围小于或等于 50 km 的一级评价项目。

(4) AUSTAL 2000 模式系统。

AUSTAL 2000 模式适用于冷却塔排烟大气扩散模拟，其采用拉格朗日粒子随机游走大气污染物扩散模式，并集成烟羽抬升计算 S/P 模式，可模拟有巨大潜热的湿烟团在空气中的迁移扩散。

AUSTAL 2000 适用于“烟塔合一”源的一级评价项目。

(5) EDMS/AEDT 模式系统。

EDMS/AEDT 模式内置 MOBILE 排放模型和 AERMOD 扩散模型两个模块，既可以对机场内飞机发动机、辅助动力设备、地面保障设备、机动车辆等排放源进行统计计算，还可以模拟污染物扩散影响。

EDMS/AEDT 适用于机场源的一级评价项目。

七、预测方法

(1) 采用推荐模型预测建设项目或规划项目对预测范围不同时段的大气环境影响。

(2) 当建设项目或规划项目排放 SO_2、NO_x 及 VOCs 年排放量达到表 4-1 规定的量时，可按表 4-5 推荐的方法预测二次污染物。

(3) 采用 AERMOD、ADMS 等模型模拟 $PM_{2.5}$ 时，需将模型模拟的 $PM_{2.5}$ 一次污染物的质量浓度，同步叠加按 SO_2、NO_2 等前体物转化比率估算的二次 $PM_{2.5}$ 质量浓度，得到 $PM_{2.5}$ 的贡献浓度。前体物转化比率可引用科研成果或有关文献，并注意地域的适用性。对于无法取得 SO_2、NO_2 等前体物转化比率的，可取 φ_{SO_2} 为 0.58、φ_{NO_2} 为 0.44，按式(4-2)计算二次 $PM_{2.5}$ 贡献浓度。

$$C_{二次PM_{2.5}} = \varphi_{SO_2} \times C_{SO_2} + \varphi_{NO_2} \times C_{NO_2} \tag{4-2}$$

式中：$C_{二次PM_{2.5}}$ 为二次 $PM_{2.5}$ 质量浓度，$\mu g/m^3$；φ_{SO_2}、φ_{NO_2} 分别为 SO_2、NO_2 浓度换算为 $PM_{2.5}$ 浓度的系数；C_{SO_2}、C_{NO_2} 分别为 SO_2、NO_2 的预测质量浓度，$\mu g/m^3$；

(4) 采用 CALPUFF 或网格模型预测 $PM_{2.5}$ 时，模拟输出的贡献浓度应包括一次 $PM_{2.5}$ 和二次 $PM_{2.5}$ 质量浓度的叠加结果。

(5) 对已采纳规划环境影响评价要求的规划所包含的建设项目，当工程建设内容及污染物排放总量均未发生重大变更时，建设项目环境影响预测可引用规划环境影响评价的模拟结果。

八、预测与评价内容

1. 达标区的评价项目

(1) 项目正常排放条件下，预测环境空气保护目标和网格点主要污染物的短期浓度和长期浓度贡献值，评价其最大浓度占标率。

(2) 项目正常排放条件下，预测评价叠加环境空气质量现状浓度后，环境空气保护目标和网格点主要污染物的保证率日平均质量浓度和年平均质量浓度的达标情况；对于项目排放的主要污染物仅有短期浓度限值的，评价其短期浓度叠加后的达标情况。如果是改建、扩建项目，还应同步减去“以新带老” 污染源的环境影响。如果有区域削减项目，应同步减去削减源的环境影响。如果评价范围内还有其他排放同类污染物的在建、拟建项目，还应叠加在建、拟建项目的环境影响。

(3) 项目非正常排放条件下，预测评价环境空气保护目标和网格点主要污染物的 1 h 最大浓度贡献值及占标率。

2. 不达标区的评价项目

(1) 项目正常排放条件下，预测环境空气保护目标和网格点主要污染物的短期浓度和长期浓度贡献值，评价其最大浓度占标率。

(2) 项目正常排放条件下，预测评价叠加大气环境质量限期达标规划(简称“达标规划”)的目标浓度后，环境空气保护目标和网格点主要污染物保证率日平均质量浓度和年平均质量浓度的达标情况。

对于项目排放的主要污染物仅有短期浓度限值的，评价其短期浓度叠加后的达标情况。如果是改建、扩建项目，还应同步减去“以新带老”污染源的环境影响。如果有区域达标规划之外的削减项目，应同步减去削减源的环境影响。如果评价范围内还有其他排放同类污染物的在建、拟建项目，还应叠加在建、拟建项目的环境影响。

(3) 对于无法获得达标规划目标浓度场或区域污染源清单的评价项目，需评价区域环境质量的整体变化情况。

(4) 项目非正常排放条件下，预测环境空气保护目标和网格点主要污染物的 1 h 最大浓度贡献值，评价其最大浓度占标率。

3. 区域规划

(1) 预测评价区域规划方案中不同规划年叠加现状浓度后，环境空气保护目标和网格点主要污染物保证率日平均质量浓度和年平均质量浓度的达标情况；对于规划排放的其他污染物仅有短期浓度限值的，评价其叠加现状浓度后短期浓度的达标情况。

(2) 预测评价区域规划实施后的环境质量变化情况，分析区域规划方案的可行性

4. 污染控制措施

(1) 对于达标区的建设项目，预测评价不同方案主要污染物对环境空气保护目标和网格点的环境影响及达标情况，比较分析不同污染治理设施、预防措施或排放方案的有效性。

(2) 对于不达标区的建设项目，预测不同方案主要污染物对环境空气保护目标和网格点的环境影响，评价达标情况或评价区域环境质量的整体变化情况，比较分析不同污染治理设施、预防措施或排放方案的有效性。

5. 大气环境防护距离

(1) 对于项目厂界浓度满足大气污染物厂界浓度限值，但厂界外大气污染物短期贡献浓度超过环境质量浓度限值的，可以自厂界向外设置一定范围的大气环境防护区域，以确保大气环境防护区域外的污染物贡献浓度满足环境质量标准。

(2) 对于项目厂界浓度超过大气污染物厂界浓度限值的，应要求削减排放源强或调整工程布局，待厂界浓度限值后，再核算大气环境防护距离。

(3) 大气环境防护距离内不应有长期居住的人群。

6. 预测内容和评价要求

不同评价对象或排放方案对应的预测内容和评价要求见表 4-8。

表 4-8　预测内容和评价要求

评价对象	污染源	污染源排放形式	预测内容	评价内容
达标区评价项目	新增污染源	正常排放	短期浓度 长期浓度	最大浓度占标率
	新增污染源–“以新带老”污染源(如有)–区域削减污染源(如有)+其他在建、拟建污染源(如有)	正常排放	短期浓度 长期浓度	叠加环境质量现状浓度后的保证率日平均质量浓度和年平均质量浓度的占标率，或短期浓度的达标情况
	新增污染源	非正常排放	1 h 平均质量浓度	最大浓度占标率
不达标区评价项目	新增污染源	正常排放	短期浓度 长期浓度	最大浓度占标率
	新增污染源–“以新带老”污染源(如有)–区域削减污染源(如有)+其他在建、拟建污染源(如有)	正常排放	短期浓度 长期浓度	叠加达标规划目标浓度后的保证率日平均质量浓度和年平均质量浓度的占标率，或短期浓度的达标情况，评价年平均质量浓度变化率
	新增污染源	非正常排放	1 h 平均质量浓度	最大浓度占标率
区域规划	不同规划期/规划方案污染源	正常排放	短期浓度 长期浓度	保证率日平均质量浓度和年平均质量浓度的占标率，年平均质量浓度变化率
大气环境防护距离	新增污染源–“以新带老”污染源(如有)+项目全厂现有污染源	正常排放	短期浓度	大气环境防护距离

九、评价方法

1. 环境影响叠加

1) 达标区环境影响叠加

预测评价项目建成后各污染物对预测范围的环境影响，应用本项目的贡献浓度，叠加(减去)区域削减污染源以及其他在建、拟建项目污染源环境影响，并叠加环境质量现状浓度。计算方法为

$$C_{叠加(x,y,t)} = C_{项目(x,y,t)} - C_{区域削减(x,y,t)} + C_{拟在建(x,y,t)} + C_{现状(x,y,t)} \tag{4-3}$$

式中：$C_{叠加(x,y,t)}$ 为 t 时刻预测点(x,y)叠加各污染源及现状浓度后的环境质量浓度，μg/m^3；$C_{项目(x,y,t)}$ 为 t 时刻本项目对预测点(x,y)的贡献浓度，μg/m^3；$C_{区域削减(x,y,t)}$ 为 t 时刻区域削减污

染源对预测点(x,y)的贡献浓度，μg/m³；$C_{拟在建(x,y,t)}$为t时刻其他在建、拟建项目污染源对预测点(x,y)的贡献浓度，μg/m³；$C_{现状(x,y,t)}$为t时刻预测点(x,y)的环境质量现状浓度，μg/m³。

$$C_{项目(x,y,t)} = C_{新增(x,y,t)} - C_{以新带老(x,y,t)} \tag{4-4}$$

式中：$C_{新增(x,y,t)}$为t时刻本项目新增污染源对预测点(x,y)的贡献浓度，μg/m³；$C_{以新带老(x,y,t)}$为t时刻“以新带老”污染源对预测点(x,y)的贡献浓度，μg/m³。

2) 不达标区环境影响叠加

对于不达标区的环境影响评价，应在各预测点上叠加达标规划中达标年的目标浓度，分析达标规划年的保证率日平均质量浓度和年平均质量浓度的达标情况。叠加方法可以用达标规划方案中的污染源清单参与影响预测，也可直接用达标规划模拟的浓度场进行叠加计算。

$$C_{叠加(x,y,t)} = C_{项目(x,y,t)} - C_{区域削减(x,y,t)} + C_{拟在建(x,y,t)} + C_{规划(x,y,t)} \tag{4-5}$$

式中：$C_{规划(x,y,t)}$为t时刻预测点(x,y)的达标规划年目标浓度，μg/m³。

2. 保证率日平均质量浓度

保证率日平均质量浓度，首先按照环境影响叠加的方法计算叠加后预测点上的日平均质量浓度，然后对该预测点所有日平均质量浓度从小到大进行排序，根据各污染物日平均质量浓度的保证率(p)，计算排在p百分位数的第m个序数，序数m对应的日平均质量浓度即为保证率日平均浓度C_m。其中序数m计算方法为

$$m = 1 + (n-1)\times p \tag{4-6}$$

式中：p为该污染物日平均质量浓度的保证率，按《环境空气质量评价技术规范(试行)》规定的对应污染物评价年中24 h平均百分位数取值，%；n为1个日历年内单个预测点上的日平均质量浓度的所有数据个数，个；m为百分位数p对应的序数(第m个)，向上取整数。

3. 浓度超标范围

以评价基准年为计算周期，统计各网格点的短期浓度或长期浓度的最大值，所有最大浓度超过环境质量标准的网格，即为该污染物浓度超标范围。超标网格的面积之和即为该污染物的浓度超标面积。

4. 区域环境质量变化评价

当无法获得不达标区规划达标年的区域污染源清单或预测浓度场时，也可评价区域环境质量的整体变化情况。按式(4-7)计算实施区域削减方案后预测范围的年平均质量浓度变化率k。当$k \leqslant -20\%$时，可判定项目建设后区域环境质量得到整体改善。

$$k = \frac{\overline{C}_{项目(a)} - \overline{C}_{区域削减(a)}}{\overline{C}_{区域削减(a)}} \times 100\% \tag{4-7}$$

式中：k为预测范围年平均质量浓度变化率，%；$\overline{C}_{项目(a)}$为本项目对所有网格点的年平均质量浓度贡献值的算术平均值，μg/m³；$\overline{C}_{区域削减(a)}$为区域削减污染源对所有网格点的年平均质量浓度贡献值的算术平均值，μg/m³。

5. 大气环境防护距离确定

(1) 采用进一步预测模型模拟评价基准年内，本项目所有污染源(改建、扩建项目应包括全厂现有污染源)对厂界外主要污染物的短期贡献浓度分布。厂界外预测网格分辨率不应超过 50 m。

(2) 在底图上标注从厂界起所有超过环境质量短期浓度标准值的网格区域，以自厂界起至超标区域的最远垂直距离作为大气环境防护距离。

6. 污染控制措施有效性分析与方案比选

(1) 达标区建设项目选择大气污染治理设施、预防措施或多方案比选时，应综合考虑成本和治理效果，选择最佳可行技术方案，保证大气污染物能够达标排放，并使环境影响可以接受。

(2) 不达标区建设项目选择大气污染治理设施、预防措施或多方案比选时，应优先考虑治理效果，结合达标规划和替代源削减方案的实施情况，在只考虑环境因素的前提下选择最优技术方案，保证大气污染物达到最低排放强度和排放浓度，并使环境影响可以接受。

7. 污染物排放量核算

(1) 污染物排放量核算包括本项目的新增污染源及改建、扩建污染源(如有)。

(2) 根据最终确定的污染治理设施、预防措施及排污方案，确定本项目所有新增及改建、扩建污染源大气排污节点、排放污染物、污染治理设施与预防措施以及大气排放口基本情况。

(3) 本项目各排放口排放大气污染物的核算排放浓度、排放速率及污染物年排放量，应为通过环境影响评价，并且环境影响评价结论为可接受时对应的各项排放参数。污染物排放量核算内容与格式要求见表 4-9 和表 4-10。

表 4-9 大气污染物有组织排放量核算表

<table>
<tr><th>序号</th><th>排放口编号</th><th>污染物</th><th>核算排放浓度/(μg/m³)</th><th>核算排放速率/(kg/h)</th><th>核算年排放量/(t/a)</th></tr>
<tr><td colspan="6">主要排放口</td></tr>
<tr><td></td><td></td><td></td><td></td><td></td><td></td></tr>
<tr><td></td><td></td><td></td><td></td><td></td><td></td></tr>
<tr><td rowspan="5">主要排放口合计</td><td colspan="4">SO_2</td><td></td></tr>
<tr><td colspan="4">NO_x</td><td></td></tr>
<tr><td colspan="4">颗粒物</td><td></td></tr>
<tr><td colspan="4">VOCs</td><td></td></tr>
<tr><td colspan="4">……</td><td></td></tr>
<tr><td colspan="6">一般排放口</td></tr>
<tr><td></td><td></td><td></td><td></td><td></td><td></td></tr>
<tr><td></td><td></td><td></td><td></td><td></td><td></td></tr>
<tr><td rowspan="2">一般排放口合计</td><td colspan="4"></td><td></td></tr>
<tr><td colspan="4"></td><td></td></tr>
<tr><td colspan="6">有组织排放总计</td></tr>
<tr><td rowspan="2">有组织排放总计</td><td colspan="4"></td><td></td></tr>
<tr><td colspan="4"></td><td></td></tr>
</table>

表 4-10 大气污染物无组织排放量核算表

<table>
<tr><th rowspan="2">序号</th><th rowspan="2">排放口编号</th><th rowspan="2">产污环节</th><th rowspan="2">污染物</th><th rowspan="2">主要污染防治措施</th><th colspan="2">国家或地方污染物排放标准</th><th rowspan="2">年排放量/(t/a)</th></tr>
<tr><th>标准名称</th><th>浓度限值/(μg/m³)</th></tr>
<tr><td></td><td></td><td></td><td></td><td></td><td></td><td></td><td></td></tr>
<tr><td></td><td></td><td></td><td></td><td></td><td></td><td></td><td></td></tr>
<tr><td colspan="2" rowspan="2">无组织排放总计</td><td colspan="5"></td><td></td></tr>
<tr><td colspan="5"></td><td></td></tr>
</table>

(4) 本项目大气污染物年排放量包括项目各有组织排放源和无组织排放源在正常排放条件下的预测排放量之和。污染物年排放量按式(4-8)计算，内容与格式要求见表 4-11。

$$E_{年排放}=\frac{\sum_{i=1}^{n}(M_{i有组织}\times H_{i有组织})}{1000}+\frac{\sum_{j=1}^{m}(M_{j无组织}\times H_{j无组织})}{1000} \tag{4-8}$$

式中：$E_{年排放}$ 为项目年排放量，t/a；$M_{i有组织}$ 为第 i 个有组织排放源排放速率，kg/h；$H_{i有组织}$ 为第 i 个有组织排放源年有效排放小时数，h/a；$M_{j无组织}$ 为第 j 个无组织排放源排放速率，kg/h；$H_{j无组织}$ 为第 j 个无组织排放源年有效排放小时数，h/a。

表 4-11 大气污染物年排放量核算表

序号	污染物	年排放量/(t/a)

(5) 本项目各排放口非正常排放量核算，应结合非正常排放预测结果，优先提出相应的污染控制与减缓措施。当出现 1 h 平均质量浓度贡献值超过环境质量标准时，应提出减少污染排放直至停止生产的相应措施。明确列出发生非正常排放的污染源、非正常排放原因、排放污染物、非正常排放浓度与排放速率、单次持续时间、年发生频次及应对措施等。相关内容与格式见表 4-12。

表 4-12 污染源非正常排放量核算表

序号	污染源	非正常排放原因	污染物	非正常排放浓度/(μg/m³)	非正常排放速率/(kg/h)	单次持续时间/h	年发生频率	应对措施

十、评价结果表达

1. 基本信息底图

基本信息底图包含项目所在区域相关地理信息的底图，至少包括评价范围内的环境功能区划、环境空气保护目标、项目位置、监测点位，以及图例、比例尺、基准年风频玫瑰图等要素。

2. 项目基本信息图

基本信息底图上需标示项目边界、总平面布置图、大气排放口位置等信息。

3. 达标评价结果表

列表给出各环境空气保护目标及网格最大浓度点主要污染物现状浓度、贡献浓度、叠加现状浓度后保证率日平均质量浓度和年平均质量浓度、占标率、是否达标等评价结果。

4. 网格浓度分布图

网格浓度分布图包括叠加现状浓度后主要污染物保证率日平均质量浓度分布图和年平均质量浓度分布图。网格浓度分布图的图例间距一般按相应标准值的5%～100%进行设置。如果某种污染物环境空气质量超标，还需在评价报告及浓度分布图上标示超标范围与超标面积，以及与环境空气保护目标的相对位置关系等。

5. 大气环境防护区域图

在项目基本信息图上出现超标的厂界外延按确定的大气环境防护距离所包括的范围，作为本项目的大气环境防护区域。大气环境防护区域应包含自厂界起连续的超标范围。

6. 污染治理设施、预防措施及方案比选结果表

列表对比不同污染控制措施及排放方案对环境的影响，评价不同方案的优劣。

7. 污染物排放量核算表

污染物排放量核算表包括有组织及无组织排放量、大气污染物年排放量、非正常排放量等。

8. 其他

一级评价应包括上述1～7的内容。二级评价一般应包括上述1、2及7的内容。

第六节　环境监测计划

一、一般性要求

(1) 一级评价项目按《排污单位自行监测技术指南 总则》(HJ 819—2017)的要求，提出项目在生产运行阶段的污染源监测计划和环境质量监测计划。

(2) 二级评价项目按《排污单位自行监测技术指南 总则》的要求，提出项目在生产运行阶段的污染源监测计划。

(3) 三级评价项目可参照《排污单位自行监测技术指南 总则》的要求，并适当简化环境监测计划。

二、污染源监测计划

(1) 按照《排污单位自行监测技术指南 总则》《排污许可证申请与核发技术规范 总则》(HJ 942—2018)各行业排污单位自行监测技术指南及排污许可证申请与核发技术规范执行。

(2) 污染源监测计划应明确监测点位、监测指标、监测频次、执行排放标准。有组织、无

组织废气的监测方案记录表见表 4-13、表 4-14。

表 4-13 有组织废气监测方案

监测点位	监测指标	监测频次	执行排放标准

表 4-14 无组织废气监测方案

监测点位	监测指标	监测频次	执行排放标准

三、环境质量监测计划

(1) 筛选项目排放污染物 $P_{max} \geqslant 1\%$的其他污染物作为环境质量监测因子。

(2) 环境质量监测点位一般在项目厂界或大气环境防护距离(如有)外侧设置 1～2 个监测点。

(3) 各监测因子的环境质量每年至少监测一次，监测时段参照补充监测的要求执行。

(4) 新建 10 km 及以上的城市快速路、主干路等城市道路项目，应在道路沿线设置至少 1 个路边交通自动连续监测点，监测项目包括道路交通源排放的基本污染物。

(5) 环境质量监测采样方法、监测分析方法、监测质量保证与质量控制等应符合所执行的环境质量标准、《排污单位自行监测技术指南 总则》《排污许可证申请与核发技术规范 总则》的相关要求。

(6) 环境空气质量监测计划包括监测点位、监测指标、监测频次、执行排放标准等，见表 4-15。

表 4-15 环境质量监测计划

监测点位	监测指标	监测频次	执行排放标准

第七节 大气环境影响评价结论与建议

一、结论

(1) 达标区域的建设项目环境影响评价，当同时满足以下条件时，则认为环境影响可以接受。

(a) 新增污染源正常排放下污染物短期浓度贡献值的最大浓度占标率≤100%；

(b) 新增污染源正常排放下污染物年均浓度贡献值的最大浓度占标率≤30%(其中一类区≤10%)；

(c) 项目环境影响符合环境功能区划。叠加现状浓度、区域削减污染源以及在建、拟建项目的环境影响后，主要污染物的保证率日平均质量浓度和年平均质量浓度均符合环境质量标准；对于项目排放的主要污染物仅有短期浓度限值的，叠加后的短期浓度符合环境质量标准。

(2) 不达标区域的建设项目环境影响评价，当同时满足以下条件时，则认为环境影响可以接受。

(a) 达标规划未包含的新增污染源建设项目，需另有替代源的削减方案；

(b) 新增污染源正常排放下污染物短期浓度贡献值的最大浓度占标率≤100%；

(c) 新增污染源正常排放下污染物年均浓度贡献值的最大浓度占标率≤30%(其中一类区≤10%)；

(d) 项目环境影响符合环境功能区划或满足区域环境质量改善目标。

(3) 区域规划的环境影响评价，当主要污染物的保证率日平均质量浓度和年平均质量浓度均符合环境质量标准，对于主要污染物仅有短期浓度限值的，叠加后的短期浓度符合环境质量标准时，则认为区域规划环境影响可以接受。

二、污染控制措施可行性及方案比选结果

(1) 大气污染治理设施与预防措施必须保证污染源排放以及控制措施均符合排放标准的有关规定，满足经济、技术可行性。

(2) 从项目选址选线、污染源的排放强度与排放方式、污染控制措施技术与经济可行性等方面，结合区域环境质量现状及区域削减方案、项目正常排放及非正常排放下大气环境影响预测结果，综合评价治理设施、预防措施及排放方案的优劣，并对存在的问题(如果有)提出解决方案。经对解决方案进行进一步预测和评价比选后，给出大气污染控制措施可行性建议及最终的推荐方案。

三、大气环境防护距离

(1) 根据大气环境防护距离计算结果，结合厂区平面布置图，确定项目大气环境防护区域。若大气环境防护区域内存在长期居住的人群，应给出相应优化调整项目选址、布局或搬迁的建议。

(2) 项目大气环境防护区域之外，大气环境影响评价结论应符合规定的要求。

四、污染物排放量核算结果

(1) 环境影响评价结论是环境影响可接受的，根据环境影响评价审批内容和排污许可证申请与核发所需表格要求，明确给出污染物排放量核算结果表。

(2) 评价项目完成后污染物排放总量控制指标能否满足环境管理要求，并明确总量控制指标的来源和替代源的削减方案。

案 例 分 析

为了满足城市供热需求，拟在主城区西南新建 2×670 t/h 煤粉炉和 2×200 MW 抽凝式发电机组，设计年运行 5500 h。设计煤种收到基全硫 0.90%。配套双室四电场静电除尘器，采用低氮燃烧、石灰石-石膏湿法脱硫，脱硫效率 90%，建设 1 座高 180 m 的烟囱，烟囱出口内径 6.5 m，标态烟气量为 424.6 m^3/s，出口温度 45°C，SO_2 排放浓度 200 mg/Nm^3，NO_2 排放浓度 400 mg/Nm^3。工程投产后，将同时关闭本市现有部分小锅炉，相应减少 SO_2 排放量 362.6 t/a。

根据估算，新建工程的 SO_2 最大小时地面浓度为 0.1057 mg/m^3。出现距离为下风向 1098 m。NO_2 的 $D_{10\%}$为 37000 m。

项目建设前，某敏感点 X 处的 SO_2 环境现状监测小时浓度值为 0.021～0.031 mg/m^3。逐时

气象条件下，预测新建工程对 X 处的 SO_2 最大小时浓度贡献值为 0.065 mg/m^3。

项目生产用水包括化学水系统用水、循环系统用水和脱硫系统用水，拟从水库取水，用水量为 35.84×10^5 t/a，生活用水采用地下水。

注：SO_2 的小时浓度二级标准为 0.50 mg/m^3，NO_2 的小时浓度二级标准为 0.20 mg/m^3；假设排放的 NO_x 全部转化为 NO_2。

根据以上资料，请回答以下问题。

(1) 给出判定本项目大气环境影响评价等级的 P_{max} 和 $D_{10\%}$。

(2) 确定大气评价等级和范围。

(3) 计算 X 处 SO_2 最终影响预测结果(不计关闭现有小锅炉的贡献)。

思　考　题

1. 名词解释

(1) 环境空气保护目标　(2) 长期浓度　(3) 短期浓度　(4) 基本污染物 Z　(5) 非正常排放

2. 计算最大地面空气质量浓度占标率 P_i 时，如何确定环境空气质量浓度标准?

3. 如何确定大气环境影响评价范围?

4. 简述估算模式 AERSCREEN 的应用范围。

第五章　地表水环境影响评价

水环境是指自然界中水的形成、分布和转化所处空间的环境，也指围绕人群空间及可直接或间接影响人类生活和发展的水体，其正常功能的各种自然因素和相关社会因素的总体。水环境包括地球表面的各种水体(地表水)和潜藏在土壤、岩石空隙的地下水。地表水是指存在于陆地表面的河流(江河、运河及渠道)、湖泊、水库等地表水体及入海河口和近岸海域。地表水环境是人类社会赖以生存和发展的重要场所，也是受人类干扰和破坏最严重的领域。

地表水环境影响评价是我国许多环境影响评价报告文件中的重要组成部分和评价重点。本章主要阐述了水体污染物的分类、迁移转化规律和自然水体水文要素的基本理论知识，以及与地表水环境影响评价相关的标准和水质预测模型；介绍了地表水环境影响评价工作程序、工作等级划分、现状调查、预测与评价的基本要求及方法。本章内容适用于建设项目的地表水环境影响评价，并且在规划环境影响评价中可参照进行地表水环境影响评价工作。

第一节　概　　述

一、水体污染

1. 水体污染源

水体污染是由于人类活动排放的污染物进入河流、湖泊、海洋或地下水等水体，改变水体及底泥的物理、化学和生物性质，引起水质和水体使用价值下降。水体污染源是指向水体排放污染物的来源，可划分成不同的类型。按照产生污染源的部门不同可分为工业污染源、农业污染源、生活污染源；按照污染源的空间分布不同可分为点污染源(点源)和非点污染源(非点源或面源)，这也是地表水环境影响评价工作中最常见的一种分类方式；按照污染源排放污染物的性质可分为物理污染源、化学污染源和生物污染源。

2. 水体污染物的类型

根据污染物在水体中输移、衰减特点及它们的预测模式将污染物分为四种，即持久性污染物、非持久性污染物、酸碱污染和废热。

持久性污染物是指在地面水中不能或很难通过物理、化学、生物作用而分解、沉淀或挥发的污染物，如在悬浮物甚少、沉降作用不明显的水体中的无机盐类、重金属等。

非持久性污染物是指在地面水中通过生物作用而逐渐减少的污染物，如耗氧有机物。通常表征水质状况的 COD、BOD_5等指标均视为非持久性污染物。

酸碱污染物包括各种废酸、废碱等。表征酸碱的水质参数是 pH。

废热主要由排放热废水引起，表征废热的水质参数是水温。

二、地表水体污染物的迁移转化规律

1. 污染物在水体中的运动特征

污染物进入水环境中会发生复杂的迁移与转化过程，主要包括物理输移扩散过程、化学转化过程和生物降解过程。

1) 物理过程

物理过程主要指污染物在水体中的混合稀释和自然沉淀过程。沉淀过程指排污水体的污染物中微小的悬浮颗粒，如颗粒态的重金属、虫卵等由于流速较小逐渐沉到水底。污染物沉淀对水质来说是净化，但对底泥来说污染物反而增加。混合稀释作用只能降低水中污染物的浓度，不能减少其总量。污染物在水体中混合稀释主要产生推流扩散运动。

(1) 迁移推流。由于水流的作用，污染物产生迁移作用。污染物推流通量是单位时间内通过单位面积的量，计算式如下：

$$f_x = u_x C,\ f_y = u_y C,\ f_z = u_z C \tag{5-1}$$

式中：f_x、f_y、f_z分别为x、y、z三个方向上的污染物推流通量；u_x、u_y、u_z分别为水环境中x、y、z方向上的流速分量；C为污染物在水环境中的浓度。

(2) 紊流扩散。由于水流的紊动特性引起水体中污染物自高浓度向低浓度区转移的紊动扩散。紊流扩散项可以看成是对取状态的时间平均值后形成误差的一种补偿。可以借助菲克(Fick)定律(分子扩散)的形式表达紊流扩散，计算式如下：

$$I_x^2 = -E_x \frac{\partial C}{\partial x},\quad I_y^2 = -E_y \frac{\partial C}{\partial y},\quad I_z^2 = -E_z \frac{\partial C}{\partial z} \tag{5-2}$$

式中：I_x^2、I_y^2、I_z^2分别为x、y、z三个方向上由湍流扩散所导致的污染物质量通量；C为环境介质中污染物的时间平均浓度；E_x、E_y、E_z分别为x、y、z方向上的紊流扩散系数；等式右边的负号表示紊流扩散的方向是污染物浓度梯度的负方向。

(3) 弥散作用。由于水流方向横断面上流速分布不均匀(由河岸和河底阻力所致)而引起的分散现象。采用弥散通量来弥补由于采用状态的空间平均值所造成的计算误差。同样借助菲克定律来描述弥散作用，计算式如下：

$$I_x^3 = -D_x \frac{\partial C}{\partial x},\quad I_y^3 = -D_y \frac{\partial C}{\partial y},\quad I_z^3 = -D_z \frac{\partial C}{\partial z} \tag{5-3}$$

式中：I_x^3、I_y^3、I_z^3分别为x、y、z三个方向上由弥散所导致的污染物质量通量；C为环境介质中污染物的时间平均浓度的空间平均值；D_x、D_y、D_z分别为x、y、z方向上的弥散系数；等式右边的负号表示弥散的方向是污染物浓度梯度的负方向。

2) 化学过程

化学过程主要指污染物在水体中发生的理化性质变化等化学反应。氧化还原反应对水体净化起重要作用。流动的水通过水面波浪不断将大气中的氧气溶入，溶解氧与水休中的污染物发生氧化反应，如某些重金属离子可氧化生产难溶物(如铁、锰等)而沉降析出；硫化物可氧化为硫代硫酸盐或硫而被净化。还原作用对水体净化也有作用，但多在微生物作用下进行。天然水体接近中性，酸碱反应在水体中的作用不大。天然水体中含有各种各样的胶体，如硅、铝、铁等的氢氧化物，黏土颗粒和腐殖质等，由于有些微粒具有较大的表面积，另一些物质本身就是凝聚剂，这就是天然水体所具有的混凝沉淀作用和吸附作用，从而使有些污染物随着这些作用从水中去除。

3) 生物过程

生物自净的基本过程是水中微生物(尤其细菌)在溶解氧充分的情况下，将一部分有机污染物当做食饵消耗掉，将一部分有机污染物氧化分解成无害的简单无机物。影响生物自净作用的关键是：溶解氧的含量，有机污染物的性质、浓度以及微生物的种类、数量等。生物自净的快慢与有机污染物的数量和性质有关。生活污水、食品工业废水中的蛋白质、脂肪类等极易分解，但大多数有机物分解缓慢，更有少数有机物难分解，如造纸废水中的木质素、纤维素等，需经数月才能分解，另有不少人工合成的有机物难分解并有剧毒，如滴滴涕、六六六等有机氯农药和用作热传导的多氯联苯等。水生物的状况与生物自净有密切关系，它们担负着分解绝大多数有机物的任务。蠕虫能分解河底有机污泥，并以之为食饵。原生动物除了因以有机物为食饵对自净有作用外，还与轮虫、甲壳虫等一起维持着河道的生态平衡。藻类虽然不能分解有机物，但与其他绿色植物一起在阳光下进行光合作用，将空气中的二氧化碳转化为氧，从而成为水中氧气的重要补给源。其他如水体温度、水流状态、天气、风力等物理和水文条件以及水面有无影响复氧作用的油膜、泡沫等均对生物自净有影响。

2. 常见污染物转化过程的一般描述

污染物进入水环境可能发生各种各样的结构或组成上的变化，可分为持久性污染物和非持久性污染物。如果污染物在水体中难以通过物理、化学或生物作用进行转换，并且污染物在水体中是溶解状态，可以作为难降解物质进行处理。非持久性物质进入水环境中容易降解，除了随水流迁移推流而分散浓度之外，还会因衰减而加速浓度的下降。非持久性污染物的降解有两种方式，一种是由污染物自身运动变化规律决定的，如放射性物质的衰减；另一种是环境作用下造成的生物或化学反应而不断衰减，如有机物的生物化学氧化过程。水环境中污染物降解反应方程式一般表示为

$$f(C) = -kC = \frac{\mathrm{d}C}{\mathrm{d}t} \tag{5-4}$$

式中，k 为降解速度常数；C 为污染物浓度；t 为衰减时间。

对于不同种类的污染物，生化反应方程 $f(C)$存在相应的数学表达式，列出常见的污染物转化过程的一般性描述方法，评价过程中可以根据评价水域的实际情况进行选择或者进行一定的调整。

1) 化学需氧量(COD)

$$f(C) = -k_{\mathrm{COD}}C \tag{5-5}$$

式中：C 为 COD 浓度，mg/L；k_{COD} 为 COD 降解系数，1/s。

2) 五日生化需氧量(BOD_5)

$$f(C) = -k_1 C \tag{5-6}$$

式中：C 为 BOD_5 浓度，mg/L；k_1 为耗氧系数，1/s。

3) 溶解氧(DO)

$$f(C) = -k_1 C_{\mathrm{b}} + k_2(C_{\mathrm{s}} - C) - \frac{S_0}{h} \tag{5-7}$$

式中：C 为 DO 浓度，mg/L；k_1 为耗氧系数，1/s；k_2 为复氧系数，1/s；C_b 为 BOD 浓度，mg/L；C_s 为饱和溶解氧的浓度，mg/L；S_0 为底泥耗氧系数，g/(m^2 · s)；h 为断面水深，m。

4) 总氮(TN)

$$f(C) = -k_{TN}C + \frac{S_{TN}}{h} \tag{5-8}$$

式中：C 为 TN 浓度，mg/L；k_{TN} 为总氮的综合沉降系数，1/s；S_{TN} 为总氮的底泥释放(沉积)系数，g/(m^2 · s)；h 为断面水深，m。

5) 总磷(TP)

$$f(C) = -k_{TP}C + \frac{S_{TP}}{h} \tag{5-9}$$

式中：C 为 TP 浓度，mg/L；k_{TP} 为总磷的综合沉降系数，1/s；S_{TP} 为总磷的底泥释放(沉积)系数，g/(m^2 · s)；h 为断面水深，m。

6) 叶绿素 a

$$f(C) = (G_p - D_p)C \tag{5-10}$$

$$G_p = \mu_{max} f(T) \cdot f(L) \cdot f(TP) \cdot f(TN) \tag{5-11}$$

式中：C 为叶绿素 a 浓度，mg/L；G_p 为浮游植物生长速率，1/s；D_p 为浮游植物死亡速率，1/s；μ_{max} 为浮游植物最大生长速率，1/s；$f(T)$、$f(L)$、$f(TP)$、$f(TN)$分别为水温、光照、TP、TN 的影响函数，可以根据评价水域的实际情况以及基础资料条件选择适合的函数形式。

7) 重金属

泥沙对水体重金属污染物具有显著的吸附和解吸作用，因此重金属污染物的模拟需要考虑泥沙冲淤、吸附解吸的影响。一般情况下，泥沙淤积时，吸附在泥沙上的重金属由悬浮相转化为底泥相，对水相浓度影响不大；泥沙冲刷时，水体中重金属浓度会发生一定的变化。吸附解吸作用可以采用动力学方程进行描述，由于吸附作用一般历时较短，也可以采用吸附热力学方程描述。重金属污染物数学模型可以根据评价工作的实际情况，查阅相关文献，选择适宜的模型。

三、地表水环境影响评价常用标准

1. 评价标准选取原则

(1) 建设项目地表水环境影响评价标准，应根据评价范围内水环境质量管理要求和相关污染物排放标准的规定，确定各评价因子适用的水环境质量标准和相应的污染物排放标准。

第一，根据《海水水质标准》(GB 3097—1997)、《地表水环境质量标准》(GB 3838—2002)、《农田灌溉水质标准》(GB 5084—2021)、《渔业水质标准》(GB 11607—1989)、《海洋生物质量》(GB 18421—2001)、《海洋沉积物质量》(GB 18668—2002)及相应的地方标准，结合受纳水体水环境功能区或水功能区、近岸海域环境功能区、水环境保护目标、生态流量等水环境质量管理要求，确定地表水环境质量评价标准。

第二，根据现行国家和地方排放标准的相关规定，结合项目所属行业、地理位置，确定建设项目污染物排放评价标准。对于间接排放建设项目，若建设项目与污水处理厂在满足排放标准允许范围内，签订了纳管协议和排放浓度限值，并报相关生态环境保护部门备案，可将此浓度限值作为污染物排放评价的依据。

(2) 未划定水环境功能区或水功能区、近岸海域环境功能区的水域或未明确水环境质量标准的评价因子，由地方人民政府生态环境保护主管部门确认应执行的环境质量要求；在国家或地方污染物排放标准中未包括的评价因子，由地方人民政府生态环境保护主管部门确认应执行的污染物排放要求。

2. 常用的评价标准

1) 《地表水环境质量标准》(GB 3838—2002)

本标准按照地表水环境分类和保护目标，规定了水环境质量应控制的项目及限值，以及水质评价、水质项目的分析方法和标准的实施与监督，适用于中华人民共和国领域内江河、湖泊、运河、渠道、水库等具有使用功能的地表水水域。

本标准将标准项目分为：地表水环境质量标准基本项目、集中式生活饮用水地表水源地补充项目和集中式生活饮用水地表水源地特定项目。地表水环境质量标准基本项目适用于全国江河、湖泊、运河、渠道、水库等具有使用功能的地表水水域；集中式生活饮用水地表水源地补充项目和特定项目适用于集中式生活饮用水地表水源地一级保护区和二级保护区。集中式生活饮用水地表水源地特定项目由县级以上人民政府环境保护行政主管部门根据本地区地表水水质特点和环境管理的需要进行选择，集中式生活饮用水地表水源地补充项目和选择确定的特定项目作为基本项目的补充指标。

本标准项目共计 109 项，其中地表水环境质量标准基本项目 24 项，集中式生活饮用水地表水源地补充项目 5 项，集中式生活饮用水地表水源地特定项目 80 项。

依据地表水水域环境功能和保护目标，按功能高低依次划分为五类；

Ⅰ类主要适用于源头水、国家自然保护区；

Ⅱ类主要适用于集中式生活饮用水地表水源地一级保护区、珍稀水生生物栖息地、鱼虾类产卵场、仔稚幼鱼的索饵场等；

Ⅲ类主要适用于集中式生活饮用水地表水源地二级保护区、鱼虾类越冬场、洄游通道、水产养殖区等渔业水域及游泳区；

Ⅳ类主要适用于一般工业用水区及人体非直接接触的娱乐用水区；

Ⅴ类主要适用于农业用水区及一般景观要求水域。

对应地表水上述五类水域功能，将地表水环境质量标准基本项目标准值分为五类，不同功能类别分别执行相应类别的标准值。水域功能类别高的标准值严于水域功能类别低的标准值。同一水域兼有多类使用功能的，执行最高功能类别对应的标准值。

2) 《污水综合排放标准》(GB 8978—1996)

本标准按照污水排放去向，以 1997 年 12 月 31 日为界，分年限规定了 69 种水污染物(其中第一类污染物 13 种，第二类污染物 56 种)最高允许排放浓度及部分行业最高允许排水量。适用于现有单位水污染物的排放管理，以及建设项目的环境影响评价、建设项目环境保护设施设计、竣工验收及其投产后的排放管理。

本标准的标准分级有以下五个方面。

(1) 排入《地表水环境质量标准》规定的Ⅲ类水域(划定的保护区和游泳区除外)和排入《海水水质标准》规定的二类海域的污水，执行一级标准。

(2) 排入《地表水环境质量标准》规定的Ⅳ、Ⅴ类水域和排入《海水水质标准》规定的三类海域的污水，执行二级标准。

(3) 排入设置二级污水处理厂的城镇排水系统的污水，执行三级标准。

(4) 排入未设置二级污水处理厂的城镇排水系统的污水，必须根据排水系统出水受纳水域的功能要求，分布执行上述(1)和(2)的规定。

(5)《地表水环境质量标准》规定的Ⅰ、Ⅱ类水域和Ⅲ类水域中划定的保护区，《海水水质标准》规定的一类海域，禁止新建排污口，现有排污口应按水体功能要求，实行污染物总量控制，以保证受纳水体水质符合规定用途的水质标准。

本标准将排放的污染物按其性质及控制方式分为两类。

第一类污染物，不分行业和污水排放方式，也不分受纳水体的功能类别，一律在车间或车间处理设施排放口采样，其最高允许排放浓度必须达到本标准要求(采矿行业的尾矿坝出水口不得视为车间排放口)。

第二类污染物，在排污单位排放口采样，其最高允许排放浓度必须达到本标准要求。

第二节　地表水环境影响评价工作等级划分与评价范围

一、地表水环境影响评价基本任务与基本要求

地表水环境影响评价是从环境保护的目标出发，采用适当的评价手段确定拟开发行动或建设项目排放的主要污染物对水环境可能带来的影响范围和程度，提出避免、消除和减轻负面影响的对策，为开发行动或建设项目方案的优化决策提供依据。

1. 基本任务

在调查和分析评价范围地表水环境质量现状与水环境保护目标的基础上，预测和评价建设项目对地表水环境质量、水环境功能区、水功能区、水环境保护目标及水环境控制单元的影响范围与影响程度，提出相应的环境保护措施、环境管理要求与监测计划，明确给出地表水环境影响是否可接受的结论。

2. 基本要求

(1) 建设项目的地表水环境影响主要包括水污染影响与水文要素影响。根据其主要影响，建设项目的地表水环境影响评价划分为水污染影响型、水文要素影响型以及两者兼有的复合影响型。

(2) 地表水环境影响评价应按《地表水环境质量标准》规定的评价等级开展相应的评价工作。建设项目评价等级分为三级。复合影响型建设项目的评价工作，应按类别分别确定评价等级并开展评价工作。

(3) 建设项目排放水污染物应符合国家或地方水污染物排放标准要求，同时应满足受纳水体环境质量管理要求，并与排污许可管理制度相关要求衔接。水文要素影响型建设项目，还应满足生态流量的相关要求。

二、基本概念

1. 水环境保护目标

水环境保护目标包括饮用水水源保护区、饮用水取水口，涉水的自然保护区、风景名胜区，重要湿地、重点保护与珍惜水生生物的栖息地、重要水生生物的自然产卵场及索饵场、越冬场和洄游通道，天然渔场等渔业水体，以及水产种质资源保护区等。

2. 水污染当量

水污染当量是根据污染物或者污染排放活动对地表水环境的有害程度以及处理的技术经济性，衡量不同污染物对标水环境污染的综合性指标或计量单位。

3. 控制单元

控制单元是综合考虑水体、汇水范围和控制断面三要素而划定的水环境空间管控单元。

4. 生态流量

生态流量是满足河流、湖库生态保护要求，维持生态系统结构和功能所需的流量(水位)与过程。

5. 安全余量

安全余量是考虑污染负荷和收纳水体水环境质量之间关系的不确定因素，为保障受纳水体水环境质量改善目标安全而预留的负荷量。

三、地表水环境影响评价工作程序

地表水环境影响评价工作程序见图 5-1，一般分为三个阶段。

第一阶段，研究有关文件，进行工程方案和环境影响的初步分析，开展区域环境状况的初步调查，明确水环境功能区或水功能区管理要求，识别主要环境影响，确定评价类别。根据不同评价类别，进一步筛选评价因子，确定评价等级与评价范围，明确评价标准、评价重点和水环境保护目标。

第二阶段，根据评价类别、评价等级及评价范围等，开展与地表水环境影响评价相关的污染源、水环境质量现状、水文水资源与水环境保护目标调查与评价，必要时开展补充监测；选择适合的预测模型，开展地表水环境影响预测评价，分析与评价建设项目对地表水环境质量、水文要素及水环境保护目标的影响范围与程度，在此基础上核算建设项目的污染源排放量、生态流量等。

第三阶段，根据建设项目地表水环境影响预测与评价的结果，制定地表水环境保护措施，开展地表水环境保护措施的有效性评价，编制地表水环境监测计划，给出建设项目污染物排放清单和地表水环境影响评价的结论，完成环境影响评价文件的编写。

四、环境影响识别与评价因子筛选

(1) 地表水环境影响因素识别应按照《建设项目环境影响评价技术导则 总纲》(HJ 2.1—2016)的要求，分析建设项目阶段、生产运行阶段和服务期满后(可根据项目情况选择)各阶段对地表水环境质量、水文要素的影响行为。

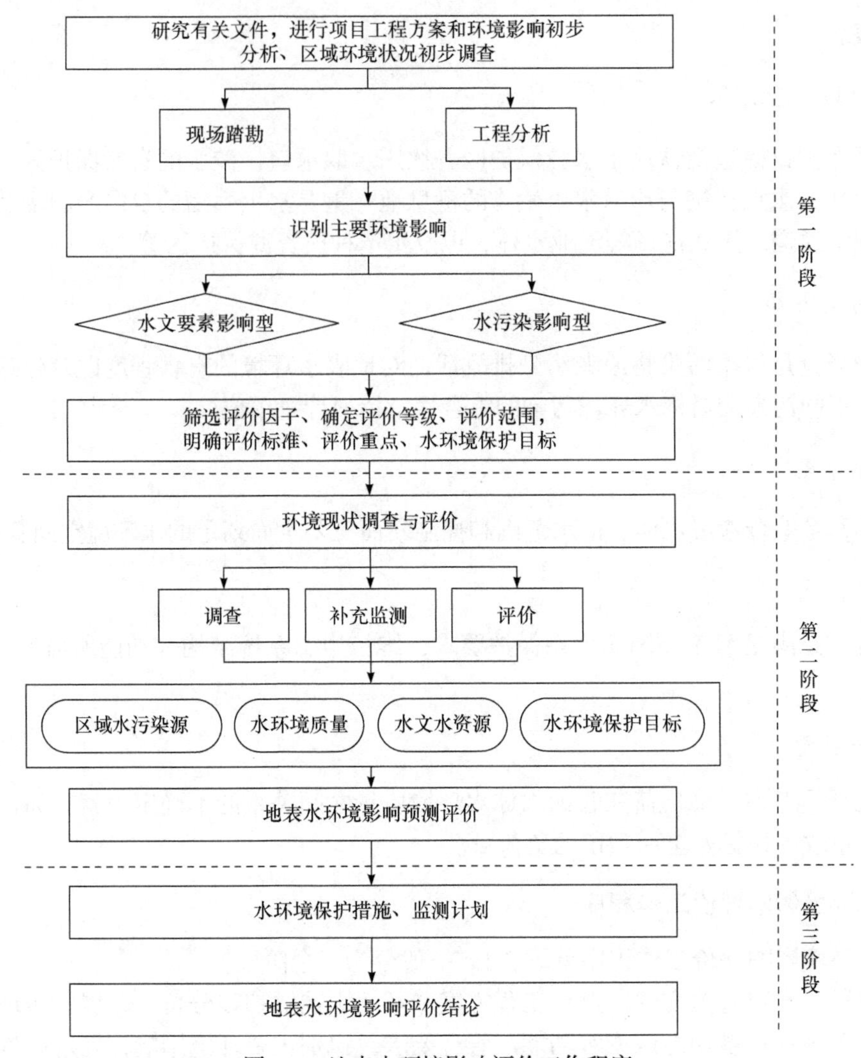

图 5-1　地表水环境影响评价工作程序

(2) 水污染影响型建设项目评价因子的筛选应符合以下要求：

(a) 按照污染源源强核算技术指南，开展建设项目污染源与水污染因子识别，结合建设项目所在水环境控制单元或区域水环境质量现状，筛选出水环境现状调查评价与影响预测评价的因子；

(b) 行业污染物排放标准中涉及的水污染物应作为评价因子；

(c) 在车间或车间处理设施排放口排放的第一类污染物应作为评价因子；

(d) 水温应作为评价因子；

(e) 面源污染所含的主要污染物应作为评价因子；

(f) 建设项目排放的，且为建设项目所在控制单元的水质超标因子或潜在污染因子(指近三年来水质浓度值呈上升趋势的水质因子)，应作为评价因子。

(3) 水文要素影响型建设项目评价因子，应根据建设项目对地表水体水文要素影响的特征确定。河流、湖泊及水库主要评价水面面积、水量、水温、径流过程、水位、水深、流速、水面宽、冲淤变化等因子，湖泊和水库需要重点关注湖底水域面积或蓄水量及水力停留时间等因子。感潮河段、入海河口及近岸海域主要评价流量、流向、潮区界、潮流界、纳潮量、水位、流速、水面宽、水深、冲淤变化等因子。

(4) 建设项目可能导致受纳水体富营养化的，评价因子还应包括与富营养化有关的因子，如总磷、总氮、叶绿素 a、高锰酸盐指数和透明度等。其中，叶绿素 a 为必须评价的因子。

五、评价等级划分

建设项目地表水环境影响评价等级按照影响类型、排放方式、排放量或影响情况、受纳水体环境质量现状、水环境保护目标等综合确定。

(1) 水污染影响型建设项目根据排放方式和废水排放量划分评价等级，见表 5-1。直接排放建设项目评价等级分为一级、二级和三级 A，根据废水排放量、水污染物污染当量确定。间接排放建设项目评价等级为三级 B。

表 5-1　水污染影响型建设项目评价等级确定

评价等级	判定依据	
	排放方式	废水排放量 $Q/(m^3/d)$；水污染物当量 $W/$(无量纲)
一级	直接排放	$Q\geqslant 20000$ 或 $W\geqslant 600000$
二级	直接排放	其他
三级 A	直接排放	$Q<200$ 且 $W<6000$
三级 B	间接排放	—

注：1. 废水排放量按行业排放标准中规定的废水种类统计，没有相关行业排放标准要求的通过工程分析合理确定，应统计含热量高的冷却水的排放量，可不统计间接冷却水、循环水以及其他含污染物极少的清净下水的排放量。厂区存在堆积物(露天堆放的原料、燃料、废渣等以及垃圾堆放场)、降尘污染的，应将初期雨水纳入废水排放量，相应的主要污染物纳入水污染当量计算。

2. 水污染物当量值等于该污染物的年排放量除以该污染物的污染当量值，计算排放污染物的污染物数量，应区分第一类污染物和其他类污染物，统计第一类污染物当量值总和，然后与其他类污染物按照污染物数量从大到小顺序取最大值作为建设项目评价等级确定依据。

评价等级确定还应符合以下条件：

(a) 建设项目直接排放第一类污染物的，其评价等级为一级；建设项目直接排放的污染物为受纳水体超标因子的，评价等级不低于二级；

(b) 直接排放受纳水体影响范围涉及饮用水水源保护区、饮用水取水口、重点保护与珍稀水生生物的栖息地、重要水生生物的自然产卵场等保护目标时，评价等级不低于二级；

(c) 建设项目向河流、湖库排放温排水引起受纳水体水温变化超过水环境质量标准的要求，且评价范围有水温敏感目标时，评价等级为一级；

(d) 建设项目利用海水作为调节温度介质，排水量$\geqslant 500\times10^4\ m^3/d$时，评价等级为一级；排水量$<500\times10^4\ m^3/d$时，评价等级为二级；

(e) 仅涉及清净下水排放的，如排放水质满足受纳水体水环境质量标准要求的，评价等级为三级 A；

(f) 依托现有排放口，且对外环境未新增排放污染物的直接排放建设项目，评价等级参照间接排放，定为三级 B；

(g) 建设项目生产工艺中有废水产生，但作为回水利用，不排放到外环境的，按三级 B

评价。

(2) 水文要素影响型建设项目评价等级划分根据水温、径流与受影响地表水域三类水文要素的影响程度进行判定，见表 5-2。

表 5-2　水文要素影响型建设项目评价等级判定

<table>
<tr><th rowspan="2">评价等级</th><th>水温</th><th colspan="2">径流</th><th colspan="3">受影响地表水域</th></tr>
<tr><th>年径流量与总库容百分比(α)/%</th><th>兴利库容与年径流量百分比(β)/%</th><th>取水量占多年平均径流量百分比(γ)/%</th><th colspan="2">工程垂直投影面积及外扩范围(A_1)/km^2；工程扰动水底面积(A_2)/km^2；过水断面宽度占用比例或占用水域面积比例(R)/%</th><th>工程垂直投影面积及外扩范围(A_1)/km^2；工程扰动水底面积(A_2)/km^2</th></tr>
<tr><td>一级</td><td>$\alpha \leqslant 10$；或稳定分层</td><td>$\beta \geqslant 20$；或完全年调节与多年调节</td><td>$\gamma \geqslant 30$</td><td>$A_1 \geqslant 0.3$；或 $A_2 \geqslant 1.5$；或 $R \geqslant 10$</td><td>$A_1 \geqslant 0.3$；或 $A_2 \geqslant 1.5$；或 $R \geqslant 20$</td><td>$A_1 \geqslant 0.5$；或 $A_2 \geqslant 3$</td></tr>
<tr><td>二级</td><td>$20 > \alpha > 10$；或不稳定分层</td><td>$20 > \beta > 2$；或季调节与不完全年调节</td><td>$30 > \gamma > 10$</td><td>$0.3 > A_1 > 0.05$；或 $1.5 > A_2 > 0.2$；或 $10 > R > 5$</td><td>$0.3 > A_1 > 0.05$；或 $1.5 > A_2 > 0.2$；或 $20 > R > 5$</td><td>$0.5 > A_1 > 0.15$；或 $3 > A_2 > 0.5$</td></tr>
<tr><td>三级</td><td>$\alpha \geqslant 20$；或混合型</td><td>$\beta \leqslant 2$；或无调节</td><td>$\gamma \leqslant 10$</td><td>$A_1 \leqslant 0.05$；或 $A_2 \leqslant 0.2$；或 $R \leqslant 5$</td><td>$A_1 \leqslant 0.05$；或 $A_2 \leqslant 0.2$；或 $R \leqslant 5$</td><td>$A_1 \leqslant 0.15$；或 $A_2 \leqslant 0.5$</td></tr>
</table>

注：1. 影响范围涉及饮用水水源保护区、重点保护与珍稀水生生物的栖息地、重要水生生物的自然产卵场、自然保护区等保护目标时，评价等级不低于二级。

2. 跨流域调水、引水式电站、可能受到河流感潮河段影响时，评价等级不低于二级。

3. 入海河口(湾口)宽度束窄(束窄宽度达到原宽度的 5%以上)时，评价等级不低于二级。

4. 对不透水的单方向建筑尺度较长的水工构筑物(如防波堤、导流堤等)，其与潮流或水流主流向切线垂直方向投影长度大于 2 km 时，评价等级不低于二级。

5. 允许在一类海域建设的项目，评价等级为一级。

6. 同时存在多个水文要素影响的建设项目时，分别判定各水文要素影响评价等级，并取其中最高等级作为水文要素影响型建设项目评价等级。

六、评价范围的确定

建设项目地表水环境影响评价范围指建设项目整体实施后可能对地表水环境造成的影响范围。评价范围以平面图的方式表示，并明确起、止位置等控制点坐标。

1. 水污染影响型建设项目评价范围

水污染影响型建设项目评价范围，根据评价等级、工程特点、影响方式及程度、地表水环境质量管理要求等确定。

(1) 一级、二级及三级 A，其评价范围应符合以下要求：①根据主要污染物迁移转化状况，至少需覆盖建设项目污染影响所及水域；②受纳水体为河流时，应满足覆盖对照断面、控制断面与消减断面等关心断面的要求；③受纳水体为湖泊、水库时，一级评价，评价范围宜不小于以入湖(库)排放口为中心、半径为 5 km 的扇形区域；二级评价，评价范围宜不小于以入湖(库)排放口为中心、半径为 3 km 的扇形区域；三级 A 评价，评价范围宜不小于以入湖(库)排放口为中心、半径为 1 km 的扇形区域；④受纳水体为入海河口和近岸海域时，评价范围按照《海洋工程环境影响评价技术导则》(GB/T 19485—2014)执行；⑤影响范围涉及水环境保护目标的，评价范围至少应扩大到水环境保护目标内受到影响的水域；⑥同一建设项目有两个及两个以上废水排放口，或排入不同地表水体时，按各排放口及所排入地表水体分别确定评价范围；有叠加影响的，叠加影响水域应作为重点评价范围。

(2) 三级B，其评价范围应符合以下要求：①满足其依托污水处理设施环境可行性分析的要求；②涉及地表水环境风险的，应覆盖环境风险影响范围所涉及的水环境保护目标水域。

2. 水文要素影响型建设项目评价范围

水文要素影响型建设项目评价范围，根据评价等级、水文要素影响类别、影响及恢复程度确定，评价范围应符合以下要求。

(1) 水温要素影响评价范围为建设项目形成水温分层水域，以及下游未恢复到天然(或建设项目建设前)水温的水域。

(2) 径流要素影响评价范围为水体天然性状发生变化的水域，以及下游增减水影响水域。

(3) 地表水域影响评价范围为相对建设项目建设前日均或潮均流速及水深，或高(累积频率5%)低(累积频率90%)水位(潮位)变化幅度超过5%的水域。

(4) 建设项目影响范围涉及水环境保护目标的，评价范围至少应扩大到水环境保护目标内受影响的水域。

(5) 存在多类水文要素影响的建设项目，应分别确定各水文要素影响评价范围，取各水文要素评价范围的外包线作为水文要素的评价范围。

七、评价时期的确定

建设项目地表水环境影响评价时期根据受影响地表水体类型、评价等级等确定，见表5-3。三级B评价可不考虑评价时期。

表5-3 评价时期确定表

受影响地表水体类型	评价等级		
	一级	二级	水污染影响型(三级A)/水文要素影响型(三级)
河流、湖库	丰水期、平水期、枯水期；至少丰水期和枯水期	丰水期和枯水期；至少枯水期	至少枯水期
入海河口(感潮河段)	河流：丰水期、平水期、枯水期； 河口：春季、夏季和秋季至少丰水期和枯水期，春季和秋季	河流：丰水期和枯水期； 河口：春、秋2个季节，至少枯水期或1个季节	至少枯水期或1个季节
近岸海域	春季、夏季和秋季；至少春、秋2个季节	春季或秋季；至少一个季节	至少1次调查

注：1. 感潮河段、入海河口、近岸海域在丰、枯水期(或春夏秋冬四季)均应选择大潮期或小潮期中一个潮期开展评价(无特殊要求时，可不考虑一个潮期内高潮期、低潮期的差别)。选择原则为：依据调查监测海域的环境特征，以影响范围较大或影响程度较重为目标，定性判别或选择大潮期或小潮期作为调查潮期。

2. 冰封期较长且作为生活饮用水与食品加工用水的水源或有渔业用水需求的水域，应将冰封期纳入评价时期。

3. 具有季节性排水特点的建设项目，根据建设项目排水期对应的水期或季节确定评价时期。

4. 水文要素影响型建设项目对评价范围内的水生生物生长、繁殖与洄游有明显影响的时期，需将对应的时期作为评价时期。

5. 复合影响型建设项目分别确定评价时期，按照覆盖所有评价时期的原则综合确定。

第三节　地表水环境质量现状调查与评价

环境现状调查与评价应按照《建设项目环境影响评价技术导则 总纲》的要求，遵循问题导向与管理目标导向统筹、流域(区域)与评价水域兼顾、水质水量协调、常规监测数据利用与补充监测互补、水环境现状与变化分析结合的原则，满足建立污染源与受纳水体水质响应关系的需求，符合地表水环境影响预测的要求。

一、调查范围

(1) 地表水环境的现状调查范围应覆盖评价范围，应以平面图方式表示，并明确起、止断面的位置及涉及范围。

(2) 对于水污染影响型建设项目，除覆盖评价范围外，受纳水体为河流时，在不受回水影响的河流段，排放口上游调查范围宜不小于 500 m，受回水影响河段的上游调查范围原则上与下游调查的河段长度相等；受纳水体为湖库时，以排放口为圆心，调查半径在评价范围基础上外延 20%～50%。

(3) 对于水文要素影响型建设项目，受影响水体为河流、湖库时，除覆盖评价范围外，一级、二级评价时，还应包括库区及支流回水影响区、坝下至下一个梯级或河口、受水区、退水影响区。

(4) 对于水污染影响型建设项目，建设项目排放污染物中包括氮、磷或有毒污染物且受纳水体为湖泊、水库时，一级评价的调查范围应包括整个湖泊、水库，二级、三级 A 评价时，调查范围应包括排放口所在水环境功能区、水功能区或湖(库)湾区。

(5) 受纳或受影响水体为入海河口及近岸海域时，调查范围依据《海洋工程环境影响评价技术导则》(GB/T 19485—2014)要求执行。

二、调查因子

地表水环境现状调查因子根据评价范围水环境质量管理要求、建设项目水污染物排放特点与水环境影响预测评价要求等综合分析确定。调查因子应不少于评价因子。

三、调查时期

调查时期和评价时期一致。应与水期(潮期)的划分相对应。河流、河口、湖泊与水库一般按丰水期、平水期、枯水期划分；海湾按大潮期和小潮期划分。对于北方地区，也可以划分为冰封期和非冰封期。评价等级不同，各类水域调查时期的要求也不同。

四、调查内容与要求

地表水环境现状调查内容包括：建设项目及区域水污染源调查、受纳或受影响水体水环境质量现状调查、区域水资源与开发利用状况、水文情势与相关水文特征值调查，以及水环境保护目标、水环境功能区或水功能区、近岸海域环境功能区及其相关的水环境质量管理要求等调查。涉及涉水工程的，还应调查涉水工程运行规则和调度情况。

调查方法主要采用资料收集、现场监测、无人机或卫星遥感遥测等方法。

1. 建设项目污染源调查

根据建设项目工程分析、污染源源强核算技术指南，结合排污许可技术规范等相关要求，分析确定建设项目所有排放口(包括涉及一类污染物的车间或车间处理设施排放口、企业总排口、雨水排放口、清净下水排放口、温排水排放口等)的污染物源强，明确排放口的相对位置并附图件、地理位置(经纬度)、排放规律等。改建、扩建项目还应调查现有企业所有废水排放口。

2. 区域水污染源调查

1) 一般要求

(1) 应详细调查与建设项目排放污染物同类的、或有关联的已建项目、在建项目、拟建项目(已批复环境影响评价文件，下同)等污染源。

(a) 一级评价，以收集利用已建项目的排污许可证登记数据、环境影响评价及环保验收数据及既有实测数据为主，并辅以现场调查及现场监测；

(b) 二级评价，主要收集利用已建项目的排污许可证登记数据、环境影响评价及环保验收数据及既有实测数据，必要时补充现场监测；

(c) 水污染影响型三级 A 评价与水文要素影响型三级评价，主要收集利用与建设项目排放口的空间位置和所排污染物的性质关系密切的污染源资料，可不进行现场调查及现场监测；

(d) 水污染影响型三级 B 评价，可不开展区域污染源调查，主要调查依托污水处理设施的日处理能力、处理工艺、设计进水水质、处理后的废水稳定达标排放情况，同时应调查依托污水处理设施执行的排放标准是否涵盖建设项目排放的有毒有害的特征水污染物。

(2) 一级、二级评价，建设项目直接导致受纳水体内源污染变化，或水体内源污染与建设项目排放的污染物同种类型且对环境质量产生影响，应开展内源污染调查，必要时应开展底泥污染补充监测。

(3) 具有已审批入河排放口的主要污染物种类及其排放浓度和总量数据，以及国家或地方发布的入河排放口数据的，可不对入河排放口汇水区域的污染源开展调查。

(4) 面污染源调查主要采用收集利用既有数据资料的调查方法，可不进行实测。

(5) 建设项目的污染物排放指标需要等量替代或减量替代时，还应对替代项目开展污染源调查。

2) 区域水污染源

主要包括点污染源、面污染源和内源污染源，其调查内容如下。

(1) 点污染源调查内容主要包括：

(a) 基本信息，主要包括污染源名称、排污许可证编号等；

(b) 排放特点，主要包括排放形式(分散排放或集中排放，连续排放或间歇排放)、排放口的平面位置(附污染源平面位置图)及排放方向、排放口在断面上的位置；

(c) 排放数据，主要包括污水排放量、排放浓度、主要污染物等；

(d) 用排水状况，主要调查取水量、用水量、循环水量、重复利用率、排水总量等；

(e) 污水处理状况主要调查各排污单位生产工艺流程中的产污环节、污水处理工艺、处理效率、处理水量、中水回用量、再生水量、污水处理设施运转情况等；

(f) 根据评价等级及评价工作需要，选择上述全部或部分内容进行调查。

(2) 面污染源调查主要采用收集利用既有数据资料的调查方法，可不进行实测。根据评价工作的需要，选择下述全部或部分内容进行调查：

(a) 农村生活污染源，调查人口数量、人均用水量指标、供水方式、污水排放方式、去向和排污负荷量等；

(b) 农田污染源，调查农药和化肥的施用种类、施用量、流失量及入河系数、去向及受纳水体等情况(包括水土流失、农药和化肥流失强度、流失面积、土壤养分含量等)；

(c) 畜禽养殖污染源，调查畜禽养殖的种类、数量、养殖方式、粪便污水收集与处置情况、主要污染物浓度、污水排放方式和排污负荷量、去向及受纳水体等。畜禽粪便污水作为肥水进行农田利用的，需考虑畜禽粪便污水土地承载力；

(d) 城镇地面径流污染源，调查城镇土地利用类型及面积、地面径流收集方式与处理情况、主要污染物浓度、排放方式和排污负荷量、去向及受纳水体等；

(e) 堆积物污染源，调查矿山、冶金、火电、建材、化工等单位的原料、燃料、废料、固体废物(包括生活垃圾)的堆放位置、堆放面积、堆放形式及防护情况、污水收集与处置情况、主要污染物和特征污染物浓度、污水排放方式和排污负荷量、去向及受纳水体等；

(f) 大气沉降源，调查区域大气沉降(湿沉降、干沉降)的类型、污染物种类、污染物沉降负荷量等。

(3) 内源污染。底泥物理指标包括力学性质、质地、含水率、粒径等；化学指标包括水域超标因子、与建设项目排放污染物相关的因子。

3. 水资源开发利用状况调查

水文要素影响型建设项目一级、二级评价时，应开展建设项目所在流域、区域的水资源与开发利用状况调查。主要内容如下。

1) 水资源现状

水资源现状调查水资源总量、水资源可利用量、水资源时空分布特征、人类活动对水资源量的影响等。主要涉水工程概况调查包括数量、等级、位置、规模，主要开发任务、开发方式、运行调度及其对水文情势、水环境影响，应涵盖大型、中型、小型等各类涉水工程，绘制涉水工程分布示意图。

2) 水资源利用状况

水资源利用状况调查城市、工业、农业、渔业、水产养殖、水域景观等各类水现状与规划(包括用水时间、取水地点、取用水量等)，各类用水的供需关系(包括水权等)、水质要求和渔业、水产养殖业等所需的水面面积。

4. 水文情势调查

(1) 应尽量收集临近水文站既有水文年鉴资料和其他相关的有效水文观测资料。当上述资料不足时，应进行现场水文调查与水文测量，水文调查与水文测量宜与水质调查同步。

(2) 水文调查与水文测量宜在枯水期进行。必要时，可根据水环境影响预测需要、生态环境保护要求，在其他时期(丰水期、平水期、冰封期等)进行。

(3) 水文测量的内容应满足拟采用的水环境影响预测模型对水文参数的要求。在采用水环境数学模型时，应根据所选用的预测模型需输入的水文特征值及环境水力学参数决定水文测量内容；在采用物理模型法模拟水环境影响时，水文测量应提供模型制作及模型试验所需的水文特征值及环境水力学参数。

(4) 水污染影响型建设项目开展与水质调查同步进行的水文测量，原则上只在一个时期(水期)内进行。在水文测量的时间、频次和断面与水质调查不完全相同时，应保证满足水环境影响预测所需的水文特征值及环境水力学参数的要求。

调查的水体类型主要包括河流、湖库、入海河口和近岸海域，主要调查内容如表 5-4 所示。

表 5-4　水文情势调查内容

水体类型	水污染影响型	水文要素影响型
河流	水文年及水期划分；不利水文条件及特征水文参数；水动力学参数等	水文年及水期划分；水文系列及其特征参数；河流物理形态参数；河流水沙参数；丰枯水期水流及水位变化特征等
湖库	湖库物理形态参数；水库调节性能与运行调度方式；水文年及水期划分；不利水文条件及特征水文参数；出入湖(库)水量过程；湖流动力学参数；水温分层结构等	
入海河口(感潮河段)	潮汐特征、感潮河段的范围、潮区界与潮流界的划分；潮位及潮流；不利水文条件组合及特征水文参数；水流分层特征等	
近岸海域	水温、盐度、泥沙、潮位、流向、流速、水深等；潮汐性质及类型；潮流、余流性质及类型；海岸线、海床、滩涂、海岸蚀淤变化趋势等	

五、补充监测

1. 补充监测要求

(1) 应对收集资料进行复核整理，分析资料的可靠性、一致性和代表性，针对资料的不足，制定必要的补充监测方案，确定补充监测时期、内容、范围。

(2) 需要开展多个断面或点位补充监测的，应在大致相同的时段内开展同步监测。需要同时开展水质与水文补充监测的，应按照水质水量协调统一的要求开展同步监测，测量的时间、频次和断面应保证满足水环境影响预测的要求。

(3) 应选择符合监测项目对应环境质量标准或参考标准所推荐的监测方法，并在监测报告中注明。水质采样与水质分析应遵循相关的环境监测技术规范。水文调查与水文测量的方法可参照《河流流量测验规范》(GB 50179—2015)、《海洋调查规范》(GB/T 12763—2007)、《海洋观测规范 第 2 部分：海滨观测》(GB/T 14914.2—2019)的相关规定执行。河流及湖库底泥调查参照《地表水和污水监测技术规范》(HJ/T 91—2002)执行，入海河口、近岸海域沉积物调查参照《海洋监测规范》(GB 17378—2007)、《近岸海域环境监测规范》(HJ 442—2008)执行。

2. 监测内容

(1) 应在常规监测断面的基础上，重点针对对照断面、控制断面以及环境保护目标所在水域的监测断面开展水质补充监测。

(2) 建设项目需要确定生态流量时，应结合主要生态保护对象敏感用水时段进行调查分析，针对性开展必要的生态流量与径流过程监测等。

(3) 当调查的水下地形数据不能满足水环境影响预测要求时，应开展水下地形补充测绘。

3. 监测布点与采样频次

1) 河流监测断面设置。

(1) 水质监测断面布设。应布设对照断面、控制断面。水污染影响型建设项目在拟建排放口上游应布置对照断面(宜在 500 m 以内)，根据受纳水域环境质量控制管理要求设定控制断面。控制断面可结合水环境功能区或水功能区、水环境控制单元区划情况，直接采用国家及地方确定的水质控制断面。评价范围内不同水质类别区、水环境功能区或水功能区、水环境敏感区及需要进行水质预测的水域，应布设水质监测断面。评价范围以外的调查或预测范围，可以根据预测工作需要增设相应的水质监测断面。

(2) 采样频次。每个水期可监测一次，每次同步连续调查取样 3～4 天，每个水质取样点每天至少取一组水样，在水质变化较大时，每间隔一定时间取样一次。水温观测频次应每间隔 6 h 观测一次水温，统计计算日平均水温。

2) 湖库监测点位设置与采样频次

(1) 水质取样垂线的布设。对于水污染影响型建设项目水质取样垂线的设置可采用以排放口为中心、沿放射线布设或网格布设的方法，按照下列原则及方法设置：一级评价在评价范围内布设的水质取样垂线数宜不少于 20 条；二级评价在评价范围内布设的水质取样垂线数宜不少于 16 条。评价范围内不同水质类别区、水环境功能区或水功能区、水环境敏感区、排放口和需要进行水质预测的水域，应布设取样垂线。

(2) 采样频次。每个水期可监测一次，每次同步连续取样 2～4 天，每个水质取样点每天至少取一组水样，但在水质变化较大时，每间隔一定时间取样一次。溶解氧和水温监测频次，每间隔 6 h 取样监测一次，在调查取样期内适当监测藻类。

3) 入海河口、近岸海域监测点位设置与采样频次

(1) 水质取样断面和取样垂线的设置。一次评价可布设 5～7 个取样断面；二级评价可布设 3～5 个取样断面。

(2) 水质取样点的布设。排放口位于感潮河段内的，其上游设置的水质取样断面应根据实际情况参照河流设定，其下游断面的布设与近岸海域相同。

(3) 采样频次。原则上一个水期在一个潮周期内采集水样，明确所采样品所处潮时，必要时对潮周日内的高潮和低潮采样。当上、下层水质变幅较大时，应分层取样。入海河口上游水质取样频次参照感潮河段相关要求执行，下游水质取样频次参照近岸海域相关要求执行。对于近岸海域，一个水期宜在半个太阳月内的大潮期或小潮期分别采样，明确所采样品所处潮时；对所有选取的水质监测因子，在同一个潮次取样。

4) 底泥污染调查与评价的监测点位布设

底泥污染调查与评价的监测点位布设应能够反映底泥污染物空间分布特征的要求，根据底泥分布区域、分布深度、扰动区域、扰动深度、扰动时间等设置。

六、环境现状评价内容与要求

根据建设项目水环境影响特点与水环境质量管理要求，选择以下全部或部分内容开展评价。

(1) 水环境功能区或水功能区、近岸海域环境功能区水质达标状况。评价建设项目评价范围内水环境功能区或水功能区、近岸海域环境功能区各评价时期的水质状况与变化特征，给出水环境功能区或水功能区、近岸海域环境功能区达标评价结论，明确水环境功能区或水功能区、近岸海域环境功能区水质超标因子、超标程度，分析超标原因。

(2) 水环境控制单元或断面水质达标状况。评价建设项目所在控制单元或断面各评价时期的水质现状与时空变化特征，评价控制单元或断面的水质达标状况，明确控制单元或断面的

水质超标因子、超标程度，分析超标原因。

(3) 水环境保护目标质量状况。评价涉及水环境保护目标水域各评价时期的水质状况与变化特征，明确水质超标因子、超标程度，分析超标原因。

(4) 对照断面、控制断面等代表性断面的水质状况。评价对照断面水质状况，分析对照断面水质水量变化特征，给出水环境影响预测的设计水文条件；评价控制断面水质现状、达标状况，分析控制断面来水水质水量状况，识别上游来水不利组合状况，分析不利条件下的水质达标问题。评价其他监测断面的水质状况，根据断面所在水域的水环境保护目标水质要求，评价水质达标状况与超标因子。

(5) 底泥污染评价。评价底泥污染项目及污染程度，识别超标因子，结合底泥处置排放去向，评价退水水质与超标情况。

(6) 水资源与开发利用程度及其水文情势评价。根据建设项目水文要素影响特点，评价所在流域(区域)水资源与开发利用程度、生态流量满足程度、水域岸线空间占用状况等。

(7) 水环境质量回顾评价。结合历史监测数据与国家及地方生态环境保护主管部门公开发布的环境状况信息，评价建设项目所在水环境控制单元或断面、水环境功能区或水功能区、近岸海域环境功能区的水质变化趋势，评价主要超标因子变化状况，分析建设项目所在区域或水域的水质问题，从水污染、水文要素等方面，综合分析水环境质量现状问题的原因，明确与建设项目排污影响的关系。

(8) 流域(区域)水资源(包括水能资源)与开发利用总体状况、生态流量管理要求与现状满足程度、建设项目占用水域空间的水流状况与河湖演变状况。

(9) 依托污水处理设施稳定达标排放评价。评价建设项目依托的污水处理设施稳定达标状况，分析建设项目依托污水处理设施环境可行性。

七、评价方法

(1) 水环境功能区或水功能区、近岸海域环境功能区及水环境控制单元或断面水质达标状况评价方法，参考国家或地方政府相关部门制定的水环境质量评价技术规范、水体达标方案编制指南、水功能区水质达标评价技术规范等。

(2) 监测断面或点位水环境质量现状评价采用水质指数法评价。

(a) 一般性水质因子(随浓度增加而水质变差的水质因子)的指数计算公式为

$$S_{i,j}=\frac{C_{i,j}}{C_{si}} \tag{5-12}$$

式中：$S_{i,j}$为评价因子i的水质指数，大于1表明该水质因子超标；$C_{i,j}$为评价因子i在j点的实测统计代表值，mg/L；C_{si}为评价因子i的水质评价标准限值，mg/L。

(b) 溶解氧(DO)的标准指数计算公式为

$$S_{\mathrm{DO},j}=\frac{\mathrm{DO_s}}{\mathrm{DO}_j} \qquad \mathrm{DO}_j \leqslant \mathrm{DO_f} \tag{5-13}$$

$$S_{\mathrm{DO},j}=\frac{\left|\mathrm{DO_f}-\mathrm{DO}_j\right|}{\mathrm{DO_f}-\mathrm{DO_s}} \qquad \mathrm{DO}_j > \mathrm{DO_f} \tag{5-14}$$

式中：$S_{DO,j}$ 为溶解氧的标准指数，大于 1 表明该水质因子超标；DO_j 为溶解氧在 j 点的实测统计代表值，mg/L；DO_s 为溶解氧水质评价标准限值，mg/L；DO_f 为溶解氧浓度，mg/L，对于河流，$DO_f = 468/(31.6+T)$，对于盐度比较高的湖泊、水库及入海河口、近岸海域，$DO_f = (491-2.65S)/(33.5+T)$，其中 S 为实用盐度符号，量纲为 1，T 为水温，℃。

(c) pH 的指数计算公式为

$$S_{pH,j} = \frac{7.0 - pH_j}{7.0 - pH_{sd}} \qquad pH_j \leqslant 7.0 \tag{5-15}$$

$$S_{pH,j} = \frac{pH_j - 7.0}{pH_{su} - 7.0} \qquad pH_j > 7.0 \tag{5-16}$$

式中：$S_{pH,j}$ 为 pH 的指数，大于 1 表明该水质因子超标；pH_j 为 pH 实测统计代表值；pH_{sd} 为评价标准中 pH 的下限值；pH_{su} 为评价标准中 pH 的上限值。

(3) 底泥污染状况评价方法。采用单项污染指数法评价，评价方法为

$$P_{i,j} = \frac{C_{i,j}}{C_{si}} \tag{5-17}$$

式中：$P_{i,j}$ 为底泥污染因子 i 的单项污染指数，大于 1 表明该污染因子超标；$C_{i,j}$ 为调查点位污染因子 i 的实测值，mg/L；C_{si} 为污染因子 i 的评价标准值或参考值，mg/L。

第四节　地表水环境影响预测

一、地表水环境影响预测

建设项目地表水环境影响预测是地表水环境影响评价的中心环节，任务是通过一定的技术方法，预测建设项目在不同实施阶段(建设期、运行期、服务期满后)对地表水的环境影响，为采取相应的环保措施及环境管理方案提供依据。

1. 总体要求

(1) 一级、二级、水污染影响型三级 A 与水文要素影响型三级评价应定量预测建设项目水环境影响，水污染影响型三级 B 评价可不进行水环境影响预测。

(2) 影响预测应考虑评价范围内已建、在建和拟建项目中，与建设项目排放同类(种)污染物、对相同水文要素产生的叠加影响。

(3) 建设项目分期规划实施的，应估算规划水平年进入评价范围的污染负荷，预测分析规划水平年评价范围内地表水环境质量变化趋势。

(4) 对于已确定的评价项目，都应预测建设项目对受纳水域水环境产生的影响，预测的范围、时段、内容及方法均应根据其评价工作等级、工程与水环境特性、当地的环保要求而定。同时应尽量考虑预测范围内，规划的建设项目可能产生的叠加性水环境影响。

2. 预测因子和预测范围

(1) 预测因子。应根据评价因子确定，重点选择与建设项目水环境影响关系密切的因子。
(2) 预测范围。应覆盖评价范围，并根据受影响地表水体水文要素与水质特点合理拓展。

3. 预测时期与预测情景

(1) 预测时期。水环境影响预测的时期应满足不同评价等级的评价时期要求(表 5-3)。水污染影响型建设项目，水体自净能力最不利以及水质状况相对较差的不利时期、水环境现状补充监测时期应作为重点预测时期；水文要素影响型建设项目，以水质状况相对较差或对评价范围内水生生物影响最大的不利时期为重点预测时期。

(2) 预测情景。根据建设项目特点分别选择建设期、生产运行期和服务期满后三个阶段进行预测。生产运行期应预测正常排放、非正常排放两种工况对水环境的影响，如建设项目具有充足的调节容量，可只预测正常排放对水环境的影响；应对建设项目污染控制和减缓措施方案进行水环境影响模拟预测；对受纳水体环境质量不达标区域，应考虑区(流)域环境质量改善目标要求情景下的模拟预测。

4. 预测内容

预测内容根据影响类型、预测因子、预测情景、预测范围地表水体类别、所选用的预测模型及评价要求确定。

(1) 水污染影响型建设项目主要包括：
(a) 各关心断面(控制断面、取水口、污染源排放核算断面等)水质预测因子的浓度及变化；
(b) 到达水环境保护目标处的污染物浓度；
(c) 各污染物最大影响范围；
(d) 湖泊、水库及半封闭海湾等，还需关注富营养化状况与水华、赤潮等；
(e) 排放口混合区范围。
(2) 水文要素影响型建设项目主要包括：
(a) 河流、湖泊及水库的水文情势预测分析主要包括水域形态、径流条件、水力条件以及冲淤变化等内容，具体包括水面面积、水量、水温、径流过程、水位、水深、流速、水面宽、冲淤变化等，湖泊和水库需要重点关注湖库水域面积或蓄水量及水力停留时间等因子；
(b) 感潮河段、入海河口及近岸海域水动力条件预测分析主要包括流量、流向、潮区界、潮流界、纳潮量、水位、流速、水面宽、水深、冲淤变化等因子。

二、地表水环境影响预测模型

地表水环境影响预测模型包括数学模型、物理模型。地表水环境影响预测宜选用数学模型。评价等级为一级且有特殊要求时选用物理模型，物理模型应遵循水工模型试验技术规程等要求。数学模型主要包括面源污染负荷估算模型、水动力模型、水质(包括水温及富营养化)模型等，可根据地表水环境影响预测的需要选择。

1. 面源污染负荷估算模型

根据污染源分类分别选择适用的污染源负荷估算或模拟方法，预测污染源排放量与入河量。面源污染负荷预测可根据评价要求与数据条件，采用源强系数法、水文分析法以及面源模型法等，有条件的地方可以综合采用多种方法对比分析确定，各方法适用条件如下。

(1) 源强系数法。当评价区域有可采用的源强产生、流失及入河系数等面源污染负荷估算参数时，可采用源强系数法。

(2) 水文分析法。当评价区域具备一定数量的同步水质水量监测资料时，可基于基流分割确定暴雨径流污染物浓度、基流污染物浓度，采用通量法估算面源的负荷量。

(3) 面源模型法。面源模型选择应结合污染特点、模型适用条件、基础资料等综合确定。

2. 水动力模型及水质模型

水动力模型及水质模型按照时间分为稳态模型和非稳态模型，按照空间分为零维、一维(包括纵向一维和垂向一维，纵向一维包括河网模型)、二维(包括平面二维和立面二维)以及三维模型，按照是否需要采用数值离散方法分为解析解模型与数值解模型。水动力模型及水质模型的选取根据建设项目的污染源特性、受纳水体类型、水力学特征、水环境特点及评价等级等要求，选取适宜的预测模型。

1) 河流数学模型

就河流而言，预测范围内的河段可以分为充分混合段、混合过程段和上游河段。充分混合段是指污染物浓度在断面上均匀分布的河段。当断面上任意一点的浓度与断面平均浓度之差小于平均浓度的 5%时，可以认为达到均匀分布。混合过程段是指排放口下游达到充分混合以前的河段。上游河段是指排放口上游的河段。

混合过程段的长度可由式(5-18)估算：

$$L_{\mathrm{m}} = \left\{0.11 + 0.7\left[0.5 - \frac{a}{B} - 1.1\left(0.5 - \frac{a}{B}\right)^2\right]^{1/2}\right\}\frac{uB^2}{E_y} \tag{5-18}$$

式中：L_{m}为达到充分混合断面的长度，m；B 为河流宽度，m；a 为排放口到近岸水边的距离，m；u 为断面流速，m/s；E_y为污染物横向扩散系数，$\mathrm{m^2/s}$。

河流数学模型选择要求如表 5-5 所示，在模拟河流顺直、水流均匀且排污稳定时可以采用解析解。

表 5-5　河流数学模型适用条件

模型分类	模型空间分类						模型时间分类	
	零维模型	纵向一维模型	河网模型	平面二维模型	立面二维模型	三维模型	稳态	非稳态
适用条件	水域基本均匀混合	沿程横断面均匀混合	多条河道相互连通，使得水流运动和污染物交换相互影响的河网地区	垂向均匀混合	垂向分层特征明显	垂向及评价分布差异明显	水流恒定、排污稳定	水流不恒定或排污不稳定

(1) 零维均匀混合模型：

$$C = \frac{C_{\mathrm{p}}Q_{\mathrm{p}} + C_{\mathrm{h}}Q_{\mathrm{h}}}{Q_{\mathrm{p}} + Q_{\mathrm{h}}} \tag{5-19}$$

式中：C 为污染物浓度，mg/L；Q_p 为污水排放量，m^3/s；C_p 为污染物排放浓度，mg/L；Q_h 为河流流量，m^3/s；C_h 为河流上游污染物浓度，mg/L。

(2) 纵向一维水质数学模型基本方程：

$$\frac{\partial C}{\partial t}+u\frac{\partial C}{\partial x}=\frac{\partial}{\partial x}\left(E_x\frac{\partial C}{\partial x}\right)+S \tag{5-20}$$

连续稳定排放解析解：

$$C=C_0\exp\left[\frac{ux}{2E_x}\left(1-\sqrt{1+\frac{4kE_x}{u^2}}\right)\right] \tag{5-21}$$

连续排放简化扩散的对流降解解析解：

$$C=C_0\exp\left(-\frac{kx}{u}\right) \tag{5-22}$$

式中：C 为计算断面的污染物浓度，mg/L；C_0 为计算初始点污染物浓度，mg/L；k 为污染物的综合衰减系数，l/d；u 为河流流速，m/s；x 为从计算初始点到下游计算断面的距离，m；E_x 为污染物纵向扩散系数，m^2/s。

(3) 平面二维数学模型。

不考虑岸边反射影响的宽浅型平直恒定均匀河流，岸边点源稳定排放，浓度分布公式为

$$C(x,y)=C_h+\frac{m}{h\sqrt{\pi E_y ux}}\exp\left(-\frac{uy^2}{4E_y x}\right)\exp\left(-k\frac{x}{u}\right) \tag{5-23}$$

式中：$C(x,y)$为纵向距离 x、横向距离 y 点的污染物浓度，mg/L；m 为污染物排放速率，g/s；k 为污染物的衰减系数，l/d；E_y 为污染物横向扩散系数，m^2/s；u 为河流流速，m/s；C_h 为河流上游污染物浓度，mg/L。

考虑岸边反射影响的宽浅型平直恒定均匀河流，岸边点源稳定排放，浓度分布公式为

$$C(x,y)=C_h+\frac{m}{h\sqrt{\pi E_y ux}}\exp\left(-k\frac{x}{u}\right)\sum_{n=-1}^{1}\exp\left[-\frac{u(y-2nB)^2}{4E_y x}\right] \tag{5-24}$$

非岸边排放：

$$C(x,y)=C_h+\frac{m}{h\sqrt{4\pi E_y ux}}\exp\left(-k\frac{x}{u}\right)\sum_{n=-1}^{1}\left\{\exp\left[-\frac{u(y-2nB)^2}{4E_y x}\right]\exp\left[-\frac{u(y-2nB+2a)^2}{4E_y x}\right]\right\} \tag{5-25}$$

式中：B 为河流宽度，m；a 为排放口与岸边的距离，m；x，y 为笛卡儿坐标系的坐标，m。

2) 湖库常用水质模型

湖库常用水质模型选择要求如表 5-6 所示，在模拟湖库水域形态规则、水流均匀且排污稳定时可以采用解析解模型。

表 5-6　湖库数学模型适用条件

模型分类	模型空间分类						模型时间分类	
	零维模型	纵向一维模型	平面二维模型	垂向一维模型	立面二维模型	三维模型	稳态	非稳态
适用条件	水流交换作用较充分、污染物分布基本均匀	污染物在断面上均匀混合的河道型水库	浅水湖库，垂向分层不明显	深水湖库，水平分布差异不明显，存在垂向分布	深水湖库，横向分布差异不明显，存在垂向分层	垂向及平面分布差异明显	流场恒定、源强稳定	流场不恒定或源强不稳定

零维均匀混合模型基本方程：

$$V\frac{\mathrm{d}C}{\mathrm{d}t}=W-QC+f(C)V \tag{5-26}$$

式中：V 为水体体积，m^3；t 为时间，s；W 为单位时间污染物排放量，g/s；Q 为水量平衡时流入与流出湖(库)的流量，m^3/s；$f(C)$为生化反应项，$\mathrm{g/(m^3 \cdot s)}$。

如果生化过程可以用一级动力学反应表示，$f(C)=-kC$，式(5-27)存在解析解，当稳定时：

$$C=\frac{W}{Q+kV} \tag{5-27}$$

式中：k 为污染物综合衰减系数，1/s。

三、模型概化与参数验证

1. 模型概化

地表水环境影响预测模型选用解析解进行水环境影响预测时，可对预测水域进行合理的概化。

1) 河流水域要求

(1) 预测河段及代表性断面的宽深比≥20 时，可视为矩形河段。

(2) 河段弯曲系数＞1.3 时，可视为弯曲河段，其余可概化为平直河段。

(3) 对于河流水文特征值、水质急剧变化的河段，应分段概化，并分别进行水环境影响预测；河网应分段概化，分别进行水环境影响预测。

2) 湖泊、水库概化

根据湖库的入流条件、水力停留时间、水质及水温分布等情况，分别概化为稳定分层型、混合型和不稳定分层型。

3) 受人工控制的河流

根据涉水工程(如水利水电工程)的运行调度方案及蓄水、泄流情况，分别视其为水库或河流进行水环境影响预测。

4) 入海河口、近岸海域概化

(1) 可将潮区界作为感潮河段的边界。

(2) 采用解析法进行水环境影响预测时，可按潮周平均、高潮平均和低潮平均三种情况，概化为稳态进行预测。

(3) 预测近岸海域可溶性物质水质分布时，可只考虑潮汐作用；预测密度小于海水的不可溶物质时应考虑潮汐、波浪及风的作用。

(4) 注入近岸海域的小型河流可视为点源，可忽略其对近岸海域流场的影响。

2. 参数验证

水动力及水质模型参数包括水文及水力学参数、水质(包括水温及富营养化)参数等。其中水文及水力学参数包括流量、流速、坡度、糙率等；水质参数包括污染物综合衰减系数、扩散系数、耗氧系数、复氧系数、蒸发散热系数等。

模型参数确定可采用类比、经验公式、实验室测定、物理模型试验、现场实测及模型率定等，可以采用多类方法比对确定模型参数。当采用数值解模型时，宜采用模型率定法核定模型参数。

在模型参数确定的基础上，通过模型计算结果与实测数据进行比较分析，验证模型的适用性与误差及精度。

选择模型率定法确定模型参数的，模型验证应采用与模型参数率定不同组实测资料数据进行。

应对模型参数确定与模型验证的过程和结果进行分析说明，并以河宽、水深、流速、流量以及主要预测因子的模拟结果作为分析依据，当采用二维或三维模型时，应开展流场分析。模型验证应分析模拟结果与实测结果的拟合情况，阐明模型参数率定取值的合理性。

3. 预测点位设置及结果合理性分析要求

1) 预测点位设置要求

应将常规监测点、补充监测点、水环境保护目标、水质水量突变处及控制断面等作为预测重点。当需要预测排放口所在水域形成的混合区范围时，应适当加密预测点位。

2) 模型结果合理性分析

(1) 模型计算结果的内容、精度和深度应满足环境影响评价要求。

(2) 采用数值解模型进行影响预测时，应说明模型时间步长、空间步长设定的合理性，在必要的情况应对模拟结果开展质量或热量守恒分析。

(3) 应对模型计算的关键影响区域和重要影响时段的流场、流速分布、水质（水温）等模拟结果进行分析，并给出相关图件。

(4) 区域水环境影响较大的建设项目，宜采用不同模型进行对比分析。

第五节　地表水环境影响评价的基本内容

水环境影响评价是在工程分析和影响预测基础上，以法规、标准为依据解释拟建项目引起水环境变化的重大性，同时辨识敏感对象对污染物排放的反应；对拟建项目的生产工艺、水污染防治与废水排放方案等提出意见；提出避免、消除和减少水体影响的措施和对策建议；最后提出评价结论。

一、评价重点和依据的基本资料

(1) 所有预测点和所有预测的水质参数均应进行建设、运行和服务期满各生产阶段不同情况的环境影响重大性的评价，但应抓住重点。空间方面，水文要素和水质急剧变化处、水域功能改变处、取水口附近等应作为重点；水质方面，影响较大的水质参数应作为重点。

多项水质参数综合评价的评价方法和评价的水质参数应与环境现状综合评价相同。

(2) 进行评价的水质参数质量浓度 ρ_i 应是其预测的质量浓度 ρ_{ipre} 与基线质量浓度 ρ_{ib} 之和，即 $\rho_i = \rho_{ipre} + \rho_{ib}$。

(3) 了解水域的功能，包括现状功能和规划功能。

(4) 评价建设项目的地表水环境影响所采用的水质标准应与环境现状评价相同。河道断流时应由环保部门规定功能，并以此选择标准，进行评价。

(5) 向已超标的水体排污时，应结合环境规划酌情处理或由环保部门事先规定排污要求。

2. 判断影响重大性的方法

(1) 规划中有几个建设项目在一定时期(如 5 年)内兴建并且向同一地表水环境排污的情况可以采用自净利用指数法进行单项评价。

(2) 当水环境现状已经超标时，可以采用指数单元法和/或综合指数法进行评价。其方法是将由拟建项目预测数据计算得到的指数单元或综合评价指数值与现状值(基线值)求得的指数单元或综合指数值进行比较。根据比值大小，采用专家咨询法和征求公众与管理部门意见确定影响的重大性。

二、评价内容和评价要求

1. 评价内容

一级、二级、水污染影响型三级 A 及水文要素影响型三级评价的主要评价内容包括：水污染控制和水环境影响减缓措施有效性评价；水环境影响评价。水污染影响型三级 B 评价的主要评价内容包括：水污染控制和水环境影响减缓措施有效性评价；依托污水处理设施的环境可行性评价。

2. 评价要求

1) 水环境影响评价要求

(1) 排放口所在水域形成的混合区，应限制在达标控制(考核)断面以外水域，且不得与已有排放口形成的混合区叠加，混合区外水域应满足水环境功能区或水功能区的水质目标要求。

(2) 水环境功能区或水功能区、近岸海域环境功能区水质达标。说明建设项目对评价范围内的水环境功能区或水功能区、近岸海域环境功能区的水质影响特征，分析水环境功能区或水功能区、近岸海域环境功能区水质变化状况，在考虑叠加影响的情况下，评价建设项目建成以后各预测时期水环境功能区或水功能区、近岸海域环境功能区达标状况。涉及富营养化问题的，还应评价水温、水文要素、营养盐等变化特征与趋势，分析判断富营养化演变趋势。

(3) 满足水环境保护目标水域水环境质量要求。评价水环境保护目标水域各预测时期的水质(包括水温)变化特征、影响程度与达标状况。

(4) 水环境控制单元或断面水质达标。说明建设项目污染排放或水文要素变化对所在控制单元各预测时期的水质影响特征，在考虑叠加影响的情况下，分析水环境控制单元或断面的水质变化状况，评价建设项目建成以后水环境控制单元或断面在各预测时期下的水质达标状况。

(5) 满足重点水污染物排放总量控制指标要求，重点行业建设项目，主要污染物排放满足等量或减量替代要求。

(6) 满足区(流)域水环境质量改善目标要求。

(7) 水文要素影响型建设项目同时应包括水文情势变化评价、主要水文特征值影响评价、生态流量符合性评价。

(8) 对于新设或调整入河(湖库、近岸海域)排放口的建设项目，应包括排放口设置的环境合理性评价。

(9) 满足生态保护红线、水环境质量底线、资源利用上线和环境准入清单管理要求。

2) 依托污水处理设施的环境可行性评价要求

主要从污水处理设施的日处理能力、处理工艺、设计进水水质、处理后的废水稳定达标排放情况及排放标准是否涵盖建设项目排放的有毒有害的特征水污染物等方面开展评价，满足依托的环境可行性要求。

3) 水污染控制和水环境影响减缓措施有效性评价要求

(1) 污染控制措施及各类排放口排放浓度限值等应满足国家和地方相关排放标准及符合有关标准规定的排水协议关于水污染物排放的条款要求。

(2) 水动力影响、生态流量、水温影响减缓措施应满足水环境保护目标的要求。

(3) 涉及面源污染的，应满足国家和地方有关面源污染控制治理要求。

(4) 受纳水体环境质量达标区的建设项目选择废水处理措施或多方案比选时，应满足行业污染防治可行技术指南要求，确保废水稳定达标排放且环境影响可以接受。

(5) 受纳水体环境质量不达标区的建设项目选择废水处理措施或多方案比选时，应满足区(流)域水环境质量限期达标规划和替代源的削减方案要求、区(流)域环境质量改善目标要求及行业污染防治可行技术指南中最佳可行技术要求，确保废水污染物达到最低排放强度和排放浓度，且环境影响可以接受。

三、污染源排放量核算

污染源排放量是新(改、扩)建项目申请污染物排放许可的依据，对改建、扩建项目，除应核算新增源的污染物排放量外，还应核算项目建成后全厂的污染物排放量，污染源排放量为污染物的年排放量。

规划环境影响评价污染源排放量核算与分配应遵循水陆统筹、河海兼顾、满足“三线一单”(生态保护红线、环境质量底线、资源利用上线、环境准入清单)约束要求的原则，综合考虑水环境质量改善目标要求、水环境功能区或水功能区、近岸海域环境功能区管理要求、经济社会发展、行业排污绩效等因素，确保发展不超载，底线不突破。

间接排放建设项目污染源排放量核算根据依托污水处理设施的控制要求核算确定。

直接排放建设项目污染源排放量核算，根据建设项目达标排放的地表水环境影响、污染源源强核算技术指南及排污许可申请与核发技术规范进行核算，并从严要求。

(1) 直接排放建设项目污染源排放量核算应在满足水环境影响评价要求的基础上，遵循以下原则要求。①污染源排放量的核算水体为有水环境功能要求的水体。②建设项目排放的污染物属于现状水质不达标的，包括本项目在内的区(流)域污染源排放量应调减至满足区(流)域水环境质量改善目标要求。③当受纳水体为河流时，不受回水影响的河段，建设项目污染源排放量核算断面位于排放口下游，与排放口的距离应小于 2 km；受回水影响的河段，应在排放口的上下游设置建设项目污染源排放量核算断面，与排放口的距离应小于 1 km。建设项目污染源排放量核算断面应根据区间水环境保护目标位置、水环境功能区或水功能区及控制单元断面等情况调整。当排放口污染物进入受纳水体在断面混合不均匀时，应以污染源排放量核算断面污染物最大浓度作为评价依据。④当受纳水体为湖库时，建设项目污染源排放量核算点位应布置在以排放口为中心、半径不超过 50 m 的扇形水域内，且扇形面积占湖库面积比例不超过 5%，核算点位不少于 3 个。建设项目污染源排放量核算点应根据区间水环境保护目标位置、水环境功能区或水功能区及控制单元断面等情况调整。⑤遵循地表水环境质量底线要求，主要污染物(化学需氧量、氨氮、总磷、总氮)需预留必要的安全余量。安全余量可按地表水环境质量标准、受纳水体环境敏感性等确定：受纳水体为《地表水环境质量标准》中Ⅲ类水域，以及涉及水环境保护目标的水域，安全余量按照不低于建设项目污染源排放量核算断面(点位)处环境质量标准的 10%确定(安全余量≥环境质量标准×10%)；受纳水体水环境质量标准为《地表水环境质量标准》中Ⅳ、Ⅴ类水域，安全余量按照不低于建设项目污染源排放量核算断面(点位)环境质量标准的 8%确定(安全余量≥环境质量标准×8%)；地方如有更严格的环境管理要求，按地方要求执行。⑥当受纳水体为近岸海域时，参照《污水海洋处置工程污染控制标准》(GB 18486—2001)执行。

(2) 按照要求预测评价范围的水质状况，如预测的水质因子满足地表水环境质量管理及安全余量要求，污染源排放量即为水污染控制措施有效性评价确定的排污量。如果不满足地表水环境质量管理及安全余量要求，则进一步根据水质目标核算污染源排放量。

四、生态流量确定

根据河流、湖库生态环境保护目标的流量(水位)及过程需求确定生态流量(水位)。河流应确定生态流量，湖库应确定生态水位。

依据评价范围内各水环境保护目标的生态环境需水确定生态流量。河流生态环境需水包括水生生态需水、水环境需水、湿地需水、景观需水、河口压咸需水等。应根据河流生态环境保护目标要求，选择合适方法计算河流生态环境需水及其过程，应符合以下要求。

(1) 水生生态需水计算中，应采用水力学法、生态水力学法、水文学法等方法计算水生生态流量。水生生态流量最少采用两种方法计算，基于不同计算方法成果对比分析，合理选择水生生态流量成果；鱼类繁殖期的水生生态需水宜采用生境分析法计算，确定繁殖期所需的水文过程，并取外包线作为计算成果，鱼类繁殖期所需水文过程应与天然水文过程相似。水生生态需水应为水生生态流量与鱼类繁殖期所需水文过程的外包线。

(2) 水环境需水应根据水环境功能区或水功能区确定控制断面水质目标，结合计算范围内的河段特征和控制断面与概化后污染源的位置关系，采用合适的数学模型方法计算水环境需水。

(3) 湿地需水应综合考虑湿地水文特征和生态保护目标需水特征，综合不同方法合理确定湿地需水。河岸植被需水量采用单位面积用水量法、潜水蒸发法、间接计算法、彭曼公式法等方法计算；河道内湿地补给水量采用水量平衡法计算。保护目标在繁育生长关键期对水文过程有特殊需求时，应计算湿地关键期需水量及过程。

(4) 景观需水应综合考虑水文特征和景观保护目标要求，确定景观需水。

(5) 河口压咸需水应根据调查成果，确定河口类型，可采用相关数学模型计算河口压咸需水。

(6) 其他需水应根据评价区域实际情况进行计算，主要包括冲沙需水、河道蒸发和渗漏需水等。对于多泥沙河流，需考虑河流冲沙需水计算。

五、水环境保护措施及建议

1. 水环境保护措施要求

在建设项目污染控制治理措施与废水排放满足排放标准与环境管理要求的基础上，针对建设项目实施可能对地表水环境造成不利影响的阶段、范围和程度，提出预防、治理、控制、补偿等环保措施或替代方案等内容，并制定监测计划。水环境保护对策措施的论证应包括水环境保护措施的内容、规模及工艺、相应投资、实施计划，所采取措施的预期效果、达标可行性、经济技术可行性及可靠性分析等内容。对水文要素影响型建设项目，应提出减缓水文情势影响，保障生态需水的环保措施。

2. 水环境保护措施

(1) 对建设项目可能产生的水污染物，需通过优化生产工艺和强化水资源的循环利用，提出减少污水产生量与排放量的环保措施，并对污水处理方案进行技术经济及环保论证比选，明确污水处理设施的位置、规模、处理工艺、主要构筑物或设备、处理效率；采取的污水处理方案要实现达标排放，满足总量控制指标要求，并对排放口设置及排放方式进行环保论证。

(2) 达标区建设项目选择废水处理措施或多方案比选时，应综合考虑成本和治理效果，选择可行技术方案。

(3) 不达标区建设项目选择废水处理措施或多方案比选时，应优先考虑治理效果，结合区(流)域水环境质量改善目标、替代源的削减方案实施情况，确保废水污染物达到最低排放强度和排放浓度。

(4) 对水文要素影响型建设项目，应考虑保护水域生境及水生态系统的水文条件以及生态环境用水的基本需求，提出优化运行调度方案或下泄流量及过程，并明确相应的泄放保障措施与监控方案。

(5) 对于建设项目引起的水温变化可能对农业、渔业生产或鱼类繁殖与生长等产生不利影响，应提出水温影响减缓措施。对产生低温水影响的建设项目，对其取水与泄水建筑物的工程方案提出环保优化建议，可采取分层取水设施、合理利用水库洪水调度运行方式等。对产生温排水影响的建设项目，可采取优化冷却方式减少排放量，可通过余热利用措施降低热污染强度，合理选择温排水口的布置和型式，控制高温区范围等。

3. 水环境影响评价结论

根据水污染控制和水环境影响减缓措施有效性评价、地表水环境影响评价结论，明确给出地表水环境影响是否可接受的结论。

(1) 达标区的建设项目环境影响评价，依据评价要求，同时满足水污染控制和水环境影响减缓措施有效性评价、水环境影响评价的情况下，认为地表水环境影响可以接受，否则认为地表水环境影响不可接受。

(2) 不达标区的建设项目环境影响评价，依据评价要求，在考虑区(流)域环境质量改善目标要求、削减替代源的基础上，同时满足水污染控制和水环境影响减缓措施有效性评价、水环境影响评价的情况下，认为地表水环境影响可以接受，否则认为地表水环境影响不可接受。

(3) 新建项目的污染物排放指标需要等量替代或减量替代时，还应明确给出替代项目的基本信息，主要包括项目名称、排污许可证编号、污染物排放量等。

(4) 有生态流量控制要求的，根据水环境保护管理要求，明确给出生态流量控制节点及控制目标。

案例分析

某市拟对位于城区东南的污水处理厂进行扩建。区域年主导风向为东南偏东风，A 河经城市东南边缘由西北流向东南，厂址位于 A 河左岸，距河道 800 m。按照地表水环境功能区划，A 河市区下游河段水体功能为Ⅲ类。

现有工程污水处理能力为 2×10^4 m^3/d，开工于 2005 年 9 月，2007 年 11 月正式运营。采用循环式活性污泥法(CAST)工艺，出水达到《污水综合排放标准》(GB 8978—1996)表 4 中一级标准[其中总磷采用《城镇污水处理厂污染物排放标准》(GB 18918—2002)表 1 中一级 B 标准]后排入 A 河。采用浓缩脱水工艺将污泥脱水至含水率 80%后送城市生活垃圾填埋场处置。

扩建工程新增污水处理规模为 6×10^4 m^3/d，其中含 10%的工业废水，用地为规划的污水厂预留用地，同样采用循环式活性污泥法工艺处理和液氯消毒，新增污水处理系统出水执行《城镇污水处理厂污染物排放标准》一级 A 标准，经现有排污口排入 A 河。扩建加氯加药间，液氯储存量为 5 t。设计进出水质如下所示。

指标	COD	SS	氨氮	总磷	动植物油	BOD_5
进水水质/(mg/L)	500	400	45	8	100	300
出水水质/(mg/L)	60	20	15	0.3	10	20

根据以上资料，请回答以下问题。

(1) 污水处理厂出水除排入 A 河外，是否还有其他用途?

(2) 污水处理厂 COD 的去除率是多少?

(3) 预测排污口下游 20 km 处的 BOD_5 所需要的参数有哪些?

(4) 现状污水处理厂将污泥送城市垃圾填埋场处置是否符合要求?

(5) 为分析项目对 A 河的环境影响，需调查哪些方面的相关资料?

(6) 污水处理厂建设应重点考虑与哪些规划的相符性?

思考题

1. 水污染影响型建设项目评价因子的筛选应符合哪些要求?
2. 地表水环境影响评价工作等级划分的依据包括哪些?
3. 水污染影响型建设项目预测包含哪些内容?
4. 水文要素影响型建设项目预测包含哪些内容?
5. 水污染影响型三级 B 环境影响评价主要包括哪些内容?

第六章　声环境影响评价

声环境影响评价是对建设项目或规划进行环境影响评价的主要内容之一，是声环境管理的依据。通过噪声环境影响评价，可以确定建设项目的实施引起的声环境质量变化或外界噪声对需安静项目的影响程度，从而为项目优化选址、合理布局及城市规划提供科学依据。

第一节　概　　述

一、噪声的定义

噪声可从生理学、物理学、环保的角度来定义。从生理学的观点来定义，人们不需要的声音统称为噪声；从物理学的观点来定义，不和谐的声音称为噪声，它是各种不同频率和强度的声音无规则的杂乱组合，给人以烦躁的感觉，与乐音相比，它的波形曲线是无规则的。

从环保的观点来定义，环境噪声是指在工业生产、建筑施工、交通运输和社会生活中所产生的干扰周围生活环境的声音(频率为 20～20000 Hz 的可听声范围内)。

二、噪声和噪声源的分类

1. 噪声

在噪声控制学的范畴里，噪声可以从很多方面来分类。

客观环境里的噪声，如果按其总的来源可大体划分为自然噪声和人为噪声两大类。前者是大自然里人为因素之外的所有噪声，如风声、雨声等，而后者主要指随着工业和科学技术的发展，各种机械、电器和交通噪声等。

按噪声的发声机理可分为机械噪声、空气动力性噪声、电磁噪声。由于机械的撞击、摩擦、转动而产生的称为机械噪声，如织机、球磨机、电锯等发出的声音；凡高速气流、不稳定气流以及气流与物体相互作用产生的噪声称为空气动力性噪声，如通风机、空压机等发出的声音；电磁噪声是由电磁场的交替变化，引起某些机械部件或空间容积振动产生的噪声，如发电机、变压器等发出的声音。

按城市环境噪声分类，可分为交通噪声、工业噪声、建筑施工噪声、社会生活噪声。

按照声源位置是否发生变化可分为固定声和流动声。

2. 声源

声音是由物体的振动而产生的，因此凡能产生声音的振动物体统称为声源。

按照声源位置是否发生变化分为固定声源和移动声源。固定声源指在声源发声时间内，声源位置不发生移动的声源。流动声源是在声源发声时间内，声源位置按一定轨迹移动的声源。

按照噪声源辐射特性及其传播距离，可分为点声源、线声源和面声源。

(1) 点声源：以球面波形式辐射声波的声源，辐射声波的声压幅值与声波传播距离成反比。任何形状的声源，只要声波波长远远大于声源几何尺寸，该声源可视为点声源。在声环境影响评价中，声源中心到预测点之间的距离超过声源最大几何尺寸 2 倍时，可将该声源近似为点声源。

(2) 线声源：以柱面波形式辐射声波的声源，辐射声波的声压幅值与声波传播距离的平方根成反比。

(3) 面声源：以平面波形式辐射声波的声源，辐射声波的声压幅值不随传播距离改变(不考虑空气吸收)。

三、噪声污染及其特点

被测试环境的噪声级超过国家或地方规定的噪声标准限值，并影响人们的正常生活、工作、或学习的声音，就会形成噪声污染。它的特点有：①噪声污染属于物理性污染，它只会造成局部性污染，一般不会造成区域性和全球性污染，而像水污染和大气污染就会造成区域性和全球性污染；②噪声污染没有残余污染物，噪声源停止运行后，污染就立即消失；③噪声的声能是噪声源能量中很小的部分，噪声再利用的价值不大，因此人们对声能的回收并不重视；④噪声一般不直接致命或致病，它的危害是慢性的和间接的。

第二节　噪声评价的物理基础

一、描述声音的物理量

声音是一种波动，因此必然具有波的所有性质，可以用描述波动的物理量进行描述，通常用声压、波长、相位、周期、频率、声速、声能量、声强和声功率来描述。

1. 声压

当声波在空气中传播时，会形成弹性媒质(空气)的疏密相间的状态，当媒质密集时，这部分的空气压强 P 会比平衡状态下的静态压强 P_0 大，当媒质稀疏时，这部分的空气压强 P 会比平衡状态下的静态压强 P_0 小，即在声波的传播过程中，空气压强随着声波产生周期性变化。因此，可以用声扰动在空气中所产生的逾量压强 p 来表述声波的状态：$p=P-P_0$，这个逾量压强 p 称为该点的瞬时声压，单位为 Pa。

2. 相位

相位是指任一时刻 t 的质点振动状态，包括运动方向、振动位移、压强变化等，它描述的是质点运动状态。

3. 波长

在同一时刻，从某一个最稠密(或最稀疏)的地点到相邻的另一个最稠密(或最稀疏)的地点之间的距离称为声波的波长，记为λ，单位为 m。

4. 周期、频率

振动重复 1 次的最短时间间隔称为周期，记为 T，单位为 s，周期的倒数，即单位时间内的振动次数，称为频率。

5. 声速

媒质质点在声源激发下产生的振动状态在媒质中自由传播的速度称为声速，记为 c，在一定的媒质中，声速与媒质的温度有关，在空气中声速与空气温度的关系是 c=331.4+0.61t (m/s)，t 为空气媒质的温度，在实际应用中可以取 15℃空气声速即 340 m/s，就能满足一般工程的精度要求。

6. 声能量

声波在媒质中传播，一方面使媒质质点在平衡位置附近往复运动，产生动能；另一方面又使媒质产生了压缩和膨胀的疏密过程，使媒质具有形变的势能，这两部分能量之和就是声扰动使媒质得到的声能量。

7. 声强

单位时间内通过垂直于声波传播方向单位面积的平均声能量称为声强，一般用 I 表示，单位为 W/m^2。

8. 声功率

声源在单位时间内辐射的声能量称为声功率，声功率用 W 表示，单位为 W。

二、描述噪声的物理量

由于声音的强度变化范围相当宽，直接用声功率和声压的数值来表示很不方便，并且人耳对声音强度的感觉并不正比于强度的绝对值，而更接近正比于其对数值。因此，在声学中普遍使用对数标度。

1. 声压级

将有效声压 p 与基准声压 p_0 的比值，取以 10 为底的对数，再乘以 20，就是声压级的分贝数，即

$$L_p = 20\lg\frac{p}{p_0} \tag{6-1}$$

2. 声强级

声强级常用 L_I 表示，定义为

$$L_I = 10\lg\frac{I}{I_0} \tag{6-2}$$

式中：I 为声强；I_0 为基准声强。

3. 声功率级

声功率级常用 L_w 表示，定义为

$$L_w = 10\lg\frac{w}{w_0} \tag{6-3}$$

式中：w 为声功率；w_0 为基准声功率。

4. 声压级 0 的相加

声压级的相加涉及两种情况，一种是要求多个声源在某点产生的总声压级，另一种是要求某一个声源发出的各种频率声波在某点的总声压级。这就要用到声压级的相加，一般情况下，噪声是由不同频率、无固定相位差的声波组成，因此不发生干涉现象，这时声波叠加就是声波能量的叠加。

$$p_{\mathrm{T}}^2 = p_1^2 + p_2^2 + \cdots + p_n^2 \tag{6-4}$$

以两个声源为例来推导。

由声压级的定义得

$$p^2 = 10^{0.1L_p} \times p_0^2 \tag{6-5}$$

那么

$$p_{\mathrm{T}}^2 = (10^{0.1L_{p_1}} + 10^{0.1L_{p_2}}) \times p_0^2 \tag{6-6}$$

又据声压级的定义，总声压级为

$$L_{p_{\mathrm{T}}} = 10\lg\frac{p_{\mathrm{T}}^2}{p_0^2} = 10\lg(10^{0.1L_{p_1}} + 10^{0.1L_{p_2}}) \tag{6-7}$$

对应 n 个声源的一般情况有

$$L_{p_{\mathrm{T}}} = 10\lg\left(\sum_{i=1}^{n} 10^{0.1L_{p_i}}\right) \tag{6-8}$$

如果 n 个声源的声压级相等，那么有

$$L_{p_{\mathrm{T}}} = L_p + 10\lg n \tag{6-9}$$

例 6-1 在某点测得几个噪声源单独存在时的声压级分别为 84 dB、87 dB、90 dB、95 dB、96 dB、91 dB、85 dB、80 dB，求这几个噪声源同时存在时该点的总声压级是多少？

解 由 $L_{p_{\mathrm{T}}} = 10\lg\left(\sum_{i=1}^{n} 10^{0.1L_{p_i}}\right)$ 得

$$L_{p_{\mathrm{T}}} = 10\lg\left(10^{8.4} + 10^{8.7} + 10^{9.0} + 10^{9.5} + 10^{9.6} + 10^{9.1} + 10^{8.5} + 10^{8.0}\right) = 100.2\ \mathrm{dB}$$

所有的关于分贝计算的问题都是用声压级推导出来的，由于推导公式时以能量叠加原理为基础，所以所有的关于分贝计算的公式也都同样适用声强级和声功率级的运算。

三、噪声的评价量

1. 声环境质量评价量

根据《声环境质量标准》(GB 3096—2008)，声环境功能区的环境质量评价量为昼间等效声级(L_{d})、夜间等效声级(L_{n})，突发噪声的评价量为最大 A 声级($L_{\max}$)。

根据《机场周围飞机噪声环境标准》(GB 9660—1988)，机场周围区域受飞机通过(起飞、降落、低空飞越)噪声环境影响的评价量为计权等效连续感觉噪声级(L_{WECPN})。

2. 声源源强表达量

A 声功率级(L_{Aw})，或中心频率为 63～8000 Hz 8 个倍频带的声功率级(L_w)；距离声源 r 处的 A 声级[$L_{\mathrm{A}}(r)$]或中心频率为 63～8000 Hz 8 个倍频带的声压级[$L_p(r)$]；有效感觉噪声级(L_{EPN})。

3. 厂界、场界、边界噪声评价量

根据《工业企业厂界环境噪声排放标准》(GB 12348—2008)、《建筑施工场界环境噪声排放标准》(GB 12523—2011)，工业企业厂界、建筑施工场界噪声评价量为昼间等效声级(L_d)、夜间等效声级(L_n)、室内噪声倍频带声压级，频发、偶发噪声的评价量为最大 A 声级(L_{max})。

根据《铁路边界噪声限值及其测量方法》(GB 12525—1990)、《城市轨道交通车站站台声学要求和测量方法》(GB 14227—2006)，铁路边界、城市轨道交通车站站台噪声评价量为昼间等效声级(L_d)、夜间等效声级(L_n)。

根据《社会生活环境噪声排放标准》(GB 22337—2008)，社会生活噪声源边界噪声评价量为昼间等效声级(L_d)、夜间等效声级(L_n)、室内噪声倍频带声压级，非稳态噪声的评价量为最大 A 声级(L_{max})。

四、声级的计算

(1) 建设项目声源在预测点产生的等效声级贡献值(L_{eqg})的计算公式：

$$L_{eqg} = 10\lg\left(\frac{1}{T}\sum_i t_i 10^{0.1L_{Ai}}\right) \tag{6-10}$$

式中：L_{eqg}为建设项目声源在预测点的等效声级贡献值，dB(A)；L_{Ai}为 i 声源在预测点产生的 A 声级，dB(A)；T 为预测计算的时间段，s；t_i 为 i 声源在 T 时段内的运行时间，s。

(2) 预测点的预测等效声级(L_{eq})的计算公式：

$$L_{eq} = 10\lg\left(10^{0.1L_{eqg}} + 10^{0.1L_{eqb}}\right) \tag{6-11}$$

式中：L_{eqg}为建设项目声源在预测点的等效声级贡献值，dB(A)；L_{eqb}为预测点的背景值，dB(A)。

(3) 机场飞机噪声计权等效连续感觉噪声级(L_{WECPN})的计算公式：

$$L_{WECPN} = \overline{L_{EPN}} + 10\lg\left(N_1 + 3N_2 + 10N_3\right) - 39.4 \tag{6-12}$$

式中：N_1为 7：00～19：00 对某个预测点声环境产生噪声影响的飞行架次；N_2为 19：00～22：00 对某个预测点声环境产生噪声影响的飞行架次；N_3为 22：00～7：00 对某个预测点声环境产生噪声影响的飞行架次；$\overline{L_{EPN}}$为 N 次飞行有效感觉噪声级能量平均值($N = N_1 + N_2 + N_3$)，dB。

$\overline{L_{EPN}}$的计算公式：

$$\overline{L_{EPN}} = 10\lg\left(\frac{1}{N_1 + N_2 + N_3}\sum_i\sum_j 10^{0.1L_{EPNij}}\right) \tag{6-13}$$

式中：L_{EPNij}为 j 航路，第 i 架次飞机在预测点产生的有效感觉噪声级，dB。

第三节　声环境影响评价的基本任务和工作程序

一、声环境影响评价的评价类别

声环境影响评价按评价对象划分，可分为建设项目声源对外环境的环境影响评价和外环境声源对需要安静建设项目的环境影响评价。

二、声环境影响评价的评价时段

根据建设项目实施过程中噪声的影响特点，可按施工期和运行期分别开展声环境影响评价。

运行期声源为固定声源时，固定声源投产运行后作为环境影响评价时段；运行期声源为流动声源时，将工程预测的代表性时段(一般分为运行近期、中期、远期)分别作为环境影响评价时段。

三、声环境影响评价标准

1. 《环境影响评价技术导则 声环境》(HJ 2.4—2021)

该导则规定了声环境影响评价工作的一般性原则、内容、工作程序、方法和要求，适用于建设项目声环境影响评价及规划环境影响评价中的声环境影响评价。

2. 《声环境质量标准》(GB 3096—2008)

本标准规定了五类声环境功能区的环境噪声限值(表 6-1)及测量方法，适用于声环境质量评价与管理。机场周围区域受飞机通过(起飞、降落、低空飞越)噪声的影响，不适用于本标准。

表 6-1 环境噪声限值 单位：dB(A)

<table>
<tr><th colspan="2" rowspan="2">声环境功能区类别</th><th colspan="2">时段</th></tr>
<tr><th>昼间</th><th>夜间</th></tr>
<tr><td colspan="2">0 类</td><td>50</td><td>40</td></tr>
<tr><td colspan="2">1 类</td><td>55</td><td>45</td></tr>
<tr><td colspan="2">2 类</td><td>60</td><td>50</td></tr>
<tr><td colspan="2">3 类</td><td>65</td><td>55</td></tr>
<tr><td rowspan="2">4 类</td><td>4a 类</td><td>70</td><td>55</td></tr>
<tr><td>4b 类</td><td>70</td><td>60</td></tr>
</table>

注：1. 4b 类声环境功能区环境噪声限值，适用于 2011 年 1 月 1 日起环境影响评价文件通过审批的新建铁路(含新开廊道的增建铁路)干线建设项目两侧区域。

2. 在下列情况下，铁路干线两侧区域不通过列车时的环境背景噪声限值，按昼间 70 dB(A)、夜间 55 dB(A)执行：

(1) 穿越城区的既有铁路干线。

(2) 对穿越城区的既有铁路干线进行改建、扩建的铁路建设项目。

既有铁路是指 2010 年 12 月 31 日前已建成运营的铁路或环境影响评价文件已通过审批的铁路建设项目。

3. 各类声环境功能区夜间突发噪声，其最大声级超过环境噪声限值的幅度不得高于 15 dB(A)。

按区域的使用功能特点和环境质量要求，声环境功能区分为以下五种类型。

0 类声环境功能区：指康复疗养区等特别需要安静的区域。

1 类声环境功能区：指以居民住宅、医疗卫生、文化教育、科研设计、行政办公为主要功能，需要保持安静的区域。

2 类声环境功能区：指以商业金融、集市贸易为主要功能，或者居住、商业、工业混杂，需要维护住宅安静的区域。

3 类声环境功能区：指以工业生产、仓储物流为主要功能，需要防止工业噪声对周围环境产生严重影响的区域。

4 类声环境功能区：指交通干线两侧一定距离之内，需要防止交通噪声对周围环境产生严重影响的区域，包括 4a 类和 4b 类两种类型。4a 类为高速公路、一级公路、二级公路、城市快速路、城市主干路、城市次干路、城市轨道交通(地面段)、内河航道两侧区域；4b 类为铁路干线两侧区域。

3.《工业企业厂界环境噪声排放标准》(GB 12348—2008)

本标准规定了工业企业和固定设备厂界环境噪声排放限值及其测量方法，适用于工业企业噪声排放的管理、评价及控制。机关、事业单位、团体等对外环境排放噪声的单位也按本标准执行。表6-2列出了工业企业厂界环境噪声排放限值。

表6-2　工业企业厂界环境噪声排放限值　单位：dB(A)

厂界外声环境功能区类别	时段		厂界外声环境功能区类别	时段	
	昼间	夜间		昼间	夜间
0	50	40	3	65	55
1	55	45	4	70	55
2	60	50			

注：1. 夜间频发噪声的最大声级超过限值的幅度不得高于10 dB(A)。

2. 夜间偶发噪声的最大声级超过限值的幅度不得高于15 dB(A)。

3. 工业企业若位于未划分声环境功能区的区域，当厂界外有噪声敏感建筑物时，由当地县级以上人民政府参照《声环境质量标准》和《声环境功能区划分技术规范》(GB/T 15190—2014)的规定确定厂界外区域的声环境质量要求，并执行相应的厂界环境噪声排放限值。

4. 当厂界与噪声敏感建筑物距离小于1 m时，厂界环境噪声应在噪声敏感建筑物的室内测量，并将表6-2中相应的限值减10 dB(A)作为评价依据。

4.《社会生活环境噪声排放标准》(GB 22337—2008)

本标准规定了营业性文化娱乐场所和商业经营活动中可能产生环境噪声污染的设备、设施边界噪声排放限值和测量方法。适用于对营业性文化娱乐场所、商业经营活动中使用的向环境排放噪声的设备、设施的管理、评价与控制。

社会生活噪声排放源边界噪声不得超过表6-3规定的排放限值。

表6-3　社会生活噪声排放源边界噪声排放限值　单位：dB(A)

边界外声环境功能区类别	时段	
	昼间	夜间
0类	50	40
1类	55	45
2类	60	50
3类	65	55
4类	70	55

注：1. 在社会生活噪声排放源边界处无法进行噪声测量或测量的结果不能如实反映其对噪声敏感建筑物的影响程度的情况下，噪声测量应在可能受影响的敏感建筑物窗外1 m处进行。

2. 当社会生活噪声排放源边界与噪声敏感建筑物距离小于1 m时，应在噪声敏感建筑物的室内测量，并将表6-3中相应的限值减10 dB(A)作为评价依据。

5.《建筑施工场界环境噪声排放标准》(GB 12523—2011)

本标准规定了建筑施工场界环境噪声排放限值和测量方法；适用于周围有噪声敏感建筑物施工噪声排放的管理、评价及控制。市政、通信、交通、水利等其他类型的施工噪声排放可参照本标准执行；不适用于抢修、抢险施工过程中产生噪声的排放监管。

建筑施工过程中场界环境噪声不得超过表6-4规定的排放限值。

表 6-4　建筑施工场界环境噪声排放限值　单位：dB(A)

昼间	夜间
70	55

注：1. 夜间噪声最大声级超过限值的幅度不得高于 15 dB(A)。

2. 当场界距噪声敏感建筑物较近，其室外不满足测量条件时，可在噪声敏感建筑物室内测量，并将表 6-4 中相应的限值减 10 dB(A)作为评价依据。

四、声环境影响评价的基本任务

(1) 评价建设项目实施引起的声环境质量的变化和外界噪声对需要安静建设项目的影响程度。

(2) 提出合理可行的防治措施，把噪声污染降低到允许水平。

(3) 为建设项目优化选址、选线、合理布局以及城市规划提供科学依据。

五、声环境影响评价的工作程序

声环境影响评价的工作程序见图 6-1。

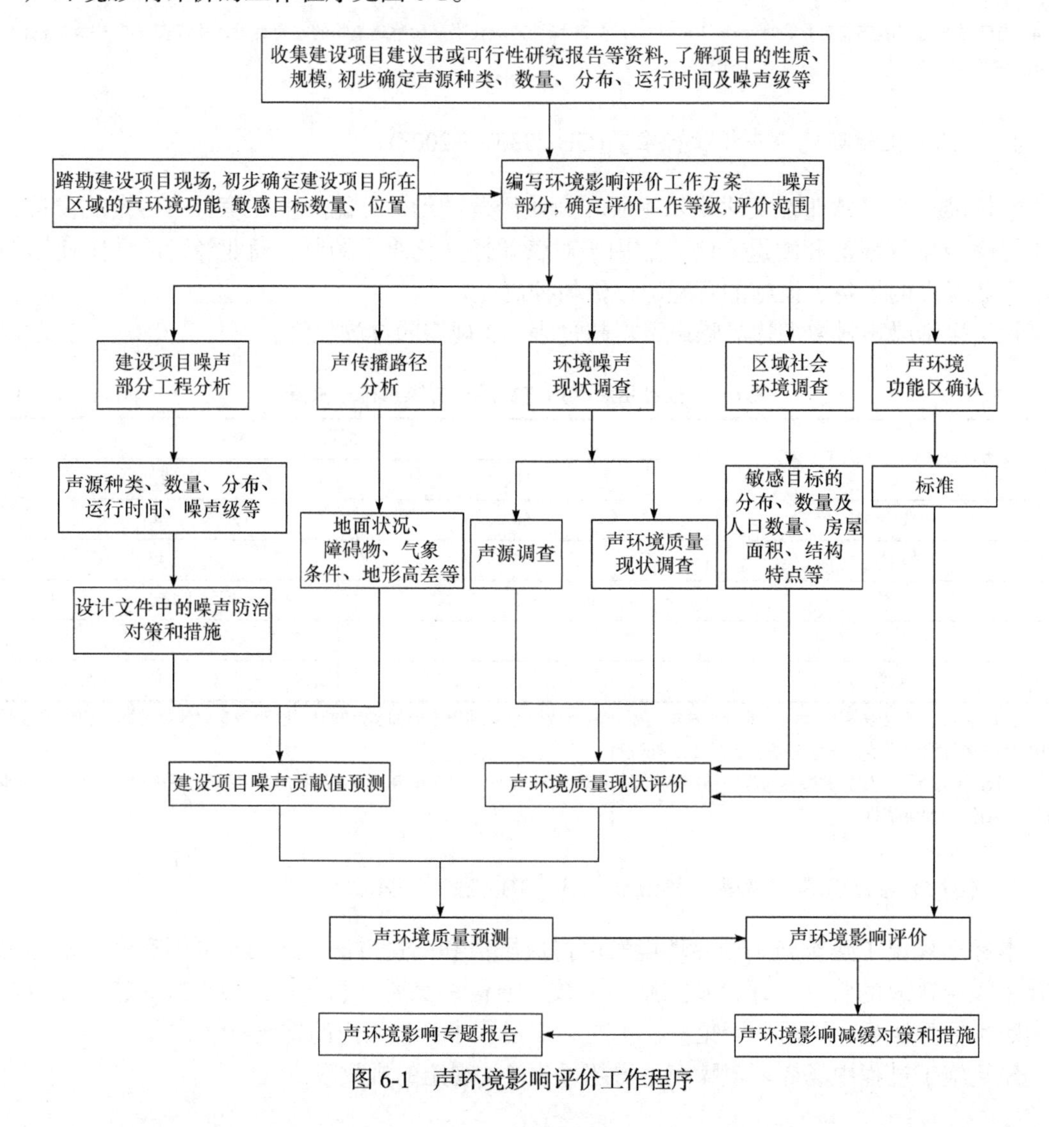

图 6-1　声环境影响评价工作程序

第四节　声环境影响评价的工作等级和评价范围

一、声环境影响评价工作等级的划分依据

声环境影响评价工作等级的划分依据包括：

(1) 建设项目所在区域的声环境功能区类别。

(2) 建设项目建设前后所在区域的声环境质量变化程度。

(3) 受建设项目影响人口的数量。

二、声环境影响评价工作等级划分的基本原则

声环境影响评价工作等级一般分为三级，一级为详细评价，二级为一般性评价，三级为简要评价。

1. 一级评价

评价范围内有适用于《声环境质量标准》(GB 3096—2008)规定的 0 类声环境功能区域，以及对噪声有特别限制要求的保护区等敏感目标，或建设项目建设前后评价范围内敏感目标噪声级增高量达 5 dB(A)以上[不含 5 dB(A)]，或受影响人口数量显著增多时，按一级评价。

2. 二级评价

建设项目所处的声环境功能区为《声环境质量标准》规定的 1 类、2 类地区，或建设项目建设前后评价范围内敏感目标噪声级增高量达 3～5 dB(A)，或受噪声影响人口数量增加较多时，按二级评价。

3. 三级评价

建设项目所处的声环境功能区为《声环境质量标准》规定的 3 类、4 类地区，或建设项目建设前后评价范围内敏感目标噪声级增高量在 3 dB(A)以下[不含 3 dB(A)]，且受影响人口数量变化不大时，按三级评价。

在确定评价工作等级时，如建设项目符合两个以上级别的划分原则，按较高级别的评价等级评价。

三、声环境影响的评价范围

声环境影响评价范围一般依据评价工作等级确定。

(1) 对于以固定声源为主的建设项目(如工厂、港口、施工工地、铁路站场等)。

满足一级评价的要求，一般以建设项目边界向外 200 m 为评价范围；二级、三级评价范围可根据建设项目所在区域和相邻区域的声环境功能区类别及敏感目标等实际情况适当缩小。如依据建设项目声源计算得到的贡献值到 200 m 处，仍不能满足相应功能区标准值时，应将评价范围扩大到满足标准值的距离。

(2) 城市道路、公路、铁路、城市轨道交通地上线路和水运线路等建设项目。

满足一级评价的要求，一般以道路中心线外两侧 200 m 以内为评价范围；二级、三级评价范围可根据建设项目所在区域和相邻区域的声环境功能区类别及敏感目标等实际情况适当

缩小。如依据建设项目声源计算得到的贡献值到 200 m 处，仍不能满足相应功能区标准值时，应将评价范围扩大到满足标准值的距离。

(3) 机场项目噪声评价范围按如下方法确定。

(a) 机场项目按照每条跑道承担飞行量进行评价范围划分：对于单跑道项目，以机场整体的吞吐量及起降架次判定机场噪声评价范围，对于多跑道机场，根据各条跑道分别承担的飞行量情况各自划定机场噪声评价范围并取合集。

单跑道机场，机场噪声评价范围应是以机场跑道两端、两侧外扩一定距离形成的矩形范围；

对于全部跑道均为平行构型的多跑道机场，机场噪声评价范围应是各条跑道外扩一定距离 后的最远范围形成的矩形范围；

对于存在交叉构型的多跑道机场，机场噪声评价范围应为平行跑道(组)与交叉跑道的合集范围。

(b)对于增加跑道项目或变更跑道位置项目(例如现有跑道变为滑行道或新建一条跑道)，在现状机场噪声影响评价和扩建机场噪声影响评价工作中，可分别划定机场噪声评价范围。

(c) 机场噪声评价范围应不小于计权等效连续感觉噪声级 70 dB 等声级线范围。

(d) 不同飞行量机场推荐噪声评价范围见《环境影响评价技术导则 声环境》(HJ 2.4—2021)中表 2。

第五节　声环境影响评价的基本要求

一、一级评价的基本要求

在工程分析中，给出建设项目对环境有影响的主要声源的数量、位置和声源源强，并在标有比例尺的图中标识固定声源的具体位置或流动声源的路线、跑道等位置。在缺少声源源强的相关资料时，应通过类比测量取得，并给出类比测量的条件。

评价范围内具有代表性的敏感目标的声环境质量现状需要实测。对实测结果进行评价，并分析现状声源的构成及其对敏感目标的影响。

噪声预测应覆盖全部敏感目标，给出各敏感目标的预测值及厂界(或场界、边界)噪声值。固定声源评价、机场周围飞机噪声评价、流动声源经过城镇建成区和规划区路段的评价应绘制等声级线图，当敏感目标高于(含)三层建筑时，还应绘制垂直方向的等声级线图。给出建设项目建成后不同类别的声环境功能区内受影响的人口分布、噪声超标的范围和程度。

工程预测的不同代表性时段噪声级可能发生变化的建设项目，应分别预测其不同时段的噪声级。

工程可行性研究和评价中提出的不同选址(选线)和建设布局方案，应根据不同方案噪声影响人口的数量和噪声影响的程度进行比选，并从声环境保护角度提出最终的推荐方案。

针对建设项目的工程特点和所在区域的环境特征提出噪声防治措施，并进行经济、技术可行性论证，明确防治措施的最终降噪效果和达标分析。

二、二级评价的基本要求

在工程分析中，给出建设项目对环境有影响的主要声源的数量、位置和声源源强，并在标有比例尺的图中标识固定声源的具体位置或流动声源的路线、跑道等位置。在缺少声源源强的相关资料时，应通过类比测量取得，并给出类比测量的条件。

评价范围内具有代表性的敏感目标的声环境质量现状以实测为主，可适当利用评价范围内已有的声环境质量监测资料，并对声环境质量现状进行评价。

噪声预测应覆盖全部敏感目标，给出各敏感目标的预测值及厂界(或场界、边界)噪声值。根据评价需要绘制等声级线图。给出建设项目建成后不同类别的声环境功能区内受影响的人口分布、噪声超标的范围和程度。

工程预测的不同代表性时段噪声级可能发生变化的建设项目，应分别预测其不同时段的噪声级。

从声环境保护角度对工程可行性研究和评价中提出的不同选址(选线)和建设布局方案的环境合理性进行分析。

针对建设项目的工程特点和所在区域的环境特征提出噪声防治措施，并进行经济、技术可行性论证，给出防治措施的最终降噪效果和达标分析。

三、三级评价的基本要求

在工程分析中，给出建设项目对环境有影响的主要声源的数量、位置和声源源强，并在标有比例尺的图中标识固定声源的具体位置或流动声源的路线、跑道等位置。在缺少声源源强的相关资料时，应通过类比测量取得，并给出类比测量的条件。

重点调查评价范围内主要敏感目标的声环境质量现状，可利用评价范围内已有的声环境质量监测资料，若无现状监测资料时应进行实测，并对声环境质量现状进行评价。

噪声预测应给出建设项目建成后各敏感目标的预测值及厂界(或场界、边界)噪声值，分析敏感目标受影响的范围和程度。

针对建设项目的工程特点和所在区域的环境特征提出噪声防治措施，并进行达标分析。

第六节　声环境质量现状监测与评价

一、声环境现状监测

1. 监测点布设原则

(1) 现状测点布置应覆盖整个评价范围，包括厂界(或场界、边界)和敏感目标。当敏感目标高于(含)三层建筑时，还应选取有代表性的不同楼层设置测点。

(2) 若评价范围内没有明显的声源(如工业噪声、交通运输噪声、建设施工噪声、社会生活噪声等)，可选择有代表性的区域布设测点。

(3) 评价范围内有明显的声源，并对敏感目标的声环境质量有影响，或建设项目为改扩建工程时，应根据声源种类采取不同的监测布点原则。

(a) 当声源为固定声源，现状测点应重点布设在可能受到现有声源影响，又受到建设项目声源影响的敏感目标处，以及有代表性的敏感目标处；为满足预测需要，也可在距离现有声源不同距离处设衰减测点。

(b) 当声源为流动声源，且呈现线声源特点时，现状测点位置选取应兼顾敏感目标的分布状况、工程特点及线声源噪声影响随距离衰减的特点，布设在具有代表性的敏感目标处。为满足预测需要，也可选取若干线声源的垂线，在垂线上距声源不同距离处布设监测点。其余敏感目标的现状声级可通过具有代表性的敏感目标噪声的验证和计算求得。

(c) 对于改扩建机场工程，测点一般布设在主要敏感目标处，测点数量可根据机场飞行量及周围敏感目标情况确定，现有单条跑道、两条跑道或三条跑道的机场可分别布设 3～9、9～14 或 12～18 个飞机噪声测点，跑道增多可进一步增加测点。其余敏感目标的现状飞机噪声声级通过测点飞机噪声声级的验证和计算求得。

2. 监测时间

《环境影响评价技术导则 声环境》对噪声现状监测的时段做出了如下的规定。

(1) 应在声源正常运转或运行工况的条件下测量。

(2) 每一测点，应分别进行昼间、夜间的测量。

(3) 对于噪声起伏较大的情况(如道路交通噪声、铁路噪声、飞机场噪声)，应适当增加昼间、夜间的测量次数，或进行昼夜 24 h 的连续监测。机场噪声必要时要进行一个飞行周期(一般为一周)的监测。

二、声环境现状评价

根据声功能区划即声环境质量标准的要求和噪声现状的监测结果，对评价范围内环境噪声现状进行评价。

(1) 以图、表结合的方式给出评价范围内的声环境功能区及其划分情况，以及现有敏感目标的分布情况。

(2) 分析评价范围内现有声源种类、数量及相应的噪声级、噪声特性等。

(3) 分析评价各功能区内各敏感目标的超、达标情况，说明其受到现有主要声源的影响状况。

(4) 给出不同类别的声环境功能区噪声超标范围内的人口数及分布情况。

第七节　声环境影响预测

一、声环境影响预测的基本要求

1. 预测范围

预测范围应与评价范围相同。

2. 预测点的确定原则

建设项目厂界(或场界、边界)和评价范围内的敏感目标应作为预测点。

3. 预测需要的基础资料

1) 建设项目的声源资料

建设项目的声源资料主要包括：声源种类、数量、空间位置、噪声级、频率特性、发声持续时间和对敏感目标的作用时间段等。

2) 影响声波传播的各类参量

影响声波传播的各类参量应通过资料收集和现场调查取得，各类参量如下。

(1) 建设项目所处区域的年平均风速和主导风向、年平均气温、年平均相对湿度。

(2) 声源和预测点间的地形、高差。

(3) 声源和预测点间障碍物(如建筑物、围墙等；若声源位于室内，还包括门、窗等)的位置及长、宽、高等数据。

(4) 声源和预测点间树林、灌木等的分布情况，地面覆盖情况(如草地、水面、水泥地面、土质地面等)。

二、声环境影响预测的步骤

(1) 建立坐标系，确定各声源坐标和预测点坐标，并根据声源性质以及预测点与声源之间的距离等情况，把声源简化成点声源，或线声源，或面声源。

(2) 根据已获得的声源源强的数据和各声源到预测点的声波传播条件资料，计算出噪声从各声源传播到预测点的声衰减量，由此计算出各声源单独作用在预测点时产生的 A 声级(L_{Ai})或有效感觉噪声级(L_{EPN})。

(3) 按工作等级要求绘制等声级线图。等声级线的间隔应不大于 5 dB(一般选 5 dB)。对于 L_{eq} 等声级线最低值应与相应功能区夜间标准值一致，最高值可为 75 dB；对于 L_{WECPN} 一般应有 70 dB、75 dB、80 dB、85 dB、90 dB 的等声级线。

三、预测内容

1. 工业噪声预测

1) 固定声源分析

(1) 主要声源的确定。分析建设项目的设备类型、型号、数量，并结合设备类型、设备和工程边界、敏感目标的相对位置确定工程的主要声源。

(2) 声源的空间分布。依据建设项目平面布置图、设备清单及声源源强等资料，标明主要声源的位置。建立坐标系，确定主要声源的三维坐标。

(3) 声源的分类。将主要声源划分为室内声源和室外声源两类。

(4) 确定室外声源的源强和运行的时间及时间段。当有多个室外声源时，为简化计算，可视情况将数个声源组合为声源组团，然后按等效声源进行计算。

(5) 对于室内声源，需分析围护结构的尺寸及使用的建筑材料，确定室内声源源强和运行的时间及时间段。

(6) 编制主要声源汇总表。以表格形式给出主要声源的分类、名称、型号、数量、坐标位置等，声功率级或某一距离处的倍频带声压级、A 声级。

2) 声波传播途径分析

列表给出主要声源和敏感目标的坐标或相互间的距离、高差，分析主要声源和敏感目标之间声波的传播路径，给出影响声波传播的地面状况、障碍物、树林等。

3) 预测内容

按不同评价工作等级的基本要求，选择以下工作内容分别进行预测，给出相应的预测结果。

(1) 厂界(或场界、边界)噪声预测。预测厂界噪声，给出厂界噪声的最大值及位置。

(2) 敏感目标噪声预测。预测敏感目标的贡献值、预测值、预测值与现状噪声值的差值，敏感目标所处声环境功能区的声环境质量变化，敏感目标所受噪声影响的程度，确定噪声影响的范围，并说明受影响人口的分布情况。

当敏感目标高于(含)三层建筑时，还应预测有代表性的不同楼层所受的噪声影响。

(3) 绘制等声级线图。绘制等声级线图，说明噪声超标的范围和程度。

(4) 根据厂界(场界、边界)和敏感目标受影响的状况，明确影响厂界(场界、边界)和周围声环境功能区声环境质量的主要声源，分析厂界和敏感目标的超标原因。

4) 预测模式

预测模式详见《环境影响评价技术导则 声环境》附录A。

2. 公路、城市道路交通运输噪声预测

1) 预测参数

(1) 工程参数。

明确公路(或城市道路)建设项目各路段的工程内容，路面的结构、材料、坡度、标高等参数；明确公路(或城市道路)建设项目各路段昼间和夜间各类型车辆的比例、平均车流量、高峰车流量、车速。

(2) 声源参数。

车型分类见表6-5，利用相关模式计算各类型车的声源源强，也可通过类比测量进行修正。

表6-5 车型分类

车型	总质量(GVM)/t	所属类别
小	≤3.5	M_1，M_2，N_1
中	3.5～12	M_2，M_3，N_2
大	＞12	N_3

(3) 敏感目标参数。

根据现场实际调查，给出公路(或城市道路)建设项目沿线敏感目标的分布情况，各敏感目标的类型、名称、规模、所在路段、桩号(里程)、与路基的相对高差及建筑物的结构、朝向和层数等。

2) 声传播途径分析

列表给出声源和预测点之间的距离、高差，分析声源和预测点之间的传播路径，给出影响声波传播的地面状况、障碍物、树林等。

3) 预测内容

预测各预测点的贡献值、预测值、预测值与现状噪声值的差值，预测高层建筑有代表性的不同楼层所受的噪声影响。按贡献值绘制代表性路段的等声级线图，分析敏感目标所受噪声影响的程度，确定噪声影响的范围，并说明受影响人口的分布情况。给出满足相应声环境功能区标准要求的距离。

依据评价工作等级要求，给出相应的预测结果。

4) 预测模式

预测模式详见《环境影响评价技术导则 声环境》附录A。

3. 铁路、城市轨道交通噪声预测

1) 预测参数

(1) 工程参数。

明确铁路(或城市轨道交通)建设项目各路段的工程内容，分段给出线路的技术参数，包括线路型式、轨道和道床结构等。

(2) 车辆参数。

铁路列车可分为旅客列车、货物列车、动车组三大类，牵引类型主要有内燃牵引、电力牵引两大类；城市轨道交通可按车型进行分类。分段给出各类型列车昼间和夜间的开行对数、编组情况及运行速度等参数。

(3) 声源源强参数。

不同类型(或不同运行状况下)列车的声源源强，可参照国家相关部门的规定确定，无相关规定的应根据工程特点通过类比监测确定。

(4) 敏感目标参数。

根据现场实际调查，给出铁路(或城市轨道交通)建设项目沿线敏感目标的分布情况，各敏感目标的类型、名称、规模、所在路段、桩号(里程)、与路基的相对高差及建筑物的结构、朝向和层数等。视情况给出铁路边界范围内的敏感目标情况。

2) 声传播途径分析

列表给出声源和预测点间的距离、高差，分析声源和预测点之间的传播路径，给出影响声波传播的地面状况、障碍物、树林等。

3) 预测内容

预测内容要求与公路、城市道路交通运输噪声预测相同。

4) 预测模式

预测模式详见《环境影响评价技术导则 声环境》附录 A。

4. 机场飞机噪声预测

1) 预测参数

(1) 工程参数。

(a) 机场跑道参数。跑道的长度、宽度、坐标、坡度、数量、间距、方位及海拔高度。

(b) 飞行参数。机场年日平均飞行架次；机场不同跑道和不同航向的飞机起降架次，机型比例，昼间、傍晚、夜间的飞行架次比例；飞行程序(起飞、降落、转弯的地面航迹)；爬升、下滑的垂直剖面。

(2) 声源参数。

利用国际民航组织和飞机生产厂家提供的资料，获取不同型号发动机飞机的功率-距离-噪声特性曲线，或按国际民航组织规定的监测方法进行实际测量。

(3) 气象参数。

气象参数包括机场的年平均风速、年平均温度、年平均湿度、年平均气压。

(4) 地面参数。

分析飞机噪声影响范围内的地面状况(坚实地面、疏松地面、混合地面)。

2) 预测的评价量

根据《机场周围飞机噪声环境标准》(GB 9660—1988)的规定，预测的评价量为 L_{WECPN}。

3) 预测范围

L_{WECPN}等值线应预测到 70 dB。

4) 预测内容

在 1∶50 000 或 1∶10 000 地形图上给出 L_{WECPN}为 70 dB、75 dB、80 dB、85 dB、90 dB 的等声级线图，同时给出评价范围内敏感目标的 L_{WECPN}。给出不同声级范围内的面积、户数、人口。

依据评价工作等级要求，给出相应的预测结果。

5) 预测模式

改扩建项目应进行飞机噪声现状监测值和预测模式计算值符合性的验证，给出误差范围。预测模式详见《环境影响评价技术导则 声环境》附录 A。

5. 施工场地、调车场、停车场等噪声预测

1) 预测参数

(1) 工程参数。

给出施工场地、调车场、停车场等的范围。

(2) 声源参数。

根据工程特点，确定声源的种类。

(a) 固定声源。给出主要设备名称、型号、数量、声源源强、运行方式和运行时间。

(b) 流动声源。给出主要设备型号、数量、声源源强、运行方式、运行时间、移动范围和路径。

2) 声传播途径分析

根据不同种类的声源，分别分析。

3) 预测内容

(1) 根据建设项目工程的特点，分别预测固定声源和流动声源对场界(或边界)、敏感目标的噪声贡献值，进行叠加后作为最终的噪声贡献值。

(2) 根据评价工作等级要求，给出相应的预测结果。

4) 预测模式

依据声源的特征，选择相应的预测计算模式，详见《环境影响评价技术导则 声环境》附录 A。

6. 敏感建筑建设项目声环境影响预测

1) 预测参数

(1) 工程参数。

给出敏感建筑建设项目(如居民区、学校、科研单位等)的地点、规模、平面布置图等，明确属于建设项目的敏感建筑物的位置、名称、范围等参数。

(2) 声源参数。

(a) 建设项目声源。对建设项目的空调、冷冻机房、冷却塔、供水、供热、通风机、停车场、车库等设施进行分析，确定主要声源的种类、源强及位置。

(b) 外环境声源。对建设项目周边的机场、铁路、公路、航道、工厂等进行分析，给出外环境对建设项目有影响的主要声源的种类、源强及位置。

2) 声传播途径分析

以表格形式给出建设项目声源和预测点(包括属于建设项目的敏感建筑物和建设项目周边的敏感目标)间的坐标、距离、高差，以及外环境声源和预测点(属于建设项目的敏感建筑物)之间的坐标、距离、高差，分别分析两部分声源和预测点之间的传播路径。

3) 预测内容

(1) 敏感建筑建设项目声环境影响预测应包括建设项目声源对项目及外环境的影响预测和外环境(如周边公路、铁路、机场、工厂等)对敏感建筑建设项目的环境影响预测两部分内容。

(2) 分别计算建设项目主要声源对属于建设项目的敏感建筑和建设项目周边的敏感目标的噪声影响，同时计算外环境声源对属于建设项目的敏感建筑的噪声影响，属于建设项目的敏感建筑所受的噪声影响是建设项目主要声源和外环境声源影响的叠加。

(3) 根据评价工作等级要求，给出相应的预测结果。

4) 预测模式

根据不同声源的特点，选择相应的模式进行计算，具体计算过程可参见《环境影响评价技术导则 声环境》附录 A。

四、预测方法

1. 户外声传播衰减计算

1) 基本公式

户外声传播衰减包括几何发散(A_{div})、大气吸收(A_{atm})、地面效应(A_{gr})、屏障屏蔽(A_{bar})、其他多方面效应(A_{misc})引起的衰减。

(1) 在环境影响评价中，应根据声源声功率级或靠近声源某一参考位置处的已知声级(如实测得到的)、户外声传播衰减，计算距离声源较远处的预测点的声级。在已知距离无指向性点声源参考点 r_0 处的倍频带(用 63～8000 Hz 的 8 个标称倍频带中心频率)声压级和计算出参考点(r_0)和预测点 L 处之间的户外声传播衰减后，预测点 8 个倍频带声压级可分别计算。

$$L_p(r) = L_p(r_0)+D_C-(A_{div} + A_{atm} + A_{bar} + A_{gr} + A_{misc}) \tag{6-14}$$

式中：D_C 为指向性校正，dB。

(2) 预测点的 A 声级可将 8 个倍频带声压级合成，计算出预测点的 A 声级[$L_A(r)$]。

$$L_A(r) = 10\lg\left(\sum_{i=1}^{8}10^{0.1[L_{p_i}(r)-\Delta L_i]}\right) \tag{6-15}$$

式中：L_{p_i} 为预测点(r)处，第 i 倍频带声压级，dB；ΔL_i 为第 i 倍频带的 A 计权网络修正值，dB。

(3) 在只考虑几何发散衰减时，可用式(6-16)计算：

$$L_A(r) = L_A(r_0) - A_{div} \tag{6-16}$$

2) 几何发散引起的衰减(A_{div})

(1) 点声源的几何发散衰减。

(a) 无指向性点声源几何发散衰减的基本公式为

$$L_p(r) = L_p(r_0) - 20\lg(r/r_0) \tag{6-17}$$

式(6-17)中第二项表示点声源的几何发散衰减：

$$A_{div} = 20\lg(r/r_0) \tag{6-18}$$

如果已知点声源的倍频带声功率级 L_w 或 A 声功率级(L_{Aw})，且声源处于自由声场，则

$$L_p(r) = L_w - 20\lg(r) - 11 \tag{6-19}$$

$$L_A(r) = L_{Aw} - 20\lg(r) - 11 \tag{6-20}$$

如果声源处于半自由声场，则式(6-17)等效为式(6-21)或式(6-22)：

$$L_p(r) = L_w - 20\lg(r) - 8 \tag{6-21}$$

$$L_A(r) = L_{Aw} - 20\lg(r) - 8 \tag{6-22}$$

(b) 具有指向性点声源几何发散衰减的计算公式。

声源在自由空间中辐射声波时，其强度分布的一个主要特性是指向性。例如，喇叭发声，其喇叭正前方声音大，而侧面或背面就小。

对于自由空间的点声源，其在某一 θ 方向上距离 r 处的倍频带声压级[$L_p(r)_\theta$]：

$$L_p(r)_\theta = L_w - 20\lg r + D_{I_\theta} - 11 \tag{6-23}$$

式中：D_{I_θ} 为 θ 方向上的指向性指数，$D_{I_\theta} = 10\lg R_\theta$，$R_\theta$ 为指向性因数，$R_\theta = I_\theta / I$，I 为所有方向上的平均声强，$\mathrm{W/m^2}$，I_θ 为某一 θ 方向上的声强，$\mathrm{W/m^2}$。

计算具有指向性点声源几何发散衰减时，$L_p(r)$与 $L_p(r_0)$必须是在同一方向上的倍频带声压级。

(c) 反射体引起的修正(ΔL_r)。

当点声源与预测点处在反射体同侧附近时，到达预测点的声级是直达声与反射声叠加的结果，从而使预测点声级增高。

(2) 线声源的几何发散衰减。

(a) 无限长线声源。

无限长线声源几何发散衰减的基本公式为

$$L_p(r) = L_p(r_0) - 10\lg(r/r_0) \tag{6-24}$$

式(6-24)中第二项表示无限长线声源的几何发散衰减：

$$A_{\mathrm{div}} = 10\lg(r/r_0) \tag{6-25}$$

(b) 有限长线声源。

如图 6-2 所示，设线声源长度为 l_0，单位长度线声源辐射的倍频带声功率级为 L_w。在线声源垂直平分线上距声源 r 处的声压级为

$$L_p(r) = L_w + 10\lg\left[\frac{1}{r}\arctan\left(\frac{l_0}{2r}\right)\right] - 8 \tag{6-26}$$

或

$$L_p(r) = L_p(r_0) + 10\lg\left[\frac{\frac{1}{r}\arctan\left(\frac{l_0}{2r}\right)}{\frac{1}{r_0}\arctan\left(\frac{l_0}{2r_0}\right)}\right] \tag{6-27}$$

当 $r>l_0$ 且 $r_0>l_0$ 时，可近似简化为

$$L_p(r)=L_p(r_0)-20\lg(r/r_0) \tag{6-28}$$

即在有限长线声源的远场，有限长线声源可当作点声源处理。

当 $r<l_0/3$ 且 $r_0<l_0/3$ 时，可近似简化为

$$L_p(r)=L_p(r_0)-10\lg(r/r_0) \tag{6-29}$$

即在近场区，有限长线声源可当作无限长线声源处理。

当 $l_0/3<r<l_0$，且 $l_0/3<r_0<l_0$ 时，可作近似计算：

$$L_p(r)=L_p(r_0)-15\lg(r/r_0) \tag{6-30}$$

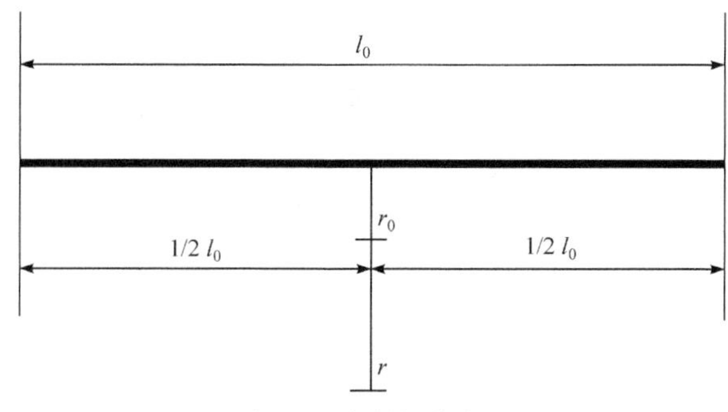

图 6-2　有限长线声源

(3) 面声源的几何发散衰减。

一个大型机器设备的振动表面、车间透声的墙壁，均可以认为是面声源。如果已由无数点声源连续分布组合而成，其合成声级可按能量叠加法求出。

图 6-3 给出了长方形面声源中心轴线上的声衰减曲线。当预测点和面声源中心距离 r 处于以下条件时，可按下述方法近似计算：$r<a/\pi$ 时，几乎不衰减($A_{\text{div}}\approx 0$)；当 $a/\pi<r<b/\pi$ 时，距离加倍衰减 3 dB 左右，类似线声源衰减特性[$A_{\text{div}}\approx 10\lg(r/r_0)$]；当 $r>b/\pi$ 时，距离加倍衰减趋近于 6 dB，类似点声源衰减特性[$A_{\text{div}}\approx 20\lg(r/r_0)$]。其中面声源的 $b>a$。图 6-3 中虚线为实际衰减量。

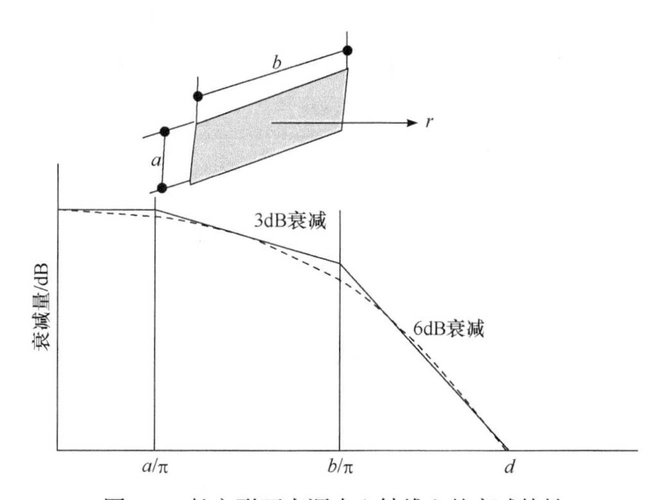

图 6-3　长方形面声源中心轴线上的衰减特性

3) 大气吸收引起的衰减(A_{atm})

大气吸收引起的衰减按式(6-31)计算：

$$A_{atm}=\frac{a(r-r_0)}{1000} \tag{6-31}$$

式中：a 为温度、湿度和声波频率的函数。预测计算中一般根据建设项目所处区域常年平均气温和湿度选择相应的大气吸收衰减系数(表 6-6)。

表 6-6　倍频带噪声的大气吸收衰减系数α

温度/℃	相对湿度/%	大气吸收衰减系数 α/(dB/km)							
		倍频带中心频率/Hz							
		63	125	250	500	1000	2000	4000	8000
10	70	0.1	0.4	1.0	1.9	3.7	9.7	32.8	117.0
20	70	0.1	0.3	1.1	2.8	5.0	9.0	22.9	76.6
30	70	0.1	0.3	1.0	3.1	7.4	12.7	23.1	59.3
15	20	0.3	0.6	1.2	2.7	8.2	28.2	28.8	202.0
15	50	0.1	0.5	1.2	2.2	4.2	10.8	36.2	129.0
15	80	0.1	0.3	1.1	2.4	4.1	8.3	23.7	82.8

4) 地面效应引起的衰减(A_{gr})

地面类型可分为：

(1) 坚实地面，包括铺筑过的路面、水面、冰面以及夯实地面。

(2) 疏松地面，包括被草或其他植物覆盖的地面，以及农田等适合于植物生长的地面。

(3) 混合地面，由坚实地面和疏松地面组成。

声波越过疏松地面传播时，或大部分为疏松地面的混合地面，在预测点仅计算 A 声级前提下，地面效应引起的倍频带衰减计算方法为

$$A_{gr}=4.8-\left(\frac{2h_m}{r}\right)\left[17+\left(\frac{300}{r}\right)\right] \tag{6-32}$$

式中：r 为声源到预测点的距离，m；h_m 为传播路径的平均离地高度，m，可按图 6-4 进行计算，$h_m=F/r$，其中 F 为面积，m^2。若 A_{gr} 计算出负值，则 A_{gr} 可用“0”代替。其他情况可参照《声学 户外声传播衰减 第 2 部分：一般计算方法》(GB/T 17247.2—1998)进行计算。

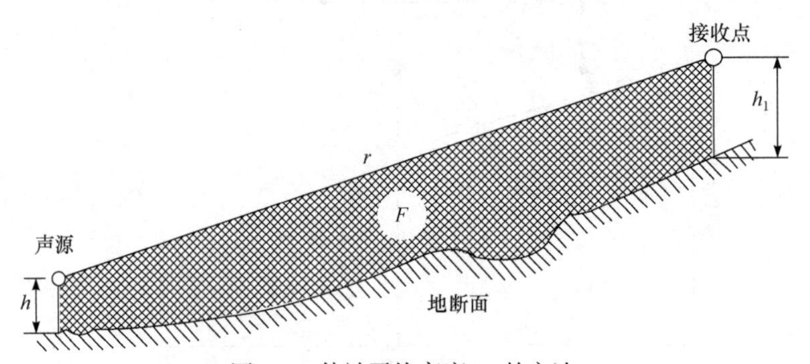

图 6-4　估计平均高度 h_m 的方法

5) 屏障引起的衰减(A_{bar})

位于声源和预测点之间的实体障碍物，如围墙、建筑物、土坡或地堑等起声屏障作用，从而引起声能量的较大衰减。在环境影响评价中，可将各种形式的屏障简化为具有一定高度的薄屏障。

如图 6-5 所示，S、O、P 三点在同一平面内且垂直于地面。

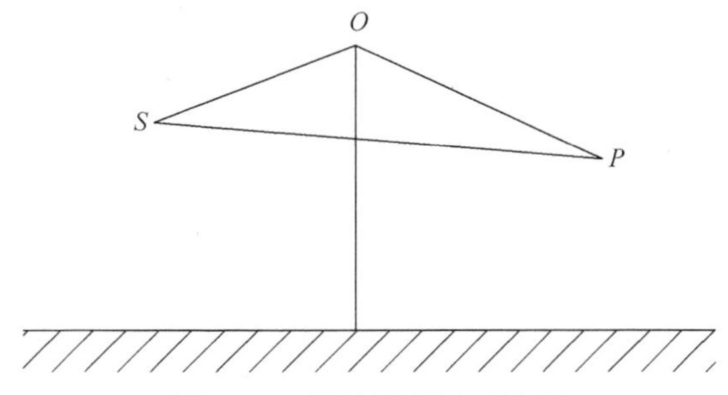

图 6-5 无限长声屏障示意图

定义 $\delta=SO+OP-SP$ 为声程差，$N=2\delta/\lambda$ 为菲涅尔数，其中 λ 为声波波长。

在噪声预测中，声屏障插入损失的计算方法应根据实际情况作简化处理。

(1) 有限长薄屏障在点声源声场中引起的衰减计算。

(a) 首先计算图 6-6 所示的三个传播途径的声程差δ_1、δ_2、δ_3和相应的菲涅尔数 N_1、N_2、N_3。

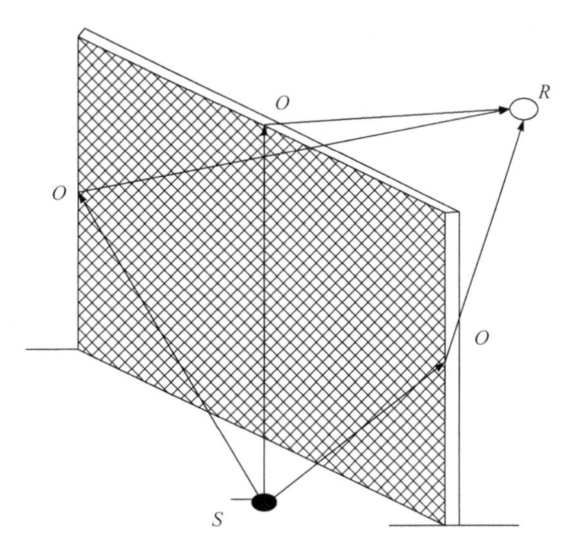

图 6-6 在有限长声屏障上不同的传播途径

(b) 声屏障引起的衰减按式(6-33)计算：

$$A_{bar}=-10\lg\left(\frac{1}{3+20N_1}+\frac{1}{3+20N_2}+\frac{1}{3+20N_3}\right) \tag{6-33}$$

当屏障很长(作无限长处理)时，则

$$A_{bar}=-10\lg\left(\frac{1}{3+20N_1}\right) \tag{6-34}$$

(2) 双绕射计算。

对于图 6-7 所示的双绕射情景，可计算绕射声与直达声之间的声程差δ:

$$\delta=\left[\left(d_{\mathrm{ss}}+d_{\mathrm{sr}}+e\right)^2+a^2\right]^{\frac{1}{2}}-d \tag{6-35}$$

式中：a 为声源和接收点之间的距离在平行于屏障上边界的投影长度，m；d_{ss} 为声源到第一绕射边的距离，m；d_{sr} 为第二绕射边到接收点的距离，m；e 为在双绕射情况下两个绕射边界之间的距离，m；d 为声源到接收点的直线距离，m。

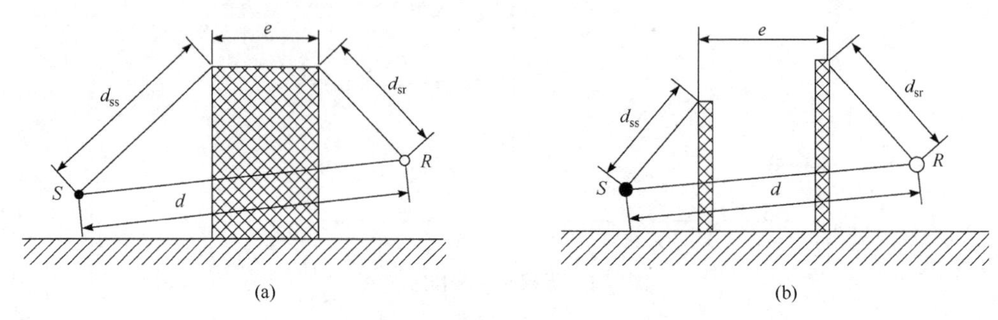

图 6-7　利用建筑物、土堤作为厚屏障

屏障衰减 A_{bar} 参照《声学 户外声传播衰减 第 2 部分：一般计算方法》进行计算。

在任何频带上，屏障衰减 A_{bar} 在单绕射(薄屏障)情况下，衰减最大取 20 dB；屏障衰减 A_{bar} 在双绕射(厚屏障)情况下，衰减最大取 25 dB。

计算屏障衰减后，不再考虑地面效应衰减。

(3) 绿化林带噪声衰减计算。

绿化林带的附加衰减与树种、林带结构和密度等因素有关。在声源附近的绿化林带，或在预测点附近的绿化林带，或两者均有的情况都可以使声波衰减，见图 6-8。

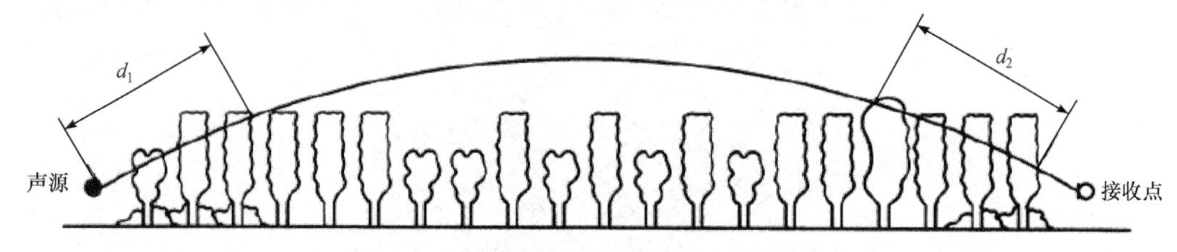

图 6-8　通过树和灌木时的噪声衰减示意图

树叶传播造成的噪声衰减随通过树叶传播距离 d_f 的增长而增加，其中 $d_f=d_1+d_2$，为了计算 d_1 和 d_2，可假设弯曲路径的半径为 5 km。

表 6-7 中的第一行给出了通过总长度为 10～20 m 的密叶时由密叶引起的衰减；第二行为通过总长度 20～200 m 密叶时的衰减系数；当通过密叶的路径长度大于 200 m 时，可使用 200 m 的衰减值。

表 6-7　倍频带噪声通过密叶传播时产生的衰减

项目	传播距离 d_f /m	倍频带中心频率/Hz							
		63	125	250	500	1000	2000	4000	8000
衰减/dB	$10\leqslant d_f<20$	0	0	1	1	1	1	2	3
衰减系数/(dB/m)	$20\leqslant d_f<200$	0.02	0.03	0.04	0.055	0.06	0.08	0.09	0.12

6) 其他多方面原因引起的衰减(A_{misc})

其他衰减包括通过工业场所的衰减、通过房屋群的衰减等。在声环境影响评价中，一般情况下不考虑自然条件(如风、温度梯度、雾)变化引起的附加修正。

工业场所的衰减、房屋群的衰减等可参照《声学 户外声传播衰减 第 2 部分：一般计算方法》进行计算。

第八节　声环境影响评价的基本内容

一、评价标准的确定

应根据声源的类别和建设项目所处的声环境功能区等确定声环境影响评价标准，没有划分声环境功能区的区域由地方环境保护部门参照《声环境质量标准》和《声环境功能区划分技术规范》(GB/T 15190—2014)的规定划定声环境功能区。

二、评价的主要内容

1. 评价方法和评价量

根据噪声预测结果和环境噪声评价标准，评价建设项目在施工、运行期噪声的影响程度、影响范围，给出边界(厂界、场界)及敏感目标的达标分析。

进行边界噪声评价时，新建建设项目以工程噪声贡献值作为评价量；改扩建建设项目以工程噪声贡献值与受到现有工程影响的边界噪声值叠加后的预测值作为评价量。

进行敏感目标噪声环境影响评价时，以敏感目标所受的噪声贡献值与背景噪声值叠加后的预测值作为评价量。

2. 影响范围、影响程度分析

给出评价范围内不同声级范围覆盖下的面积，主要建筑物类型、名称、数量及位置，影响的户数、人口数。

3. 噪声超标原因分析

分析建设项目边界(厂界、场界)及敏感目标噪声超标的原因，明确引起超标的主要声源。对于通过城镇建成区和规划区的路段，还应分析建设项目与敏感目标间的距离是否符合城市规划部门提出的防噪声距离的要求。

4. 对策建议

分析建设项目的选址(选线)、规划布局和设备选型等的合理性，评价噪声防治对策的适用性和防治效果，提出需要增加的噪声防治对策、噪声污染管理、噪声监测及跟踪评价等方面的建议，并进行技术、经济可行性论证。

案 例 分 析

某新建高速公路项目，全长 130 km，位于平原地区，路基宽度 35 m，全线共有中型桥梁

1座、服务区1处、收费站2处，项目总投资为69亿元。按工程可行性研究，设计营运中期交通量为27500辆(折合小客车)，行车速度120 km/h，平均路基高2.5 m。

根据环境影响评价现状调查，公路沿线没有风景名胜区、自然保护区和文物保护单位，也无国家、省、市级重点保护的稀有动植物种群。公路经过区域为乡村，无大中型企业，距公路中心线200 m范围内有村庄50个、学校5个，在公路K100 + 70 m处距公路中心线220 m有一乡镇医院。现状声环境质量总体良好。根据初步预测，工程建成后可能使部分村庄噪声级增加3～10 dB(A)。

根据以上资料，请回答以下问题。

(1) 说明声环境影响评价的范围，判定评价等级并说明判定依据。

(2) 环境影响评价报告书中应设哪些专题?

(3) 说明生态环境影响评价的范围，判定评价等级并说明判定依据。

(4) 根据工程基本情况，简要说明保护耕地的具体措施。

(5) 针对工程中的桥梁，提出营运期水环境风险防范的具体措施及建议。

(6) 针对沿线受噪声影响较大的村庄，提出环境保护措施。

(7) 简述桥梁施工的主要环境影响。

思 考 题

1. 声环境影响评价工作等级如何划分?

2. 某机械加工项目三个点声源对附近敏感点的噪声贡献值分别为53 dB(A)、53 dB(A)、56 dB(A)，三个声源的总贡献值是多少?

3. 在城市Ⅱ类声功能区内，某娱乐场所排风机在19：00～02：00工作，在距直径为0.1 m的排气口1 m处，测得噪声级为73 dB，不考虑背景噪声和声源指向性条件下，则距排气口10 m处的居民楼前，排气噪声是否达标?如果超标，排气口至少应距居民楼前多少米?

第七章　固体废物环境影响评价

固体废物种类繁多、组成复杂，是环境的主要污染源之一。如果固体废物处置不当，则会对人体健康及生态环境造成严重影响。固体废物对环境的影响不同于废水和废气，其更具广泛性。作为建设项目环境影响评价的组成部分之一，固体废物环境影响评价应引起高度重视。

第一节　固体废物的来源与特点

根据《中华人民共和国固体废物污染环境防治法》，固体废物是指在生产、生活和其他活动中产生的丧失原有利用价值或者虽未丧失利用价值但被抛弃或者放弃的固态、半固态和置于容器中的气态的物品、物质以及法律、行政法规规定纳入固体废物管理的物品、物质。经无害化加工处理，并且符合强制性国家产品质量标准，不会危害公众健康和生态安全，或者根据固体废物鉴别标准和鉴别程序认定为不属于固体废物的除外。

一、固体废物来源

固体废物来源于人类活动的许多环节，包括生产过程和生活活动的一些环节。表 7-1 列出从各类发生源产生的主要固体废物。

表 7-1　各类发生源产生的主要固体废物

发生源	产生的主要固体废物
居民生活	食物、垃圾、纸、木、布、庭院植物修剪物、金属、玻璃、塑料、陶瓷、燃料灰渣、脏土、碎砖瓦、废器具、粪便、杂品等
商业、机关	除上述废物外，另有管道、碎砌体、沥青及其他建筑材料，易爆、易燃、腐蚀性、放射性废物以及废汽车、废电器、废器具等
市政维护、管理部门	脏土、碎砖瓦、树叶、死畜禽、金属、锅炉灰渣、污泥等
矿业	废石、尾矿、金属、废木、砖瓦、水泥、砂石等
冶金、金属、交通、机械等工业	金属、渣、砂石、模型、芯、陶瓷、涂料、管道、绝热和绝缘材料、黏结剂、污垢、废木、塑料、橡胶、纸、各种建筑材料、烟尘等
建筑材料工业	金属、水泥、黏土、陶瓷、石膏、石棉、砂、石、纸、纤维等
食品加工业	肉、谷物、蔬菜、硬壳果、水果、烟草等
橡胶、皮革、塑料等工业	橡胶、塑料、皮革、布、线、纤维、染料、金属等
石油化工工业	化学药剂、金属、塑料、橡胶、陶瓷、沥青、油毡、石棉、涂料等
电器、仪器、仪表等工业	金属、玻璃、木、橡胶、塑料、化学药剂、研磨料、陶瓷、绝缘材料等
纺织服装工业	布头、纤维、金属、橡胶、塑料等
造纸、木材、印刷等工业	刨花、锯末、碎木、化学药剂、金属填料、塑料等
核工业和放射性医疗单位	金属、放射性废渣、粉尘、污泥、器具和建筑材料等
农业	秸秆、蔬菜、水果、果树枝条、糠秕、人和畜禽粪便、农药等

二、固体废物分类

固体废物种类繁多，按其特性可分为一般废物和危险废物。按废物来源可分为建筑垃圾、生活垃圾、工业固体废物和农业固体废物。

1. 建筑垃圾

建筑垃圾是指建设单位、施工单位新建、改建、扩建和拆除各类建筑物、构筑物、管网等，以及居民装饰装修房屋过程中产生的弃土、弃料和其他固体废物。

2. 生活垃圾

生活垃圾是指在日常生活中或者为日常生活提供服务的活动中产生的固体废物，以及法律、行政法规规定视为生活垃圾的固体废物，其主要包括厨余物、庭院废物、废纸、废塑料、废织物、废金属、废玻璃陶瓷碎片、砖瓦渣土以及废家具、废旧电器等。

3. 工业固体废物

工业固体废物是指在工业生产活动中产生的固体废物。主要包括以下几类。

(1) 冶金工业固体废物：主要包括金属冶炼或加工过程中产生的各种废渣，如高炉炼铁产生的高炉渣，平炉、转炉、电炉炼钢产生的钢渣，铜、镍、铅、锌等有色金属冶炼过程产生的有色金属渣、铁合金渣及提炼氧化铝时产生的赤泥等。

(2) 能源工业固体废物：主要包括燃煤电厂产生的粉煤灰炉渣、烟道灰，采煤及洗煤过程中产生的煤矸石等。

(3) 石油化学工业固体废物：主要包括石油及加工工业产生的油泥、焦油、页岩渣、废催化剂、废有机溶剂等，化学工业生产过程中产生的硫铁矿渣、酸渣、碱渣、盐泥、釜底泥、精(蒸)馏残渣以及医药和农药生产过程中产生的医药废物、废药品、废农药等。

(4) 矿业固体废物：主要包括采矿废石和尾矿。废石是指各种金属、非金属矿山开采过程中从主矿上剥离下来的各种围岩，尾矿是指在选矿过程中提取精矿以后剩下的尾渣。

(5) 轻工业固体废物：主要包括食品工业、造纸印刷工业、纺织印染工业、皮革工业等生产过程中产生的污泥、动物残物、废酸、废碱以及其他废物。

(6) 其他工业固体废物：主要包括机械加工过程产生的金属碎屑、电镀污泥以及其他工业加工过程产生的废渣等。

4. 农业固体废物

农业固体废物是指在农业生产活动中产生的固体废物，如农作物秸秆、废弃农用薄膜、农药包装废弃物、畜禽粪污等。

5. 危险废物

危险废物是指列入《国家危险废物名录》(2021 年版)或者根据国家规定的危险废物鉴别标准和鉴别方法认定的具有危险特性的固体废物。

三、固体废物特点

1. 兼具废物和资源的相对性

固体废物具有时间和空间特征，是在错误时间放在错误地点的资源。从时间角度看，它仅仅在目前的科学技术和经济条件下无法加以利用，但随着时间的推移、科学技术的发展以及人们要求的变化，今天的废物可能成为明天的资源。从空间角度讲，废物仅仅相对于某一过程或某一方面没有使用价值，而并非在一切过程或一切方面都没有使用价值。一种过程的废物，往往可以成为另一种过程的原料。

2. 富集多种污染成分的终态，污染环境的源头

固体废物往往是许多污染成分的终极状态。一些有害溶质和悬浮物通过治理，最终被分离出来成为污泥或残渣；一些含重金属的可燃性固体废物，通过焚烧处理，有害金属浓集于灰烬中。这些“终态”物质中的有害成分，在长期的自然因素作用下，又会转入水体、大气和土壤，成为环境污染的“源头”。因此，对固体废物的管理既要尽量避免和减少其产生，又要力求避免和减少其向水体、大气以及土壤环境的排放。最终处置需要解决的就是废物中有害组分的最终归宿问题，也是控制环境污染的最后步骤。最终处置对于具有永久危险性的物质，即使在人工设置的隔离功能到达预定工作年限以后，处置场地的天然屏障也应该保证有害物质向生态圈中的迁移速率不致引起对环境和人类健康的威胁。

3. 危害具有潜在性、长期性和灾难性

固体废物对环境的污染不同于废水、废气和噪声。固体废物中的有害物质停滞性大、扩散性小，它对环境的影响主要通过水、气和土壤进行。污染环境不易被及时发现，一旦造成环境污染，有时很难补救恢复。其中污染成分的迁移转化，如浸出液在土壤中的迁移，是一个缓慢的过程，其危害可能在数年以至数十年后才能发现。从某种意义上讲，固体废物特别是危险废物对环境造成的危害可能要比水、气造成的危害严重得多。日本的水俣病等充分说明了这一点。

四、固体废物污染物的释放及对环境的影响

1. 对大气环境的影响

固体废物在堆存和处理处置过程中会产生有害气体，若不加以妥善处理将对大气环境造成不同程度的影响。例如，露天堆放和填埋的固体废物由于有机组分的分解而产生沼气，一方面沼气中的氨气、硫化氢、甲硫醇等的扩散会产生恶臭；另一方面沼气的主要成分甲烷是一种温室气体，其温室效应是二氧化碳的 21 倍，而甲烷在空气中含量达到 5%～15%时容易发生爆炸，对生命安全造成很大威胁。固体废物在焚烧过程中会产生粉尘、酸性气体、二噁英等，也会对大气环境造成污染。

另外，堆放的固体废物中的细微颗粒、粉尘等可随风飞扬，从而对大气环境造成污染。研究表明，当发生 4 级以上的风力时，在粉煤灰或尾矿堆表层的粒径为 1～1.5 cm 的粉末将出现剥离，其飘扬的高度可达 20～50 m。在季风期间可使平均视程降低 30%～70%。一些有机

固体废物在适宜的湿度和温度下被微生物分解，能释放出有害气体，可以不同程度上产生毒气或恶臭，造成地区性空气污染。

采用焚烧法处理固体废物已成为有些国家大气污染的主要污染源之一。据报道，有些发达国家的固体废物焚烧炉约有三分之二由于缺乏空气净化装置而污染大气，有的露天焚烧炉排出的粉尘在接近地面处的质量浓度达到 0.56 g/m^3。我国的部分企业采用焚烧法处理塑料排出 Cl_2、HCl 和大量粉尘，也造成严重的大气污染。而一些工业和民用锅炉，由于收尘效率不高造成的大气污染更是屡见不鲜。

2. 对水环境的影响

固体废物对水环境的污染途径有直接污染和间接污染两种。前者是把水体作为固体废物的接纳体，向水体直接倾倒废物，从而导致水体的直接污染，危害水生生物的生存条件，并影响水资源的利用。而后者是固体废物在堆积过程中，经过自身分解和雨水淋溶产生的渗滤液流入江河、湖泊和渗入地下而导致地表水和地下水污染。

此外，向水体倾倒固体废物还将缩减江河湖面有效面积，降低其排洪和灌溉能力。在陆地堆积的或简单填埋的固体废物，经过雨水的浸渍和废物本身的分解，将会产生含有有害化学物质的渗滤液，对附近地区的地表及地下水系造成污染。

3. 对土壤环境的影响

固体废物对土壤有两方面的环境影响，第一是废物堆放、贮存和处置过程中产生的有害组分容易污染土壤。土壤是许多细菌、真菌等微生物聚居的场所。这些微生物与其周围环境构成一个生态系统，在大自然的物质循环中担负着碳循环和氮循环的一部分重要任务。工业固体废物特别是有害固体废物，经过风化、雨雪淋溶、地表径流的侵蚀，产生的高温和有毒液体渗入土壤，能杀害土壤中的微生物，改变土壤的性质和结构，破坏土壤的腐解能力，导致草木不生。第二是固体废物的堆放需要占用土地，据估计，每堆积 10000 t 废渣约需占用土地 0.067 hm^2。我国许多城市的近郊也常常是城市垃圾的堆放场所，形成垃圾围城的状况。固体废物的任意露天堆放，不但占用一定土地，而且其累积的存放量越多，所需的面积也越大，如此一来，势必加剧可耕地面积短缺的矛盾。

4. 对人体健康的危害

固体废物，特别是在露天存放、处理或处置过程中，其中的有害成分在物理、化学和生物的作用下会发生浸出，含有害成分的浸出液可通过地表水、地下水、大气和土壤等环境介质直接或间接被人体吸收，从而对人体健康造成威胁。

根据物质的化学特性，当某些不相容物相混时，可能发生不良反应，包括热反应(燃烧或爆炸)、产生有毒气体(砷化氢、氰化氢、氯气等)和可燃性气体(氢气、乙炔等)。若人体皮肤与废强酸或废强碱接触，将发生烧灼性腐蚀作用。若误食一定量农药，能引起急性中毒，出现呕吐、头晕等症状。贮存化学物品的空容器，若未经适当处理或管理不善，能引起严重中毒事件。化学废物的长期暴露会产生对人类健康有不良影响的恶性物质。对这类潜存的负面效应，应予以高度重视。

第二节 固体废物调查与产生量预测

一、工程分析

建设项目环境影响评价工作的目的是贯彻“预防为主”的方针，在项目的开发建设之前，通过对其“活动、产品或服务”的识别，预测和评价可能带来的环境污染与破坏，制定消除或减轻其负面影响的措施，从而为环境决策提供科学依据。根据以上原则，结合固体废物必须从“摇篮到坟墓”的全过程管理的污染控制特点，在建设项目的工程分析中，必须抓住以下几个基本环节。

(1) 根据清洁生产、环境管理体系这一新的环境保护模式的要求，对建设项目的工艺、设备、原辅材料以及产品进行分析，从生产活动的源头控制抓起，以消除或减少固体废物的产出。因此，必须执行《淘汰落后生产能力、工艺和产品的目录》《中国严格限制的有毒化学品目录》(2020 年)等有关规定，并且对生产工艺、设备、生产水平以及目前具有的部分工业行业固体废物排放系数等进行(同行业)比较。

(2) 对照《国家危险废物名录》(2021 年版)、《危险废物鉴别标准 通则》(GB 5085.7—2019)以及相对应的污染控制标准，对固体废物进行判别分类，并确定其环境影响危害程度。

(3) 依据《资源综合利用目录》，判别可以重复回用或综合利用的废物。

(4) 对有毒有害的原辅材料，采用替代或更换环境影响小的物料加以分析。

(5) 对建设项目固体废物从产生、收集、运输、贮存、处理到最终处置的全过程管理控制进行分析。

二、固体废物产生量预测

固体废物产生量预测应结合具体的工程分析，采用物料衡算法、资料复用法、现场调查或类比分析等手段进行预测。一般说来，建设项目建设期主要固体废物为建筑垃圾和施工人员生活垃圾；营运期主要固体废物为工业固体废物和职工生活垃圾等。

1. 建筑垃圾的产生量

建筑垃圾是指建设单位、施工单位和个人在建设和修缮各类建筑物、构筑物、管网等过程中所产生的弃料、弃土、渣土、淤泥及其他废物，大多为固体。不同结构类型的建筑所产生垃圾的各种成分的含量虽有所不同，但其基本组成一致，主要由土、渣土、散落的砂浆和混凝土、剔凿产生的砖石和混凝土碎块、打桩截下的钢筋混凝土桩头、金属、竹木材、装饰装修产生的废料、各种包装材料和其他废物等组成。根据对砖混结构、全现浇结构和框架结构等建筑的施工材料损耗的粗略统计，在每万平方米建筑的施工过程中，产生建筑废渣 500～600 t。

建筑垃圾的产生量可由式(7-1)计算：

$$J_s = \frac{Q_s D_s}{1000} \tag{7-1}$$

式中：J_s 为年建筑垃圾产生量，t/a；Q_s 为年建筑面积，m^2；D_s 为单位建筑面积年垃圾产生量，kg/(m^2 · a)。

2. 生活垃圾产生量

生活垃圾产生量预测主要采用人口预测法和回归分析法等，可参见《生活垃圾产生量计算及预测方法》(CJ/T 106—2016)。

在没有详细统计资料的情况下，生活垃圾的产生量可由式(7-2)计算：

$$W_{\mathrm{s}} = \frac{P_{\mathrm{s}}C_{\mathrm{s}}}{1000} \tag{7-2}$$

式中：W_{s}为生活垃圾产生量，t/d；P_{s}为人口数量，人；C_{s}为人均生活垃圾产生量，kg/(人 · d)。

根据我国经济发展及居民生活水平，目前城市人均生活垃圾产生量一般可按 1.0～1.3 kg/d 计算。随着社会经济发展及居民生活水平的提高，生活垃圾产生量也会增长。根据估计，到 2030 年，我国城市地区废物产生量约为 1.50 kg/(人 · d)，虽然在 GDP 增长和人均废物产生增长之间有着不可分割的关系，但也可能存在明显的变动。日本和美国的情况证明了这一点。两个国家有着相似的人均 GDP，但日本的人均废物产生量仅为 1.1 kg/(人 · d)，而美国城市居民的废物产生量差不多是日本的两倍，为 2.1 kg/(人 · d)。

3. 工业固体废物产生量

工业固体废物产生量指企业在生产过程中产生的固体状、半固体状和高浓度液体状废物的总量，包括危险废物、冶炼废渣、粉煤灰、炉渣、煤矸石、尾矿、放射性废物和其他废物等；不包括矿山开采的剥离废石和掘进废石(煤矸石和呈酸性或碱性的废石除外)。酸性或碱性废石是指采掘的废石其流经水、雨淋水的 pH 小于 4 或大于 10.5 的废石。

工业固体废物产生量应结合具体的工程分析，进行物料衡算，或采用现场调查、类比分析等手段进行预测。通过现场调查实测后，可采用产品排污系数、工业产值排污系数等方法预测。

产品排污系数预测法可采用如下公式计算：

$$M_{\mathrm{t}} = S_{\mathrm{t}}W_{\mathrm{t}} \tag{7-3}$$

$$S_{\mathrm{t}} = S_0(1-k)^{t-t_0} \tag{7-4}$$

式中：M_{t}为废物产生量，kg 污染物/年；S_{t}为目标年的单位产品废物产生量，kg 污染物/t 产品；S_0为基准年的单位产品废物产生量，kg 污染物/t 产品；W_{t}为预计的产品产量，t 产品/年；k为单产排污量的年削减率；t为预测目标年；t_0为预测基准率。

单产排污系数 S_{t}是一个变化的量，随着技术进步和管理水平的提高，单产排污量逐步下降。因此，预测时排污系数需考虑到科学技术进步对废物产生量的影响，引入衰减系数。

第三节　固体废物环境影响评价的类型与特点

一、环境影响评价类型与内容

固体废物的环境影响评价主要分两大类型：第一类是对一般工程项目产生的固体废物，由产生、收集、运输、处理到最终处置的环境影响评价；第二类是对固体废物处理、处置设施建设项目的环境影响评价。

1. 对第一类的环境影响评价

一般工程项目产生的固体废物环境影响评价内容可参照下述内容。

1) 污染源调查

根据调查结果，要给出包括固体废物的名称、数量、组分、形态等内容的调查清单，并应按一般工业固体废物和危险废物分别列出。

2) 污染防治措施的论证

根据工艺过程，对各个产出环节提出防治措施，并对防治措施的可行性加以论证。

3) 提出危险废物最终处置措施方案

(1) 综合利用。

给出综合利用的废物名称、数量、性质、用途、利用价值、防止污染转移及二次污染措施、综合利用单位情况、综合利用途径、供需双方的书面协议等。

(2) 焚烧处置。

给出危险废物的名称、组分、热值、形态及在《国家危险废物名录》(2021年版)中的分类编号，并说明处置设施的名称、隶属关系、地址、运距、路由、运输方式及管理。如处置设施属于工程范围内项目，则需要对处置设施建设项目单独进行环境影响评价。

(3) 填埋处置。

说明需要填埋的固体废物是否属于危险废物，若属于危险废物，应给出危险废物的分类编号、名称、组分、产生量、形态、容量、浸出液组分及浓度以及是否需要固化处理等。

对填埋场应说明名称、隶属关系、厂址、运距、路线、运输方式及管理。如填埋场属于工程范围内项目，则需要对填埋场单独进行环境影响评价。

(4) 委托处置。

一般工程项目产出的危险废物也可采取委托处置的方式进行处理处置，受委托方须具有生态环境行政主管部门颁发的相应类别的危险废物处理处置资质。在采取此种处置方式时，应提供接收方的危险废物委托处置协议和接收方的危险废物处理处置资质证书，并将其作为环境影响评价文件的附件。

4) 全过程的环境影响分析

固体废物本身是一个综合性的污染源，因此预测其对环境的影响，重点是依据固体废物的种类、产生量及其管理的全过程可能造成的环境影响进行针对性地分析和预测，包括固体废物的分类收集，有害与一般固体废物、生活垃圾的混放对环境的影响；包装、运输过程中散落、泄漏的环境影响；堆放、贮存场所的环境影响；综合利用、处理、处置的环境影响。

对于一般工程项目产生的固体废物将可能涉及收集、运输过程。为了保证固体废物妥善、安全地得到处理、处置，必须建立一个完整的收、贮、运体系。这一体系中必然涉及运输方式、运输设备、运输路径、运输距离等，运输可能对路线周围环境敏感目标造成影响，如何规避运输风险也是环境影响评价的主要任务。

2. 对处理处置固体废物设施的环境影响评价

根据处理处置的工艺特点，依据《环境影响评价技术导则》、执行相应的污染控制标准进行环境影响评价，如一般工业废物贮存、处置场，危险废物贮存场所，生活垃圾填埋场，生活垃圾焚烧厂，危险废物填埋场，危险废物焚烧厂等。在这些工程项目污染物控制标准中，对厂(场)址选择、污染控制项目、污染物排放限制等都有相应的规定，是环境影响评价必须严格予以执行的。在预测分析中，需对固体废物堆放、贮存、转移及最终处置(如建设项目自建焚烧炉、自设填埋场)可能造成的对大气、水体、土壤的污染影响及对人体、生物的危害进行充分的分析与预测，避免产生二次污染。

二、固体废物环境影响评价的特点

由于国家要求对固体废物污染实行由产生、收集、贮存、运输、预处理直至处置的全过程控制，因此在环境影响评价中必须包括所建项目涉及的各个过程。对于一般工程项目产生的固体废物将可能涉及收集、运输过程。同时，为了保证固体废物处理、处置设施的安全稳定运行，必须建立一个完整的收、贮、运体系，因此在环境影响评价中这个体系与处理、处置设施构成一个整体。例如，这一体系中必然涉及运输设备、运输方式、运输距离、运输路径等，运输可能对路线周围环境敏感目标造成影响，如何规避运输风险也是环境影响评价的主要任务。

第四节　垃圾填埋场的环境影响评价

一、垃圾填埋场对环境的主要影响

1. 垃圾填埋场的主要污染源

填埋场的主要污染源是垃圾渗滤液和填埋气体。

1) 渗滤液

城市生活垃圾填埋场渗滤液是一种高污染负荷且表现出很强的综合污染特征、成分复杂的高浓度有机废水，其性质在一个相当大的范围内变动。一般说来，城市生活垃圾填埋场渗滤液的 pH 为 4～9，COD 浓度为 2000～62000 mg/L，BOD_5 浓度为 60～45000 m/L，BOD_5/COD 值较低，可生化性差，重金属浓度和市政污水中重金属浓度基本一致。

鉴于填埋场渗滤液产生量及其性质的高度动态变化特性，评价时应选择有代表性的数值。一般来说，渗滤液的水质随填埋场使用年限的延长而发生变化。垃圾填埋场渗滤液通常可根据填埋场“年龄”分为两大类：①“年轻”填埋场(填埋时间在 5 年以下)渗滤液的水质特点为：pH 较低，BOD_5 及 COD 浓度较高，色度大，且 BOD_5/COD 的比值较高，同时各类重金属离子浓度也较高(较低的 pH)；②“年老”的填埋场(填埋时间一般在 5 年以上)渗滤液的主要水质特点是：pH 接近中性或弱碱性(一般在 6～8)，BOD_5 和 COD 浓度较低，且 BOD_5/COD 的比值较低，而 NH_4^+-N 的浓度高，重金属离子浓度开始下降(此阶段 pH 较高，不利于重金属离子的溶出)，渗滤液的可生化性差。

2) 填埋场释放气体

填埋场释放气体由主要气体和微量气体两部分组成。城市生活垃圾填埋场产生的气体主要为甲烷和二氧化碳，此外还含有少量的一氧化碳、氢、硫化氢、氨、氮和氧等，接收工业废物的城市生活垃圾填埋场其气体中还可能含有微量挥发性有毒气体。城市生活垃圾填埋场气体的典型组成(体积分数)为：甲烷 45%～50%，二氧化碳 40%～60%，氮气 2%～5%，氧气 0.1%～1.0%，硫化物 0%～1.0%，氨气 0.1%～1.0%，氢气 0%～0.2%，一氧化碳 0%～0.2%，微量组分 0.01%～0.6%；气体的典型温度达 43～49℃，相对密度为 1.02～1.06，为水蒸气所饱和，高位热值为 15630～19537 kJ/m³。

填埋场释放气体中的微量气体量很小，但成分却很多。国外通过对大量填埋场释放气体取样分析，发现了多达 116 种有机成分，其中许多可以归为挥发性有机组分(VOCs)。

2. 垃圾填埋场的主要环境影响

垃圾填埋场的环境影响包括多个方面。

运行中的填埋场，对环境的影响主要包括：①填埋场渗滤液泄漏或处理不当对地下水及地表水的污染；②填埋场产生的气体排放对大气的污染、对公众健康的危害以及可能发生的爆炸对公众安全的威胁；③填埋场的存在对周围景观的不利影响；④填埋作业及垃圾堆体对周围地质环境的影响，如造成滑坡、崩塌、泥石流等；⑤填埋机械噪声对公众的影响；⑥填埋场滋生的害虫、昆虫、啮齿动物以及在填埋场觅食的鸟类和其他动物可能传播疾病；⑦填埋垃圾中的塑料袋、纸张以及尘土等在未来得到覆土压实情况下可能飘出场外，造成环境污染和景观破坏；⑧流经填埋场区的地表径流可能受到污染。

封场后的填埋场对环境的影响减小，但填埋场植被恢复过程种植于填埋场顶部覆盖层上的植物可能受到污染。

二、垃圾填埋场选址要求

《生活垃圾填埋场污染控制标准》(GB 16889—2008)对生活垃圾填埋场的选址要求做了以下明确规定。

(1) 生活垃圾填埋场的选址应符合区域性环境规划、环境卫生设施建设规划和当地的城市规划。

(2) 生活垃圾填埋场场址不应选在城市工农业发展规划区、农业保护区、自然保护区、风景名胜区、文物(考古)保护区、生活饮用水水源保护区、供水远景规划区、矿产资源储备区、军事要地、国家保密地区和其他需要特别保护的区域内。

(3) 生活垃圾填埋场选址的标高应位于重现期不小于 50 年一遇的洪水位之上，并建设在长远规划中的水库等人工蓄水设施的淹没区和保护区之外。

拟建有可靠防洪设施的山谷型填埋场，并经过环境影响评价证明洪水对生活垃圾填埋场的环境风险在可接受范围内的，前款规定的选址标准可以适当降低。

(4) 生活垃圾填埋场场址的选择应避开下列区域：破坏性地震及活动构造区，活动中的坍塌、滑坡和隆起地带，活动中的断裂带，石灰岩溶洞发育带，废弃矿区的活动塌陷区，活动沙丘区，海啸及涌浪影响区，湿地，尚未稳定的冲积扇及冲沟地区，泥炭以及其他可能危及填埋场安全的区域。

(5) 生活垃圾填埋场场址的位置及与周围人群的距离应依据环境影响评价结论确定，并经地方环境保护行政主管部门批准。

在对生活垃圾填埋场场址进行环境影响评价时，应考虑生活垃圾填埋场产生的渗滤液、大气污染物(含恶臭物质)、滋养动物(蚊、蝇、鸟类等)等因素，根据其所在地区的环境功能区类别，综合评价其对周围环境、居住人群的身体健康、日常生活和生产活动的影响，确定生活垃圾填埋场与常住居民居住场所、地表水域、高速公路、交通主干道(国道或省道)、铁路、飞机场、军事基地等敏感对象之间合理的位置关系以及合理的防护距离。环境影响评价的结论可作为规划控制的依据。

三、垃圾填埋场环境影响评价的主要工作内容

根据垃圾埋填场建设及其排污特点，环境评价工作具有多而全的特征，主要工作内容见表 7-2。

表 7-2 填埋场环境影响评价工作内容

评价项目	评价内容
场址选择评价	场址评价是填埋场环境影响评价的基本内容，主要是评价拟选场地是否符合选址标准。其方法是根据场地自然条件，采用选址标准逐项进行评判。评价的重点是场地的水文地质条件、工程地质条件、土壤自净能力等
环境质量现状评价	主要评价拟选场地及其周围的空气、地表水、地下水、噪声、土壤等环境质量状况。其方法一般是根据监测值与各种标准，采用单因子和多因子综合评判法
工程污染因素分析	主要是分析填埋场建设过程中和建成投产后主要污染源及其产生的主要污染物的数量、种类、排放方式等。其方法一般采用计算、类比、经验分析统计等。污染源一般有渗滤液、释放气、恶臭、噪声等
施工期影响评价	主要评价施工期场地内排放生活污水，各类施工机械产生的机械噪声、振动以及二次扬尘对周围地区产生的环境影响。还要对施工期水土流失生态环境影响进行相应评价
水环境影响预测与评价	主要评价填埋场衬里结构的安全性以及渗滤液排出对周围水环境影响两方面内容：①正常排放对地表水的影响，主要评价渗滤液经处理达到排放标准后排出，经预测并利用相应标准评价是否会对受纳水体产生影响或影响程度如何；②非正常渗漏对地下水的影响，主要评价衬里破裂后渗滤液下渗对地下水的影响，包括渗透方向、渗透速度、迁移距离、土壤的自净能力及效果等
大气环境影响预测及评价	主要评价垃圾填埋场释放气体及恶臭对环境的影响：①释放气体，主要是根据排气系统的结构，预测和评价排气系统的可靠性、排气利用的可能性及排气对环境的影响，预测模式可采用地面源模式；②恶臭，主要评价运输、填埋过程中及封场后可能对环境的影响，评价时要根据垃圾的种类，预测各阶段臭气产生的位置、种类、浓度及其影响范围
噪声环境影响预测及评价	主要是评价垃圾运输、场地施工、垃圾填埋操作、封场各阶段由各种机械产生的振动和噪声对环境的影响。噪声评价可根据各种机械的特点采用机械噪声声压级预测，结合卫生标准和功能区标准，评价是否满足噪声控制标准，是否会对最近的居民区点产生影响
污染防治措施	主要包括：①渗滤液的治理和控制措施及垃圾填埋场衬里破裂补救措施；②释放气的导排或综合利用措施及防臭措施；③减振防噪措施
环境经济损益评价	要计算评价污染防治设施投资，以及所产生的经济、社会、环境效益
其他评价项目	①结合垃圾填埋场周围的土地、生态情况，对土壤、生态、景观等进行评价；②对洪涝特征年产生的过量渗滤液及垃圾释放气因物理、化学条件异变而项目产生垃圾爆炸等进行风险事故评价

第五节 危险废物处理处置的环境影响评价

根据《中华人民共和国固体废物污染环境防治法》中规定，危险废物是指列入国家危险废物名录或者根据国家规定的危险废物鉴别标准和鉴别方法认定的具有危险特性的固体废物。

危险废物名录由国家制定颁布，并根据实际情况实行动态调整。《国家危险废物名录》(2021年版)中共列出了 46 类危险废物的废物类别、废物来源、废物代码、废物危险特性、常见危险废物组分和废物名称。

一、危险废物鉴别

目前的鉴别标准有 7 项。

1.《危险废物鉴别标准 通则》(GB 5085.7—2019)

《危险废物鉴别标准 通则》规定了危险废物的鉴别程序和鉴别规则，适用于生产、生活和其他活动中产生的固体废物的危险特性鉴别，不适用于放射性废物鉴别。该标准适用于液态废物的鉴别。

2.《危险废物鉴别标准 腐蚀性鉴别》(GB5085.1—2007)

《危险废物鉴别标准 腐蚀性鉴别》规定了鉴别危险废物腐蚀性的标准值，该标准适用于任何生产、生活和其他活动中所产生的固态的危险废物的腐蚀性鉴别。pH≥12.5 或 pH≤2.0时，该废物是具有腐蚀性的危险废物。

3.《危险废物鉴别标准 急性毒性初筛》(GB5085.2—2007)

《危险废物鉴别标准 急性毒性初筛》适用于任何生产、生活和其他活动中所产生的固态的危险废物的急性毒性初筛鉴别，规定了鉴别危险废物的急性毒性初筛的标准值。

4.《危险废物鉴别标准 浸出毒性鉴别》(GB5085.3—2007)

《危险废物鉴别标准 浸出毒性鉴别》适用于任何生产、生活和其他活动中所产生的固态的危险废物的浸出毒性鉴别，规定了鉴别危险废物的浸出毒性的标准值。浸出毒性是指固态的危险废物遇水浸沥，其中的有害物质迁移转化，污染环境，浸出的有毒物质的毒性。按照《固体废物 浸出毒性浸出方法 硫酸硝酸法》(HJ/T 299—2007)浸出液中任何一种危害成分的含量超过标准中表格所列的浓度值，该废物就是具有浸出毒性的危险废物。

5.《危险废物鉴别标准 易燃性鉴别》(GB 5085.4—2007)

《危险废物鉴别标准 易燃性鉴别》适用于任何生产、生活和其他活动中所产生的固态的危险废物的易燃性鉴别。规定符合下列任何条件之一的固体废物，属于易燃性危险废物。

1) 液态易燃性危险废物

闪点温度低于 60℃(闭杯实验)的液体、液体混合物或含有固体物质的液体。

2) 固态易燃性危险废物

在标准温度和压力(25℃，101.3 kPa)下因摩擦或自发性燃烧而起火，经点燃后能剧烈而持续地燃烧并产生危害的固态废物。

3) 气态易燃性危险废物

在 20℃、101.3 kPa 状态下，在与空气的混合物中体积分数≤13%时可点燃的气体，或者在该状态下，不论易燃下限如何，与空气混合，易燃范围的易燃上限与易燃下限之差大于或等于 12 个百分点的气体。

6.《危险废物鉴别标准 反应性鉴别》(GB 5085.5—2007)

《危险废物鉴别标准 反应性鉴别》适用于任何生产、生活和其他活动中所产生的固态的危险废物的反应性鉴别。

7.《危险废物鉴别标准 毒性物质含量鉴别》(GB 5085.6—2007)

《危险废物鉴别标准 毒性物质含量鉴别》适用于任何生产、生活和其他活动中所产生的固态的危险废物的毒性物质含量鉴别。

二、危险废物贮存

《危险废物贮存污染控制标准》(GB 18597—2001)及其修改单规定了危险废物贮存的一般要求，对危险废物的包装、贮存设施的选址、设计、安全防护、监测和关闭等提出要求。

1. 基本概念

1) 危险废物贮存

危险废物贮存是指危险废物再利用、或无害化处理和最终处置前的存放行为。

生产者产出的危险废物可以再利用的有两种情况：一是由于生产能力的限制，可利用的危险废物有一定的剩余；二是由于技术上的困难，对有再利用价值的尚未找到理想的技术方法加以有效地利用。属于上述情况的危险废物就需要贮存，有的危险废物属于无法利用或无利用价值的，则在无害化处理和最终处置前，也需暂时贮存。

2) 危险废物贮存容器

危险废物贮存容器指贮存危险废物的车子、箱、桶、筒、袋及经执行机关规定的容器。危险废物贮存容器应当使用符合标准的容器盛装危险废物；容器及材质要满足相应的强度要求；装载危险废物的容器必须完好无损；盛装危险废物的容器材质和衬里要与危险废物相容(不相互反应)；液体危险废物可注入开孔直径≤70 mm 并有放气孔的桶中。

3) 集中贮存

集中贮存是指危险废物集中处理、处置设施中所附设的按规定设计、建造或改建的用于专门存放危险废物的贮存设施和区域性的贮存设施。

4) 相容性

某种危险废物同其他危险废物或设施中其他物质接触时不产生气体、热量、有害物质，不会燃烧或爆炸，不发生其他可能对设施产生不利影响的反应和变化。本标准所述“兼容”即同于“相容”。

2. 危险废物贮存设施的选址要求

《危险废物贮存污染控制标准》及其修改单对危险废物贮存设施的选址做了以下明确规定。

(1) 应选在地质结构稳定，地震烈度不超过 7 度的区域内。

(2) 设施底部必须高于地下水最高水位。

(3) 应依据环境影响评价结论确定危险废物集中贮存设施的位置及其与周围人群的距离，并经具有审批权的环境保护行政主管部门批准，可作为规划控制的依据。

在对危险废物集中贮存设施场址进行环境影响评价时，应重点考虑危险废物集中贮存设施可能产生的有害物质泄漏、大气污染物(含恶臭物质)的产生与扩散以及可能的事故风险等因素，根据其所在地区的环境功能区类别，综合评价其对周围环境、居住人群的身体健康、日常生活和生产活动的影响，确定危险废物集中贮存设施与常住居民居住场所、农用地、地表水体以及其他敏感对象之间合理的位置关系。

(4) 应避免建在溶洞区或易遭受严重自然灾害如洪水、滑坡、泥石流、潮汐等影响的地区。

(5) 应建在易燃、易爆等危险品仓库、高压输电线路防护区域以外。

(6) 应位于居民中心区常年最大风频的下风向。

(7) 集中贮存的废物堆选址除满足以上要求外，还应满足：基础必须防渗，防渗层为至少 1 m 厚黏土层(渗透系数≤10^{-7} cm/s)，或 2 mm 厚高密度聚乙烯，或至少 2 mm 厚的其他人工材料(渗透系数≤10^{-10} cm/s)等要求。

三、危险废物填埋污染控制要求

《危险废物填埋污染控制标准》(GB 18598—2019)规定了危险废物填埋的入场条件，填埋场的选址、设计、施工、运行、封场及监测的环境保护要求，适用于新建危险废物填埋场的建设、运行、封场及封场后环境管理过程的污染控制。现有危险废物填埋场的入场要求、运行要求、污染物排放要求、封场及封场后环境管理要求、监测要求按照本标准执行。本标准适用于生态环境主管部门对危险废物填埋场环境污染防治的监督管理。

不适用于放射性废物的处置及突发事故产生危险废物的临时处置。

1. 危险废物填埋处置技术特点

安全填埋是危险废物无害化处置技术之一，也是对危险废物使用其他方式处理后所采取的最终处置措施。利用对危险废物固化/稳定化处理、建筑防渗层构造等手段，将危险废物既放置在环境中，又令其与环境隔断联系。因此，是否能够成功地阻断这种联系，是填埋场能否长远安全的关键，也是安全填埋风险之所在。

一个完整的危险废物填埋场应由若干个处置单元和构筑物组成，主要包括接收与贮存设施、分析与鉴别系统、预处理设施、填埋处置设施(包括防渗系统、渗滤液收集和导排系统)、封场覆盖系统、渗滤液和废水处理系统、环境监测系统、应急设施及其他公用工程和配套设施。

2. 选址要求

(1) 填埋场选址应符合环境保护法律法规及相关法定规划要求。

(2) 填埋场场址的位置及与周围人群的距离应依据环境影响评价结论确定。在对危险废物填埋场场址进行环境影响评价时，应重点考虑危险废物填埋场渗滤液可能产生的风险、填埋场结构及防渗层长期安全性及由此造成的渗漏风险等因素，根据其所在地区的环境功能区类别，结合该地区的长期发展规划和填埋场设计寿命期，重点评价其对周围地下水环境、居住人群的身体健康、日常生活和生产活动的长期影响，确定其与常住居民居住场所、农用地、地表水体以及其他敏感对象之间合理的位置关系。

(3) 填埋场场址不应选在国务院和国务院有关主管部门及省、自治区、直辖市人民政府划定的生态保护红线区域、永久基本农田和其他需要特别保护的区域内。

(4) 填埋场场址不得选在以下区域：破坏性地震及活动构造区，海啸及涌浪影响区，湿地，地应力高度集中、地面抬升或沉降速率快的地区，石灰溶洞发育带，废弃矿区塌陷区，崩塌、岩堆、滑坡区，山洪、泥石流影响地区，活动沙丘区，尚未稳定的冲积扇、冲沟地区及其他可能危及填埋场安全的区域。

(5) 填埋场选址的标高应位于重现期不小于 100 年一遇的洪水位之上，并在长远规划中的水库等人工蓄水设施淹没和保护区之外。

(6) 填埋场场址地质条件应符合下列要求，刚性填埋场除外：① 场区的区域稳定性和岩土体稳定性良好，渗透性低，没有泉水出露；② 填埋场防渗结构底部应与地下水有记录以来的最高水位保持 3 m 以上的距离。

(7) 填埋场场址不应选在高压缩性淤泥、泥炭及软土区域，刚性填埋场选址除外。

(8) 填埋场场址天然基础层的饱和渗透系数不应大于 1.0×10^{-5} cm/s，其厚度不应小于 2 m，刚性填埋场除外。

(9) 填埋场场址不能满足第(6)条、(7)条及(8)条的要求时，必须按照刚性填埋场要求建设。

3. 污染物排放控制要求

(1) 废水污染物排放控制要求。① 填埋场产生的渗滤液(调节池废水)等污水必须经过处理，并符合《危险废物填埋污染控制标准》规定的污染物排放控制要求后方可排放，禁止渗滤液回灌；②危险废物填埋场废物渗滤液第二类污染物排放控制项目包括 pH、悬浮物(SS)、五日生化需氧量(BOD_5)、化学需氧量(COD_{Cr})、氨氮(NH_3-N)、磷酸盐(以 P 计)；③危险废物填埋场废水污染物排放执行表 7-3 规定的限值。

(2) 填埋场有组织气体和无组织气体排放应满足《大气污染物综合排放标准》(GB 16297—1996)和《挥发性有机物无组织排放控制标准》(GB 37822—2019)的规定。监测因子由企业根据填埋废物特性从上述两个标准的污染物控制项目中提出，并征得当地生态环境主管部门同意。

(3) 危险废物填埋场不应对地下水造成污染。地下水监测因子和地下水监测层位由企业根据填埋废物特性和填埋场所处区域水文地质条件提出必须具有代表性能表示废物特性的参数，并征得当地生态环境主管部门同意。常规测定项包括浑浊度、pH、溶解性总固体、氯化物、硝酸盐(以 N 计)、亚硝酸盐(以 N 计)。填埋场地下水质量评价按照《地下水质量标准》(GB/T 14848—2017)执行。

表 7-3 危险废物填埋场废水污染物排放限值 单位：mg/L，pH 除外

序号	污染物项目	直接排放	间接排放	污染物排放监控位置
1	pH	6～9	6～9	危险废物填埋场废水总排放口
2	五日生化需氧量(BOD_5)	4	50	
3	化学需氧量(COD_{Cr})	20	200	
4	总有机碳(TOC)	8	30	
5	悬浮物(SS)	10	100	
6	氨氮	1	30	
7	总氮	1	50	
8	总铜	0.5	0.5	
9	总锌	1	1	
10	总钡	1	1	
11	氰化物(以 CN^-计)	0.2	0.2	
12	总磷(TP，以 P 计)	0.3	3	
13	氟化物(以 F^-计)	1	1	

续表

序号	污染物项目	直接排放	间接排放	污染物排放监控位置
14	总汞	0.001		渗滤液调节池废水排放口
15	烷基汞	不得检出		
16	总砷	0.05		
17	总镉	0.01		
18	总铬	0.1		
19	六价铬	0.05		
20	总铅	0.05		
21	总铍	0.002		
22	总镍	0.05		
23	总银	0.5		
24	苯并[a]芘	0.00003		

注：工业园区和危险废物集中处置设施内的危险废物填埋场向污水处理系统排放废水时执行间接排放限值。

四、危险废物焚烧污染控制

生态环境部于2020年11月26日发布了修订的《危险废物焚烧污染控制标准》(GB18484—2020)，规定了危险废物焚烧设施的选址、运行、监测和废物贮存、配伍及焚烧处置过程的生态环境保护要求，以及实施与监督等内容。

1. 危险废物焚烧处置的特点

焚烧处置方法是一种高温热处理技术，即以一定的过剩空气量与被处置的危险废物在焚烧炉内进行氧化燃烧反应，废物中的有毒、有害物质在高温下氧化、分解而被破坏。焚烧处置的特点是可同时实现废物的无害化、减量化、资源化。焚烧的目的是借助焚烧工况的控制，使被焚烧的物质无害化，最大限度地减容，并尽可能减少新的污染物产生，避免造成二次污染。对于大、中型的危险废物焚烧厂确有条件能同时实现使废物减量、彻底焚毁废物中的毒性物质，以及回收利用焚烧产生的废热这三个目的。焚烧法不但可以处置固态废物，还可以处置液态或气态废物，并且通过残渣熔融使重金属元素稳定化。

焚烧处置技术的最大弊端是产生废气污染。焚烧烟气中主要的空气污染物是粒状污染物、酸性气体、氮的氧化物、一氧化碳、重金属与二噁英等有机氯化物。

2. 焚烧设施烟气污染物排放限值

焚烧设施的烟气污染物排放，执行表7-4规定的限值要求。

表7-4　危险废物焚烧设施烟气污染物排放浓度限值

序号	污染物项目	限值/(mg/m^3)	取值时间
1	颗粒物	30	1 h均值
		20	24 h均值或日均值

续表

序号	污染物项目	限值/(mg/m^3)	取值时间
2	一氧化碳(CO)	100	1 h 均值
		80	24 h 均值或日均值
3	氮氧化物(NO_x)	300	1 h 均值
		250	24 h 均值或日均值
4	二氧化硫(SO_2)	100	1 h 均值
		80	24 h 均值或日均值
5	氟化氢(HF)	4.0	1 h 均值
		2.0	24 h 均值或日均值
6	氯化氢(HCl)	60	1 h 均值
		50	24 h 均值或日均值
7	汞及其化合物(以 Hg 计)	0.05	测定均值
8	铊及其化合物(以 Tl 计)	0.05	测定均值
9	镉及其化合物(以 Cd 计)	0.05	测定均值
10	铅及其化合物(以 Pb 计)	0.5	测定均值
11	砷及其化合物(以 As 计)	0.5	测定均值
12	铬及其化合物(以 Cr 计)	0.5	测定均值
13	锡、锑、铜、锰、镍、钴及其化合物(以 Sn+Sb+Cu+Mn+Ni+Go 计)	2.0	测定均值
14	二噁英类($ngTEQ/Nm^3$)	0.5	测定均值

注：表中污染物限值为基准氧含量排放浓度。

3. 选址要求

根据《危险废物焚烧污染控制标准》，危险废物焚烧设施选址应满足以下要求。

(1) 危险废物焚烧设施选址应符合生态环境保护法律法规及相关法定规划要求，并综合考虑设施服务区域、交通运输、地质环境等基本要素，确保设施处于长期相对稳定的环境。鼓励危险废物焚烧设施入驻循环经济园区等市政设施的集中区域，在此区域内各设施功能布局可依据环境影响评价文件进行调整。

(2) 焚烧设施选址不应位于国务院和国务院有关主管部门及省、自治区、直辖市人民政府划定的生态保护红线区域、永久基本农田集中区域和其他需要特别保护的区域内。

(3) 焚烧设施厂址应与敏感目标之间设置一定的防护距离，防护距离应根据厂址条件、焚烧处置技术工艺、污染物排放特征及其扩散因素等综合确定，并应满足环境影响评价文件及审批意见要求。

危险废物集中焚烧处置工程的选址还应符合《危险废物集中焚烧处置工程建设技术规范》(HJ/T 176—2005)的要求。

第六节 一般工业固体废物贮存和填埋的污染控制

一般工业固体废物是指企业在工业生产过程中产生且不属于危险废物的工业固体废物。按照《一般工业固体废物贮存和填埋污染控制标准》(GB 18599—2020)规定，第Ⅰ类一般工业固体废物是指按照《固体废物 浸出毒性浸出方法 水平振荡法》(HJ 557—2010)规定方法获得的浸出液中任何一种特征污染物浓度均未超过《污水综合排放标准》(GB 8978—1996)最高允许排放浓度(第二类污染物最高允许排放浓度按照一级标准执行)，且 pH 在 6～9 范围的一般工业固体废物。第Ⅱ类一般工业固体废物是指按照《固体废物 浸出毒性浸出方法 水平振荡法》规定方法获得的浸出液中有一种或一种以上的特征污染物浓度超过《污水综合排放标准》最高允许排放浓度(第二类污染物最高允许排放浓度按照一级标准执行)，或 pH 在 6～9 范围外的一般工业固体废物。

接收符合进入《一般工业固体废物贮存和填埋污染控制标准》中Ⅰ类场的一般工业固体废物要求且符合相关污染控制技术要求规定的一般工业固体废物贮存场及填埋场，称为Ⅰ类场。接收符合进入《一般工业固体废物贮存和填埋污染控制标准》中Ⅱ类场的一般工业固体废物要求且符合相关污染控制技术要求规定的一般工业固体废物贮存场及填埋场，称为Ⅱ类场。

一、贮存场和填埋场选址要求

(1) 一般工业固体废物贮存场、填埋场的选址应符合环境保护法律法规及相关法定规划要求。

(2) 贮存场、填埋场的位置与周围居民区的距离应依据环境影响评价文件及审批意见确定。

(3) 贮存场、填埋场不得选在生态保护红线区域、永久基本农田集中区域和其他需要特别保护的区域内。

(4) 贮存场、填埋场应避开活动断层、溶洞区、天然滑坡或泥石流影响区以及湿地等区域。

(5) 贮存场、填埋场不得选在江河、湖泊、运河、渠道、水库最高水位线以下的滩地和岸坡，以及国家和地方长远规划中的水库等人工蓄水设施的淹没区和保护区之内。

(6) 上述选址规定不适用于一般工业固体废物的充填和回填。

二、污染物排放控制要求

《一般工业固体废物贮存和填埋污染控制标准》规定了一般工业固体废物贮存场和填埋场的污染控制要求。

(1) 贮存场、填埋场产生的渗滤液应进行收集处理，达到《污水综合排放标准》要求后方可排放。已有行业、区域或地方污染物排放标准规定的，应执行相应标准。

(2) 贮存场、填埋场产生的无组织气体排放应符合《大气污染物综合排放标准》(GB 16297—1996)规定的无组织排放限值的相关要求。

(3) 贮存场、填埋场排放的环境噪声、恶臭污染物应符合《工业企业厂界环境噪声排放标准》(GB 12348—2008)、《恶臭污染物排放标准》(GB 14554—1993)的规定。

案例分析

某沿海平原城市拟新建一座生活垃圾填埋场，占地面积为 360 亩，设计库容为 162 万 m^3，日处理能力为 220 t，预计服务年限约 20 年。工程建设周期为 18 个月。主体建设内容包括：填埋场作业区、填埋区截流和雨污分流系统、防渗系统、地下水导排系统、渗滤液收集及处理系统、填埋气体导排系统等。渗滤液(含生产废水)设计处理方案为：预处理+MBR+纳滤+反渗透的组合工艺，设计处理能力为 150 m^3/d，处理达到《生活垃圾填埋场污染控制标准》(GB 16889—2008)中的要求后，排入一Ⅳ类水体。工程设计的填埋气体导排方案为：水平与垂直相结合，垂直安放的 PVC 导气管周围设有石笼透气层，导气管与石笼透气层构成导气井，导气井水平间距为 30～50 m，在导气井的上部设水平集气管，每条水平集气管连接若干条垂直导气管，若干条水平集气管连接，构成集气区域，最终气体导向燃烧火炬进行焚烧。填埋气体主要成分为 CH_4、CO_2、NH_3、H_2S、N_2、H_2 等。拟选厂址位于城市西北 15 km，厂址及周边土地类型主要为一般农田；所在区域主导风向为东南风，平均风速为 3.3 m/s，场址地下水系滨海平原水文地质区，近地表的第四地层属松散沉积层，孔隙多，导水性良好，有利于地下水贮存。填埋区天然基础层厚度 5.3 m，平均渗透系数为 4.4×10^{-6} cm/s。

根据以上资料，请回答以下问题。

(1) 影响渗滤液产生量的主要因素有哪些？

(2) 填埋场运行期存在哪些主要环境影响？

(3) 什么情况下填埋区渗滤液可能污染地下水？

(4) 渗滤液处理厂应考虑哪些应急处理措施？

思 考 题

1. 试述固体废物环境影响评价的特点。
2. 固体废物的环境影响评价有哪两大类？
3. 垃圾填埋场的选址要求有哪些？
4. 危险废物填埋场的选址有哪些要求？
5. 对一般工业固体废物贮存、处置场污染控制项目做何规定？

第八章　生态影响评价

世界生态系统正在日益受到人类开发活动的威胁。生态影响评价是环境影响评价的主要组成部分，并且在环境规划与管理方面也有潜在的应用。本章适用于建设项目对生态系统及其组成因子所造成的影响的评价。

第一节　概　　述

一、基本概念

1. 生态影响评价

生态影响评价是指通过揭示和预测人类活动对生态的影响及其对人类健康和经济发展的作用，确定一个地区的生态负荷或环境容量，并提出减少影响或改善生态环境的策略和措施。

2. 生态系统

生态系统是指生命系统与非生命(环境)系统在特定空间组成的具有一定结构与功能的系统。在生态系统中，生物与生物、生物与环境、各环境因子之间相互联系、相互影响、相互制约，通过物质循环、能量流动、信息传递结合为一个完整的综合系统。

3. 生态影响

生态影响是经济社会活动对生态系统及其生物因子、非生物因子所产生的任何有害的或有益的作用，影响可划分为不利影响和有利影响，直接影响、间接影响和累积影响，可逆影响和不可逆影响。

4. 特殊生态敏感区

特殊生态敏感区指具有极重要的生态服务功能，生态系统极为脆弱或已有较为严重的生态问题，如遭到占用、损失或破坏后所造成的生态影响后果严重且难以预防、生态功能难以恢复和替代的区域，包括自然保护区、世界文化和自然遗产地等。

5. 重要生态敏感区

重要生态敏感区指具有重要的生态服务功能，或生态系统较为脆弱，如遭到占用、损失或破坏后所造成的生态影响后果较严重，但可以通过一定措施加以预防、恢复和替代的区域，包括风景名胜区、森林公园、地质公园、重要湿地、原始天然林、珍稀濒危野生动植物天然集中分布区、重要水生生物的自然产卵及索饵场、越冬场和洄游通道、天然渔场等。

6. 一般区域

一般区域是指除特殊生态敏感区和重要生态敏感区以外的其他区域。

7. 生境

生境是指物种(也可以是种群或群落)存在的环境域，即生物生存的空间和其中全部生态因子的总和。组成生境的各要素即为生态因子，包括生物因子和非生物因子。生境包括结构性因素、资源性因素以及物种之间的相互作用等。

二、生态影响判定依据

(1) 国家、行业和地方已颁布的资源环境保护等相关法规、政策、标准、规划和区划等确定的目标、措施与要求。

(a) 标准有《农田灌溉水质标准》(GB 5084—2021)、《土壤环境质量 农用地土壤污染风险管控标准(试行)》(GB 15618—2018)、《食用农产品产地环境质量评价标准》(HJ 332—2006)、《渔业水质标准》(GB 11607—1989)、《土壤侵蚀分类分级标准》(SL 190—2007)等。

(b) 国家已发布的环境影响评价技术导则，行业发布的环境影响评价规范、规定、设计规范中有关生态保护的要求等，如《环境影响评价技术导则 生态影响》(HJ 19—2011)。

(c) 规划确定的目标、指标和区划功能：重要生态功能区划及其详细规划的目标、指标和保护要求；敏感保护目标的规划、区划及确定的生态功能与保护界域、要求，如自然保护区、风景名胜区、基本农田保护区、重点文物保护单位等；城市规划区的环境功能区划及其保护目标与保护要求，如城市绿化率等；全国土壤侵蚀类型区划、地方水土保持区划；其他地方规划及其相应的生态规划目标、指标与保护要求等。

(2) 科学研究判定的生态效应或评价项目实际的生态监测、模拟结果。

(3) 评价项目所在地区及相似区域的生态背景值或本底值。

一般以项目所在的区域生态的背景值或本底值作为评价“标准”，如区域土壤背景值、区域植被覆盖率与生物量、区域水土流失本底值等。有时，也可选取建设项目进行前所在地的生态背景值作为参照标准，如植被覆盖率、生物量、生物种丰度和生物多样性等。

背景或本底值可作为生态现状评价的标准。实际应用中，选用哪些指标或参数评价十分重要。在生态影响评价中，生态系统可按不同的等级进行评价。

(4) 已有性质、规模以及区域生态敏感性相似项目的实际生态影响类比。

(5) 相关领域专家、管理部门及公众的咨询意见。

三、生态影响评价的工作内容

生态环境影响评价的工作内容包括以下几点。

(1) 规划分析或建设项目工程分析。

(2) 生态现状的调查与评价。

(3) 进行环境影响识别与评价因子筛选。

(4) 确定生态影响评价等级和范围。

(5) 生态影响预测评价或分析。即进行建设项目全过程的影响评价和动态管理，而且需特别关注对敏感保护目标的影响评价。

(6) 有针对性地提出生态保护措施。研究消除和减缓影响的对策措施，包括环境监理和生态监测，并进行技术经济论证。

(7) 从生态影响及生态恢复、补偿等方面，对项目建设的可行性提出结论和建议。

四、生态影响识别

生态影响识别包括三个方面：影响因素识别，即识别作用主体；影响对象识别，即识别作用受体；影响效应识别，即识别影响作用的性质、程度等。

1. 影响因素识别

影响因素识别是对作用主体的识别，实质上是一个工程分析的过程，应建立在对工程性质和内容的全面了解和深入认识的基础上。

(1) 内容全面：包括主体工程、所有辅助工程(如施工辅道、作业场所、贮运设施等)、公用工程和配套设施建设。

(2) 全过程识别：包括施工期、运营期、服务期满后(如矿山闭矿、渣场封闭、设施退役等)。

(3) 识别主要工程及其作用方式：主要的工程组成，如公路的桥、隧、取弃土场等；作用方式如集中作用点与分散作用点、长期作用与短期作用、物理作用或化学作用等。

2. 影响对象识别

影响对象识别要点如下：

(1) 生态系统类型、组成要素、特点、所起作用或主要环境功能。

(2) 生态敏感保护目标及重要生境。

敏感保护目标包括自然保护区、风景名胜区、森林公园、世界文化和自然遗产地等，重要生境包括天然林、天然海岸、潮间带滩涂、河口和河口湿地、湿地与沼泽、红树林与珊瑚礁、无污染的天然溪流、河道、自然性较高的草原、草山、草坡等。

(3) 自然资源，包括水资源、耕地(尤其是基本农田保护区)资源、特产地与特色资源、景观资源以及对区域可持续发展有重要作用的资源。

(4) 自然、人文遗迹与风景名胜。由于我国自然、人文遗迹及风景名胜特别丰富，需要在环境影响评价中给予特别的关注，因此需要认识调查和识别此类保护目标。

3. 影响效应识别

影响效应识别是对作用主体作用于作用受体后可能产生的生态效应进行识别，主要包括以下几个方面。

(1) 影响的性质：正负影响、可逆与不可逆影响、长期与短期影响、累积性与非累积性影响、可否恢复或补偿、有无替代方案等。

(2) 影响的程度：影响的大小、发生的剧烈程度、持续时间的长短、受影响的生态因子的多少、是否影响到生态系统的主要组成因子等。

(3) 影响的可能性：发生影响的可能性与概率，影响可能性可按极小、可能、很可能来识别。

五、生态影响评价等级和范围

1. 生态影响评价等级

根据影响区域的生态敏感性和评价项目的工程占地(含水域)范围，包括永久占地和临时占地，将生态影响评价工作级别划分为一级、二级和三级，如表 8-1 所示。

表 8-1　生态影响评价工作等级划分

影响区域生态敏感性	工程占地(水域)范围		
	面积≥20 km^2 或长度≥100 km	面积 2～20 km^2 或长度 50～100 km	面积≤2 km^2 或长度≤50 km
特殊生态敏感区	一级	一级	一级
重要生态敏感区	一级	二级	三级
一般区域	二级	三级	三级

位于原厂界(或永久用地)范围内的工业类改扩建项目，可进行生态影响分析。

当工程占地(含水域)范围的面积或长度分别属于两个不同评价工作等级时，原则上应按其中较高的评价工作等级进行评价。改扩建工程的工程占地范围以新增占地(含水域)面积或长度计算。

在矿山开采可能导致矿区土地利用类型明显改变，或拦河闸坝建设可能明显改变水文情势等情况下，评价工作等级应上调一级。

2. 评价工作范围

生态影响评价应能够充分体现生态完整性，涵盖评价项目全部活动的直接影响区域和间接影响区域。评价工作范围应依据评价项目对生态因子的影响方式、影响程度和生态因子之间的相互影响和相互依存关系确定。可综合考虑评价项目与项目区的气候过程、水文过程、生物过程等生物地球化学循环过程的相互作用关系，以评价项目影响区域所涉及的完整气候单元、水文单元、生态单元、地理单元界限为参照边界。

第二节　生态现状调查与评价

一、生态现状调查

1. 生态现状调查要求

生态现状调查是生态现状评价、影响预测的基础和依据，调查的内容和指标应能反映评价工作范围内的生态背景特征和现存的主要生态问题。在有敏感生态保护目标(包括特殊生态敏感区和重要生态敏感区)或其他特别保护要求对象时，应做专题调查。

生态现状调查应在收集资料的基础上开展现场工作，生态现状调查的范围应不小于评价工作的范围。

一级评价应给出采样地样方实测、遥感等方法测定的生物量、物种多样性等数据，给出主要生物物种名录、受保护的野生动植物物种等调查资料；二级评价的生物量和物种多样性调查可依据已有资料推断，或实测一定数量的、具有代表性的样方予以验证；三级评价可充分借鉴已有资料进行说明。

2. 生态现状调查的方法

生态现状调查的方法有资料收集法、现场勘查法、专家和公众咨询法、生态监测法、遥感调查法、海洋生态调查方法及水库渔业资源调查方法等。

在生态环境现状调查中，要特别注意图件的收集和编制。图件是评价中最佳的信息载体和表达方式，依据不同的评价级别提供必要的图件，如区域地理位置图、土地利用现状图、水系图、工程平面图、植被图等。

3. 生态现状调查内容

1) 生态背景调查

根据生态影响的空间和时间尺度特点，调查影响区域内涉及的生态系统类型、结构、功能和过程，以及相关的非生物因子特征(如气候、土壤、地形地貌、水文及水文地质等)，重点调查受保护的珍稀濒危物种、关键种、土著种、建群种和特有种，天然的重要经济物种等。如涉及国家级和省级保护物种、珍稀濒危物种和地方特有物种，应逐个或逐类说明其类型、分布、保护级别、保护状况等；如涉及特殊生态敏感区和重要生态敏感区时，应逐个说明其类型、等级、分布、保护对象、功能区划、保护要求等。

2) 主要生态问题调查

调查影响区域内已经存在的制约本区域可持续发展的主要生态问题，如水土流失、沙漠化、石漠化、盐渍化、自然灾害、生物入侵和污染危害等，指出其类型、成因、空间分布、发生特点等。

二、生态现状评价

1. 评价要求

在区域生态基本特征现状调查的基础上，对评价区的生态现状进行定量或定性的分析评价，评价应采用文字和图件相结合的表现形式。图件制作应遵照《环境影响评价技术导则 生态影响》附录 B 的规定。

2. 评价方法

生态现状评价包括列表清单、图形叠置、生态机理分析、指数法与综合指数、类比分析、系统分析、生物多样性评价、海洋及水生生物资源影响评价等方法。

3. 评价内容

(1) 在阐明生态系统现状的基础上，分析影响区域内生态系统状况的主要原因，评价生态系统的结构与功能状况(如水源涵养、防风固沙、生物多样性保护等主导生态功能)、生态系统面临的压力和存在的问题、生态系统的总体变化趋势等。

(2) 分析和评价受影响区域内动、植物等生态因子的现状组成、分布；当评价区域涉及受保护的敏感物种时，应重点分析该敏感物种的生态学特征；当评价区域涉及特殊生态敏感区或重要生态敏感区时，应分析其生态现状、保护现状和存在的问题等。

第三节　生态影响预测与评价

一、生态影响预测与评价内容

生态影响预测与评价内容应与现状评价内容相对应，依据区域生态保护的需要和受影响生态系统的主导生态功能选择评价预测指标。

(1) 评价工作范围内涉及的生态系统及其主要生态因子的影响评价。通过分析影响作用的方式、范围、强度和持续时间来判断生态系统受影响的范围、强度和持续时间；预测生态系统组成和服务功能的变化趋势，重点关注其中的不利影响、不可逆影响和累积生态影响。

(2) 敏感生态保护目标的影响评价应在明确保护目标的性质、特点、法律地位和保护要求的情况下，分析评价项目的影响途径、影响方式和影响程度，预测潜在的后果。

(3) 预测评价项目对区域现存主要生态问题的影响趋势。

二、生态影响预测与评价方法

生态影响预测与评价方法应根据评价对象的生态学特性，在调查、判断该区主要的、辅助的生态功能以及完成功能必需的生态过程的基础上，分别采用定量分析与定性分析相结合的方法进行预测与评价。《环境影响评价技术导则 生态影响》附录C推荐的生态影响评价和预测方法有以下几种。

1. 列表清单法

该方法简单明了，针对性强，主要应用于开发建设活动对生态因子的影响分析、生态保护措施的筛选、物种或栖息地重要性或优先度比选等。该方法不能对环境影响程度进行定量评价。

2. 图形叠置法

图形叠置法直观、形象，简单明了。主要用于区域生态质量评价和影响评价、土地利用开发和农业开发中，以及用于具有区域性影响的特大型建设项目(如大型水利枢纽工程、新能源基地建设、矿业开发项目等)评价中。

3. 生态机理分析法

生态机理分析法是根据建设项目的特点和受其影响的动、植物的生物学特征，依照生态学原理分析、预测工程生态影响的方法。

在评价过程中有时需要根据实际情况进行相应的生物模拟试验，如环境条件、生物习性模拟试验、生物毒理学试验、实地种植或放养试验等；或进行数学模拟，如种群增长模型的应用。

该方法需与生物学、地理学、水文学、数学及其他多学科合作评价，才能得出较为客观的结果。

4. 景观生态学方法

景观生态学法是通过研究某一区域、一定时段内的生态系统类群的格局、特点、综合资源状况等自然规律，以及人为干预下的演替趋势，揭示人类活动在改变生物与环境方面的作用的方法。

景观生态学对生态环境质量状况的评判是通过两个方面进行的，一是空间结构分析，二是功能与稳定性分析。

空间结构分析基于景观是高于生态系统的自然系统，是一个清晰的和可度量的单位。景观由斑块、基质和廊道组成，其中基质是景观的背景地块，是景观中一种可以控制环境质量的组分。因此，基质的判定是空间结构分析的重要内容。判定基质有三个标准，即相对面积大、连通程度高、有动态控制功能。基质的判定多借用传统生态学中计算植被重要值的方法。决定某一斑块类型在景观中的优势，也称优势度值(Do)。优势度值由密度(Rd)、频率(Rf)和景观比例(Lp)三个参数计算得出，其数学表达式分别为：

$$\mathrm{Rd}=(\text{斑块 } i \text{ 的数目/斑块总数})\times 100\%$$

$$\mathrm{Rf}=(\text{斑块 } i \text{ 出现的样方数/总样方数})\times 100\%$$

$$\mathrm{Lp}=(\text{斑块 } i \text{ 的面积/样地总面积})\times 100\%$$

$$\mathrm{Do}=0.5\times[0.5\times(\mathrm{Rd}+\mathrm{Rf})+\mathrm{Lp}]\times 100\%$$

上述分析同时反映了自然组分在区域生态系统中的数量和分布，因此能较准确地表示生态环境的整体性。

景观的功能和稳定性分析包括如下四方面内容。

(1) 生物恢复力分析：分析景观基本元素的再生能力或高亚稳定性元素能否占主导地位。

(2) 异质性分析：基质为绿地时，由于异质化程度高的基质很容易维护它的基质地位，从而达到增强景观稳定性的作用。

(3) 种群源的持久性和可达性分析：分析动植物物种能否持久保持能量流、养分流，分析物种流可否顺利地从一种景观元素迁移到另一种元素，从而增强共生性。

(4) 景观组织的开放性分析：分析景观组织与周边生境的交流渠道是否畅通，开放性强的景观组织可以增强抵抗力和恢复力。

景观生态学方法既可以用于生态现状评价，也可以用于生态变化预测，目前是国内外生态影响评价学术领域中较先进的方法。

5. 指数法与综合指数法

指数法简明扼要，且符合人们所熟悉的环境污染影响评价思路，但困难之处在于需明确建立表征生态质量的标准体系，且难以赋权和准确定量。综合指数法是从确定等度量因素出发，把不能直接对比的事物变成能够同度量的方法。

指数法可用于生态单因子质量评价、生态多因子综合质量评价、生态系统功能评价等。

6. 类比分析法

该法是一种较为常用的定性和半定量评价方法，一般有生态整体类比、生态因子类比和生态问题类比等。

选择好类比对象(类比项目)是进行类比分析或预测评价的基础，也是该法成败的关键。

类比对象的选择条件包括：工程性质、工艺和规模与拟建项目基本相当，生态因子(地理、地质、气象、生物因素等)相似，项目建成已有一定时间，所产生的影响已基本全部显现。

类比对象确定后，需选择和确定类比因子及指标，并对类比对象开展调查与评价，再分析拟建项目与类比对象的差异。根据类比对象与拟建项目的比较，做出类比分析结论。

7. 系统分析法

系统分析法是把要解决的问题作为一个系统，对系统要素进行综合分析，找出解决问题的可行方案的咨询方法。该法因能妥善解决一些多目标动态性问题，目前已得到广泛应用，尤其在进行区域开发或解决优化方案选择问题时，系统分析法显现出了他方法所不能达到的效果。

具体步骤包括：限定问题、确定目标、调查研究、收集数据、提出备选方案和评价标准、备选方案评估和提出最可行方案。

在生态系统质量评价中使用系统分析的具体方法有专家咨询法、层次分析法、模糊综合评判法、综合排序法、灰色关联法等。

8. 生物多样性评价方法

生物多样性评价是指通过实地调查，分析生态系统和生物钟的历史变迁、现状和存在主要问题的方法，目的是有效保护生物多样性。

9. 海洋及水生生物资源影响评价方法

海洋及生物资源影响评价技术方法参见《建设项目对海洋生物资源影响评价技术规程》(SC/T 9110—2007)，以及其他推荐的生态影响评价和预测适用方法；水生生物资源影响及评价技术方法，可适当参照该技术规程及其他推荐的适用方法进行。

案 例 分 析

某拟建水电站是 A 江水电规划梯级开发方案中的第三级电站(堤坝式)，以发电为主，兼顾城市供水和防洪，总装机容量 3000 MW。堤坝处多年平均流量 1850 m^3/s，水库设计坝高 159 m，设计正常蓄水位 1134 m，调节库容 5.55 亿 m^3，具有周调节能力，在电力系统需要时也可承担日调峰任务，泄洪消能方式为挑流消能。

项目施工区设有砂石加工系统、混凝土机拌和及制冷系统、机械修配、汽车修理及保养厂，以及业主营地和承包商营地。施工高峰人数 9000 人，施工总工期 92 个月，项目建设征地总面积 59 km^2，搬迁安置人口 3000 人，设 3 个移民集中安置点

坝址上游属高山峡谷地貌，库区河段水环境功能为Ⅲ类，现状水质达标。水库在正常蓄水位时，回水长度 96 km，水库淹没区分布有 A 江特有鱼类的产卵场，其产卵期为 3～4 月。经预测，水库蓄水后水温呈季节性弱分层，3 月和 4 月出库水温较坝址天然水温分别低 1.8℃和 0.4℃。

B 市位于电站下游约 27 km 处，依江而建，现有 2 个自来水厂的取水口和 7 个工业企业的取水口均位于 A 江，城市生活污水和工业废水经处理后排入 A 江。电站建成后，B 市现有的 2 个自来水厂取水口上移至库区。

根据以上资料，请回答以下问题。

(1) 指出本项目主要环境保护目标。

(2) 给出本项目运行期对水生生物产生影响的主要因素。

(3) 指出施工期间应采取的主要水质保护措施。

(4) 现状水质检测应如何布设监测断面？

(5) 指出项目工程分析生态影响的重点内容。

思　考　题

1. 什么是生态影响？什么是特殊生态敏感区？什么是重要生态敏感区？
2. 如何划分生态影响评价等级？
3. 生态现状评价的内容有哪些？
4. 生态影响预测包含哪些内容？

第九章　地下水环境影响评价

第一节　概　　述

一、基本概念

1. 地下水

地面以下饱和含水层中的重力水。

2. 水文地质条件

地下水埋藏和分布、含水介质和含水构造等条件的总称。

3. 包气带

地面与地下水面之间与大气相通的，含有气体的地带。

4. 饱水带

地下水面以下，岩层的空隙全部被水充满的地带。

5. 潜水

地面以下，第一个稳定隔水层以上具有自由水面的地下水。

6. 承压水

充满于上、下两个相对隔水层间的具有承压性质的地下水。

7. 地下水补给区

含水层出露或接近地表接受大气降水和地表水等入渗补给的地区。

8. 地下水排泄区

含水层的地下水向外部排泄的范围。

9. 地下水径流区

含水层的地下水从补给区至排泄区的流经范围。

10. 集中式饮用水水源

进入输水管网送到用户的且具有一定供水规模(供水人口一般不小于 1000 人)的现用、备用和规划的地下水饮用水水源。

11. 分散式饮用水水源地

供水小于一定规模(供水人口一般小于 1000 人)的地下水饮用水水源地。

12. 地下水环境现状值

建设项目实施前的地下水环境质量监测值。

13. 地下水污染对照值

调查评价区内有历史记录的地下水水质指标统计值，或调查评价区内受人类活动影响程度较小的地下水水质指标统计值。

14. 地下水污染

人为原因直接导致地下水的化学、物理、生物性质改变，使地下水水质恶化的现象。

15. 正常状况

建设项目的工艺设备和地下水环境保护措施均达到设计要求条件下的运行状况。例如，防渗系统的防渗能力达到了设计要求，防渗系统完好，验收合格。

16. 非正常状况

建设项目的工艺设备或地下水环境保护措施因系统老化、腐蚀等原因不能正常运行或保护效果达不到设计要求时的运行状况。

17. 地下水环境保护目标

潜水含水层和可能受建设项目影响且具有饮用水开发利用价值的含水层，集中式饮用水水源和分散式饮用水水源地，以及《建设项目环境影响评价分类管理名录》中所界定的涉及地下水的环境敏感区。

二、地下水环境影响评价标准

1. 《环境影响评价技术导则 地下水环境》(HJ 610—2016)

《环境影响评价技术导则 地下水环境》规定了地下水环境影响评价的一般性原则、内容、工作程序、方法和要求。适用于对地下水环境可能产生影响的建设项目的环境影响评价。规划环境影响评价中的地下水环境影响评价可参照执行。

该导则于 2016 年 1 月 7 日发布，自 2016 年 1 月 7 日起实施。

2. 《地下水质量标准》(GB/T 14848—2017)

《地下水质量标准》于 1993 年首次发布，2017 第一次修订，自 2018 年 5 月 1 日起实施。新修订的《地下水质量标准》增加了水质指标项目，由原来的 39 项增加至 93 项。

该标准规定了地下水质量分类、指标及限值、地下水质量调查与监测、地下水质量评价等内容。

标准适用于地下水质量调查、监测、评价与管理。

1) 地下水质量分类

依据我国地下水质量状况和人体健康风险，参照生活饮用水、工业、农业等用水质量要求，依据各组分含量高低(pH 除外)，分为五类。

Ⅰ类：地下水化学组分含量低，适用于各种用途；

Ⅱ类：地下水化学组分含量较低，适用于各种用途；

Ⅲ类：地下水化学组分含量中等，以《生活饮用水卫生标准》(GB 5749—2006)为依据，主要适用于集中式生活饮用水水源及工农业用水；

Ⅳ类：地下水化学组分含量较高，以农业和工业用水质量要求以及一定水平的人体健康风险为依据，适用于农业和部分工业用水，适当处理后可作生活饮用水；

Ⅴ类：地下水化学组分含量高，不宜作为生活饮用水水源，其他用水可根据使用目的选用。

2) 地下水质量分类指标

地下水质量指标分为常规指标和非常规指标。常规指标有 39 项，包括感官性状及一般化学指标(20 项)、微生物指标(2 项)、毒理学指标(15 项)、放射性指标(2 项)。非常规指标 54 项，全部为毒理学指标。详见表 9-1。

表 9-1 地下水质量指标

<table>
<tr><th colspan="2">常规指标</th><th colspan="2">非常规指标</th></tr>
<tr><td>感官性状及一般化学指标</td><td>色、嗅和味、浑浊度、肉眼可见物、pH、总硬度、溶解性总固体、硫酸盐、氯化物、铁、锰、铜、锌、铝、挥发性酚类、阴离子表面活性剂、耗氧量(COD_{Mn})、氨氮、硫化物、钠</td><td rowspan="4">毒理学指标</td><td rowspan="4">铍、硼、锑、钡、镍、钴、钼、银、铊、二氯甲烷、1,2-二氯乙烷、1,1,1-三氯乙烷、1,1,2-三氯乙烷、1,2-二氯丙烷、三溴甲烷、氯乙烯、1,1-二氯乙烯、1,2-二氯乙烯、三氯乙烯、四氯乙烯、氯苯、邻二氯苯、对二氯苯、三氯苯、乙苯、二甲苯、苯乙烯、2,4-二硝基甲苯、2,6-二硝基甲苯、萘、蒽、荧蒽、苯并[b]荧蒽、苯并[a]芘、多氯联苯、邻苯二甲酸二(2-乙基己基)酯、2,4,6-三氯酚、五氯酚、六六六、γ-六六六(林丹)、滴滴涕、六氯苯、七氯、2,4-滴、克百威、涕灭威、敌敌畏、甲基对硫磷、马拉硫磷、乐果、毒死蜱、百菌清、莠去津、草甘膦</td></tr>
<tr><td>微生物指标</td><td>总大肠菌群、菌落总数</td></tr>
<tr><td>毒理学指标</td><td>亚硝酸盐、硝酸盐、氰化物、氟化物、碘化物、汞、砷、硒、镉、铬(六价)、铅、三氯甲烷、四氯化碳、苯、甲苯</td></tr>
<tr><td>放射性指标</td><td>总α放射性、总β放射性</td></tr>
</table>

三、地下水环境影响评价的原则

地下水环境影响评价应对建设项目在建设期、运营期和服务期满后对地下水水质可能造成的直接影响进行分析、预测和评估，提出预防或者减轻不良影响的对策和措施，制定地下水环境影响跟踪监测计划，为建设项目地下水环境保护提供科学依据。

根据建设项目对地下水环境影响的程度，结合《建设项目环境影响评价分类管理名录》，将建设项目分为四类。Ⅰ类、Ⅱ类、Ⅲ类建设项目的地下水环境影响评价应执行本标准，Ⅳ类建设项目不开展地下水环境影响评价。

四、评价基本任务

地下水环境影响评价应按划分的评价工作等级开展相应评价工作，基本任务包括：识别地下水环境影响，确定地下水环境影响评价工作等级；开展地下水环境现状调查，完成地下水环境现状监测与评价；预测和评价建设项目对地下水水质可能造成的直接影响，提出有针对性的地下水污染防控措施与对策，制定地下水环境影响跟踪监测计划和应急预案。

五、工作程序

地下水环境影响评价工作可划分为准备阶段、现状调查与评价阶段、影响预测与评价阶段和结论阶段。地下水环境影响评价工作程序见图 9-1。

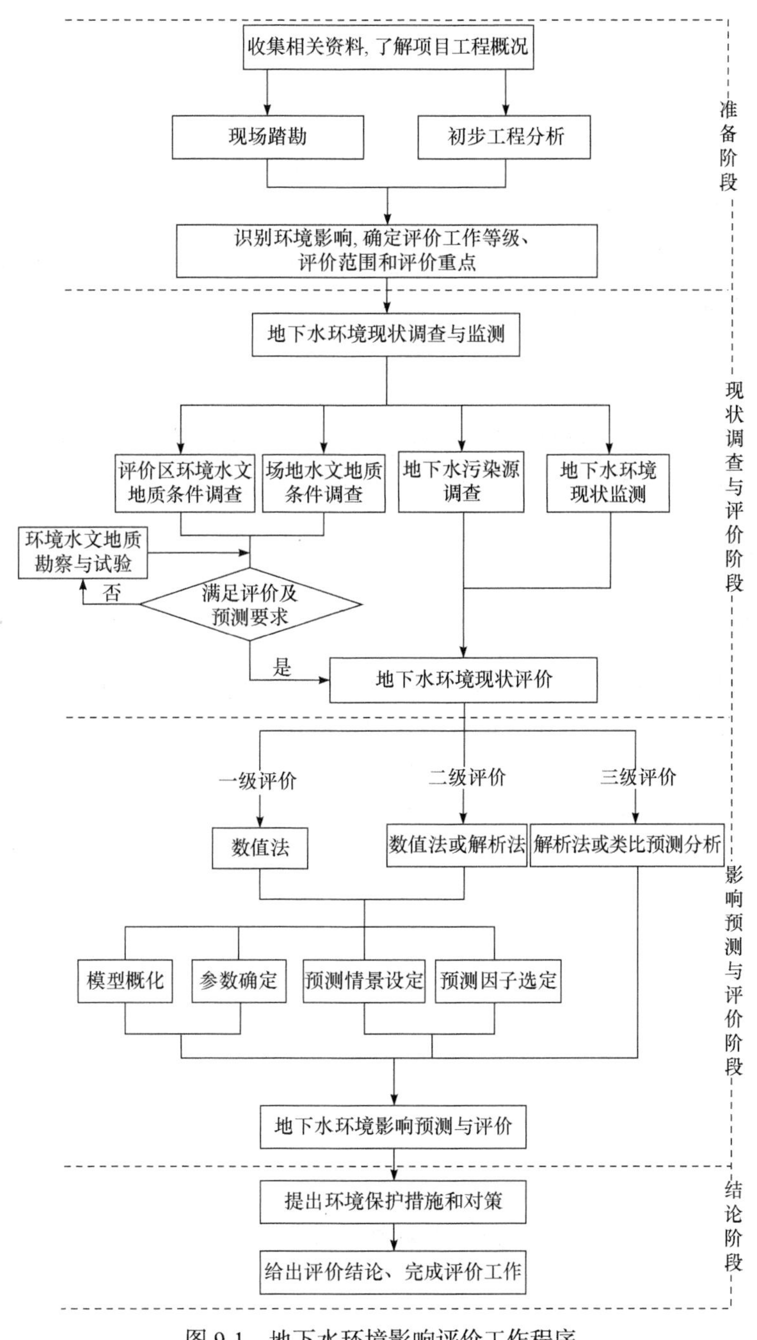

图 9-1　地下水环境影响评价工作程序

1. 准备阶段

搜集和分析国家和地方有关地下水环境保护的法律、法规、政策、标准及相关规划等资料；了解建设项目工程概况，进行初步工程分析，识别建设项目对地下水环境可能造成的直接影响；开展现场踏勘工作，识别地下水环境敏感程度；确定评价工作等级、评价范围以及评价重点。

2. 现状调查与评价阶段

开展现场调查、勘探、地下水监测、取样、分析、室内外试验和室内资料分析等工作，进行现状评价。

3. 影响预测与评价阶段

进行地下水环境影响预测，依据国家、地方有关地下水环境的法规及标准，评价建设项目对地下水环境可能造成的直接影响。

4. 结论阶段

综合分析各阶段成果，提出地下水环境保护措施与防控措施，制定地下水环境影响跟踪监测计划，给出地下水环境影响评价结论。

六、地下水环境影响识别

1. 基本要求

(1) 地下水环境影响的识别应在初步工程分析和确定地下水环境保护目标的基础上进行，根据建设项目建设期、运营期和服务期满后三个阶段的工程特征，识别其“正常状况”和“非正常状况”下的地下水环境影响。

(2) 对于随着生产运行时间推移对地下水环境影响有可能加剧的建设项目，还应按运营期的变化特征分为初期、中期和后期分别进行环境影响识别。

2. 识别方法

(1) 根据《环境影响评价技术导则　地下水环境》附录 A，识别建设项目所属的行业类别。

(2) 根据建设项目的地下水环境敏感特征，识别建设项目的地下水环境敏感程度。

3. 识别内容

(1) 识别可能造成地下水污染的装置和设施(位置、规模、材质等)及建设项目在建设期、运营期、服务期满后可能的地下水污染途径。

(2) 识别建设项目可能导致地下水污染的特征因子。特征因子应根据建设项目污废水成分[可参照《环境影响评价技术导则　地表水环境》(HJ 2.3—2018)]、液体物料成分、固废浸出液成分等确定。

第二节　地下水环境影响评价工作分级

评价工作等级的划分应依据建设项目行业分类和地下水环境敏感程度分级进行判定，可划分为一级、二级、三级。

一、评价工作等级划分

1. 划分依据

(1) 根据《环境影响评价技术导则 地下水环境》附录A确定建设项目所属的地下水环境影响评价项目类别。

(2) 建设项目的地下水环境敏感程度可分为敏感、较敏感、不敏感三级，分级原则见表9-2。

表9-2　地下水环境敏感程度分级

敏感程度	地下水环境敏感特征
敏感	集中式饮用水水源(包括已建成的在用、备用、应急水源，在建和规划的饮用水水源)准保护区；除集中式饮用水水源以外的国家或地方政府设定的与地下水环境相关的其他保护区，如热水、矿泉水、温泉等特殊地下水资源保护区
较敏感	集中式饮用水水源(包括已建成的在用、备用、应急水源，在建和规划的饮用水水源)准保护区以外的补给径流区；未划定准保护区的集中式饮用水水源，其保护区以外的补给径流区；分散式饮用水水源地；特殊地下水资源(如热水、矿泉水、温泉等)保护区以外的分布区等其他未列入上述敏感分级的环境敏感区[a]
不敏感	上述地区之外的其他地区

a 环境敏感区是指《建设项目环境影响评价分类管理名录》中所界定的涉及地下水的环境敏感区。

2. 建设项目评价工作等级

(1) 建设项目地下水环境影响评价工作等级划分见表9-3。

表9-3　评价工作等级划分

环境敏感程度	项目类别		
	Ⅰ类项目	Ⅱ类项目	Ⅲ类项目
敏感	一	一	二
较敏感	一	二	三
不敏感	二	三	三

(2) 对于利用废弃盐岩矿井洞穴或人工专制盐岩洞穴、废弃矿井巷道加水幕系统、人工硬岩洞库加水幕系统、地质条件较好的含水层储油、枯竭的油气层储油等形式的地下储油库，危险废物填埋场应进行一级评价，不按表9-3划分评价工作等级。

(3) 当同一建设项目涉及两个或两个以上场地时，各场地应分别判定评价工作等级，并按相应等级开展评价工作。

(4) 线性工程应根据所涉地下水环境敏感程度和主要站场(如输油站、泵站、加油站、机务段、服务站等)位置进行分段判定评价工作等级，并按相应等级分别开展评价工作。

二、地下水环境影响评价技术要求

1. 原则性要求

地下水环境影响评价应充分利用已有资料和数据，当已有资料和数据不能满足评价工作要求时，应开展相应评价工作等级要求的补充调查，必要时进行勘察试验。

2. 一级评价要求

(1) 详细掌握调查评价区环境水文地质条件，主要包括含(隔)水层结构及其分布特征、地下水补径排条件、地下水流场、地下水动态变化特征、各含水层之间以及地表水与地下水之间的水力联系等，详细掌握调查评价区内地下水开发利用现状与规划。

(2) 开展地下水环境现状监测，详细掌握调查评价区地下水环境质量现状和地下水动态监测信息，进行地下水环境现状评价。

(3) 基本查清场地环境水文地质条件，有针对性地开展勘察试验，确定场地包气带特征及其防污性能。

(4) 采用数值法进行地下水环境影响预测，对于不宜概化为等效多孔介质的地区，可根据自身特点选择适宜的预测方法。

(5) 预测评价应结合相应环保措施，针对可能的污染情景，预测污染物运移趋势，评价建设项目对地下水环境保护目标的影响。

(6) 根据预测评价结果和场地包气带特征及其防污性能，提出切实可行的地下水环境保护措施与地下水环境影响跟踪监测计划，制定应急预案。

3. 二级评价要求

(1) 基本掌握调查评价区的环境水文地质条件，主要包括含(隔)水层结构及其分布特征、地下水补径排条件、地下水流场等。了解调查评价区地下水开发利用现状与规划。

(2) 开展地下水环境现状监测，基本掌握调查评价区地下水环境质量现状，进行地下水环境现状评价。

(3) 根据场地环境水文地质条件的掌握情况，有针对性地补充必要的勘察试验。

(4) 根据建设项目特征、水文地质条件及资料掌握情况，采用数值法或解析法进行影响预测，评价对地下水环境保护目标的影响。

(5) 提出切实可行的环境保护措施与地下水环境影响跟踪监测计划。

4. 三级评价要求

(1) 了解调查评价区和场地环境水文地质条件。

(2) 基本掌握调查评价区的地下水补径排条件和地下水环境质量现状。

(3) 采用解析法或类比分析法进行地下水环境影响分析与评价。

(4) 提出切实可行的环境保护措施与地下水环境影响跟踪监测计划。

5. 其他技术要求

(1) 一级评价要求场地环境水文地质资料的调查精度应不低于 1∶10000 比例尺，调查评价区的环境水文地质资料的调查精度应不低于 1∶50000 比例尺。

(2) 二级评价环境水文地质资料的调查精度要求能够清晰反映建设项目与环境敏感区、地下水环境保护目标的位置关系，并根据建设项目特点和水文地质条件复杂程度确定调查精度，建议以不低于 1：50000 比例尺为宜。

第三节　地下水环境现状调查与评价

一、调查与评价原则

(1) 地下水环境现状调查与评价工作应遵循资料搜集与现场调查相结合、项目所在场地调查(勘察)与类比考察相结合、现状监测与长期动态资料分析相结合的原则。

(2) 地下水环境现状调查与评价工作的深度应满足相应的工作级别要求。当现有资料不能满足要求时，应通过组织现场监测或环境水文地质勘察与试验等方法获取。

(3) 对于一级、二级评价的改扩建类建设项目，应开展现有工业场地的包气带污染现状调查。

(4) 对于长输油品、化学品管线等线性工程，调查评价工作应重点针对场站、服务站等可能对地下水产生污染的地区开展。

二、调查评价范围

1. 基本要求

地下水环境现状调查评价范围应包括与建设项目相关的地下水环境保护目标，以说明地下水环境的现状，反映调查评价区地下水基本流场特征，满足地下水环境影响预测和评价为基本原则。

污染场地修复工程项目的地下水环境影响现状调查参照《建设用地土壤污染状况调查技术导则》(HJ 25.1—2019)执行。

2. 调查评价范围确定

(1) 建设项目(除线性工程外)地下水环境影响现状调查评价范围可采用公式计算法、查表法和自定义法确定。

当建设项目所在地水文地质条件相对简单，且所掌握的资料能够满足公式计算法的要求时，应采用公式计算法确定；当不满足公式计算法的要求时，可采用查表法确定。当计算或查表范围超出所处水文地质单元边界时，应以所处水文地质单元边界为宜。

(a) 公式计算法：

$$L = \alpha \times K \times I \times T / n_e \tag{9-1}$$

式中：L 为下游迁移距离，m；α为变化系数，$\alpha \geq 1$，一般取 2；K 为渗透系数，m/d，常见渗透系数见《环境影响评价技术导则 地下水环境》附录 B 中表 B.1；I 为水力坡度，量纲为 1；T 为质点迁移天数，取值不小于 5000 d；n_e 为有效孔隙度，量纲为 1。

采用该方法时应包含重要的地下水环境保护目标，所得的调查评价范围如图 9-2 所示。

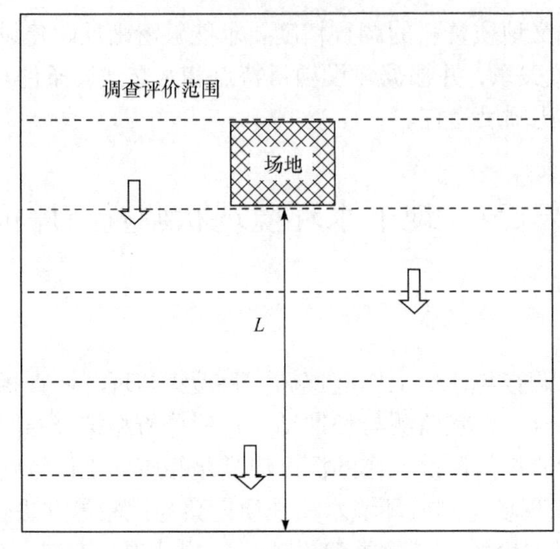

图 9-2　调查评价范围

虚线表示等水位线；空心箭头表示地下水流向；场地与上游距离根据评价需求确定，场地两侧不小于 $L/2$

(b) 查表法：参照表 9-4。

表 9-4　地下水环境现状调查评价范围参照表

评价工作等级	调查评价面积/km^2	备注
一级	≥20	应包括重要的地下水环境保护目标，必要时适当扩大范围
二级	6～20	
三级	≤6	

(c) 自定义法：可根据建设项目所在地水文地质条件自行确定，须说明理由。

(2) 线性工程应以工程边界两侧分别向外延伸 200 m 作为调查评价范围；穿越饮用水源准保护区时，调查评价范围应至少包含水源保护区；线性工程站场的调查评价范围确定参照建设项目(除线性工程)地下水环境影响现状调查范围。

三、调查内容与要求

1. 水文地质条件调查

在充分收集资料的基础上，根据建设项目特点和水文地质条件复杂程度，开展调查工作，主要内容包括：

(1) 气象、水文、土壤和植被状况。

(2) 地层岩性、地质构造、地貌特征与矿产资源。

(3) 包气带岩性、结构、厚度、分布及垂向渗透系数等。

(4) 含水层岩性、分布、结构、厚度、埋藏条件、渗透性、富水程度等；隔水层(弱透水层)的岩性、厚度、渗透性等。

(5) 地下水类型、地下水补径排条件。

(6) 地下水水位、水质、水温、地下水化学类型。

(7) 泉的成因类型，出露位置、形成条件及泉水流量、水质、水温，开发利用情况。

(8) 集中供水水源地和水源井的分布情况(包括开采层的成井密度、水井结构、深度以及开采历史)。

(9) 地下水现状监测井的深度、结构以及成井历史、使用功能。

(10) 地下水环境现状值(或地下水污染对照值)。

场地范围内应重点调查(3)。

2. 地下水污染源调查

(1) 调查评价区内具有与建设项目产生或排放同种特征因子的地下水污染源。

(2) 对于一级、二级的改扩建项目，应在可能造成地下水污染的主要装置或设施附近开展包气带污染现状调查，对包气带进行分层取样，一般在 0～20 cm 埋深范围内取一个样品，其他取样深度应根据污染源特征和包气带岩性、结构特征等确定，并说明理由。样品进行浸溶试验，测试分析浸溶液成分。

3. 地下水环境现状监测

(1) 建设项目地下水环境现状监测应通过对地下水水质、水位的监测，掌握或了解调查评价区地下水水质现状及地下水流场，为地下水环境现状评价提供基础资料。

(2) 污染场地修复工程项目的地下水环境现状监测参照《建设用地土壤污染风险管控和修复监测技术导则》(HJ 25.2—2019)执行。

(3) 现状监测点的布设原则。

(a) 地下水环境现状监测点采用控制性布点与功能性布点相结合的布设原则。

监测点应主要布设在建设项目场地、周围环境敏感点、地下水污染源以及对于确定边界条件有控制意义的地点。当现有监测点不能满足监测位置和监测深度要求时，应布设新的地下水现状监测井，现状监测井的布设应兼顾地下水环境影响跟踪监测计划。

(b) 监测层位应包括潜水含水层、可能受建设项目影响且具有饮用水开发利用价值的含水层。

(c) 一般情况下，地下水水位监测点数以不小于相应评价级别地下水水质监测点数的 2 倍为宜。

(d) 地下水水质监测点布设的具体要求：①监测点布设应尽可能靠近建设项目场地或主体工程，监测点数应根据评价工作等级和水文地质条件确定；②一级评价项目潜水含水层的水质监测点应不少于 7 个，可能受建设项目影响且具有饮用水开发利用价值的含水层 3～5 个，原则上建设项目场地上游和两侧的地下水水质监测点均不得少于 1 个，建设项目场地及其下游影响区的地下水水质监测点不得少于 3 个；③二级评价项目潜水含水层的水质监测点应不少于 5 个，可能受建设项目影响且具有饮用水开发利用价值的含水层 2～4 个。原则上建设项目场地上游和两侧的地下水水质监测点均不得少于 1 个，建设项目场地及其下游影响区的地下水水质监测点不得少于 2 个；④三级评价项目潜水含水层水质监测点应不少于 3 个，可能受建设项目影响且具有饮用水开发利用价值的含水层 1～2 个。原则上建设项目场地上游及下游影响区的地下水水质监测点各不得少于 1 个。

(e) 管道型岩溶区等水文地质条件复杂的地区，地下水现状监测点应视情况确定，并说明布设理由。

(f) 在包气带厚度超过 100 m 的地区或监测井较难布置的基岩山区，当地下水质监测点数无法满足(d)的要求时，可视情况调整数量，并说明调整理由。一般情况下，该类地区一级、二级评价项目应至少设置 3 个监测点，三级评价项目可根据需要设置一定数量的监测点。

(4) 地下水水质现状监测取样要求。

(a) 地下水水质取样应根据特征因子在地下水中的迁移特性选取适当的取样方法。

(b) 一般情况下，只取一个水质样品，取样点深度宜在地下水位以下 1.0 m 左右。

(c) 建设项目为改扩建项目，且特征因子为 DNAPLs (重质非水相液体)时，应至少在含水层底部取一个样品。

(5) 地下水水质现状监测因子。

(a) 检测分析地下水中 K^+、Na^+、Ca^{2+}、Mg^{2+}、CO_3^{2-}、HCO_3^-、Cl^-、SO_4^{2-}的浓度。

(b) 地下水水质现状监测因子原则上应包括两类：一类是基本水质因子，另一类为特征因子。基本水质因子以 pH、氨氮、硝酸盐、亚硝酸盐、挥发性酚类、氰化物、砷、汞、铬(六价)、总硬度、铅、氟、镉、铁、锰、溶解性总固体、高锰酸盐指数、硫酸盐、氯化物、总大肠菌群、细菌总数等以及背景值超标的水质因子为基础，可根据区域地下水水质状况、污染源状况适当调整；特征因子根据识别结果确定，可根据区域地下水水质状况、污染源状况适当调整。

(6) 地下水环境现状监测频率要求。

(a) 水位监测频率要求。①评价工作等级为一级的建设项目，若掌握近 3 年内至少一个连续水文年的枯、平、丰水期地下水水位动态监测资料，评价期内应至少开展一期地下水水位监测；若无上述资料，应依据表 9-5 开展水位监测；②评价工作等级为二级的建设项目，若已掌握近 3 年内至少一个连续水文年的枯、丰水期地下水水位动态监测资料，评价期可不再开展地下水水位现状监测；若无上述资料，应依据表 9-5 开展水位监测；③评价工作等级为三级的建设项目，若已掌握近 3 年内至少一期的监测资料，评价期内可不再进行地下水水位现状监测；若无上述资料，应依据表 9-5 开展水位监测。

(b) 基本水质因子的水质监测频率应参照表 9-5，若已掌握近 3 年至少一期的水质监测数据，基本水质因子可在评价期补充开展一期现状监测；特征因子在评价期内应至少开展一期现状监测。

(c) 在包气带厚度超过 100 m 的评价区或监测井较难布置的基岩山区，若已掌握近 3 年内至少一期的监测资料，评价期内可不进行地下水水位、水质现状监测；若无上述资料，至少开展一期现状水位、水质监测。

表 9-5　地下水环境现状监测频率参照表

频次／评价等级／分布区	水位监测频率			水质监测频率		
	一级	二级	三级	一级	二级	三级
山前冲(洪)积	枯平丰	枯丰	一期	枯丰	枯	一期
滨海(含填海区)	二期[a]	一期	一期	一期	一期	一期
其他平原区	枯丰	一期	一期	枯	一期	一期
黄土地区	枯平丰	一期	一期	一期	一期	一期
沙漠地区	枯丰	一期	一期	一期	一期	一期

续表

分布区 \ 频次 \ 评价等级	水位监测频率			水质监测频率		
	一级	二级	三级	一级	二级	三级
丘陵地区	枯丰	一期	一期	一期	一期	一期
岩溶裂隙	枯丰	一期	一期	枯丰	一期	一期
岩溶管道	二期	一期	一期	一期	一期	一期

a 二期的间隔有明显水位变化，其变化幅度接近年内变幅。

(7) 地下水样品采集与现场测定。

(a) 地下水样品应采用自动式采样泵或人工活塞闭合式与敞口式定深采样器进行采集。

(b) 样品采集前，应先测量井孔地下水水位(或地下水位埋深)并做好记录，然后采用潜水泵或离心泵对采样井(孔)进行全井孔清洗，抽汲的水量不得小于 3 倍的井筒水(量)体积。

(c) 地下水水质样品的管理、分析化验和质量控制按照《地下水环境监测技术规范》(HJ 164—2020)执行。pH、E_h、DO、水温等不稳定项目应在现场测定。

4. 环境水文地质勘察与试验

(1) 环境水文地质勘察与试验是在充分收集已有资料和地下水环境现状调查的基础上，为进一步查明含水层特征和获取预测评价中必要的水文地质参数而进行的工作。

(2) 除一级评价应进行必要的环境水文地质勘察与试验外，对环境水文地质条件复杂且资料缺少的地区，二级、三级评价也应在区域水文地质调查的基础上，对场地进行必要的水文地质勘察。

(3) 环境水文地质勘察可采用钻探、物探和水土化学分析以及室内外测试、试验等手段开展，具体参见相关标准与规范。

(4) 环境水文地质试验项目通常有抽水试验、注水试验、渗水试验、浸溶试验及土柱淋滤试验等，在评价工作过程中可根据评价工作等级和资料掌握情况选用。

(5) 进行环境水文地质勘察时，除采用常规方法外，还可采用其他辅助方法配合勘察。

四、地下水环境现状评价

1. 地下水水质现状评价

(1)《地下水质量标准》(GB/T 14848—2017)和有关法规及当地的环保要求是地下水环境现状评价的基本依据。对属于《地下水质量标准》水质指标的评价因子，应按其规定的水质分类标准值进行评价；对于不属于《地下水质量标准》水质指标的评价因子，可参照国家(行业、地方)相关标准进行评价。现状监测结果应进行统计分析，给出最大值、最小值、均值、标准差、检出率和超标率等。

(2) 地下水水质现状评价应采用标准指数法。标准指数＞1，表明该水质因子已超标，标准指数越大，超标越严重。标准指数计算公式分为以下两种情况。

(a) 对于评价标准为定值的水质因子，其标准指数计算方法见式(9-2)：

$$P_i = \frac{C_i}{C_{Si}} \tag{9-2}$$

式中：P_i为第 i 个水质因子的标准指数，量纲为 1；C_i为第 i 个水质因子的监测浓度值，mg/L；C_{Si}为第 i 个水质因子的标准浓度值，mg/L。

(b) 对于评价标准为区间值的水质因子(如 pH)，其标准指数计算方法见式(9-3)、式(9-4)：

$$P_{pH} = \frac{7.0 - pH}{7.0 - pH_{sd}} \quad pH \leqslant 7.0 \tag{9-3}$$

$$P_{pH} = \frac{pH - 7.0}{pH_{su} - 7.0} \quad pH > 7.0 \tag{9-4}$$

式中：P_{pH}为 pH 的标准指数，量纲为 1；pH 为 pH 的监测值；pH_{su}为标准中 pH 的上限值；pH_{sd}为标准中 pH 的下限值。

2. 包气带环境现状分析

对于污染场地修复工程项目和评价工作等级为一级、二级的改扩建项目，应开展包气带污染现状调查，分析包气带污染状况。

第四节 地下水环境影响预测

一、预测原则

(1) 建设项目地下水环境影响预测应遵循《建设项目环境影响评价技术导则 总纲》(HJ 2.1—2016)中确定的原则。考虑到地下水环境污染的复杂性、隐蔽性和难恢复性，还应遵循保护优先、预防为主的原则，预测应为评价各方案的环境安全和环境保护措施的合理性提供依据。

(2) 预测的范围、时段、内容和方法均应根据评价工作等级、工程特征与环境特征，结合当地环境功能和环保要求确定，应预测建设项目对地下水水质产生的直接影响，重点预测对地下水环境保护目标的影响。

(3) 在结合地下水污染防控措施的基础上，对工程设计方案或可行性研究报告推荐的选址(选线)方案可能引起的地下水环境影响进行预测。

二、预测范围

(1) 地下水环境影响预测范围一般与调查评价范围一致。

(2) 预测层位应以潜水含水层或污染物直接进入的含水层为主，兼顾与其水力联系密切且具有饮用水开发利用价值的含水层。

(3) 当建设项目场地天然包气带垂向渗透系数小于 1.0×10^{-6} cm/s 或厚度超过 100 m 时，预测范围应扩展至包气带。

三、预测时段

地下水环境影响预测时段应选取可能产生地下水污染的关键时段，至少包括污染发生后 100 d、1000 d 等服务年限或能反映特征因子迁移规律的其他重要的时间节点。

四、情景设置

(1) 一般情况下，建设项目须对正常状况和非正常状况的情景分别进行预测。

(2) 已依据《生活垃圾填埋场污染控制标准》(GB 16889—2008)、《危险废物贮存污染控制标准》(GB 18597—2001)、《危险废物填埋污染控制标准》(GB 18598—2019)、《一般工业固体废物贮存和填埋污染控制标准》(GB 18599—2020)、《石油化工工程防渗技术规范》(GB/T 50934—2013)等规范设计地下水污染防渗措施的建设项目，可不进行正常状况情景下的预测。

五、预测因子

预测因子应包括：

(1) 根据识别出的特征因子，按照重金属、持久性有机污染物和其他类别进行分类，并对每一类别中的各项因子采用标准指数法进行排序，分别取标准指数最大的因子作为预测因子。

(2) 现有工程已经产生的且改扩建后将继续产生的特征因子，改扩建后新增加的特征因子。

(3) 污染场地已查明的主要污染物，按照(1)筛选预测因子。

(4) 国家或地方要求控制的污染物。

六、预测源强

地下水环境影响预测源强的确定应充分结合工程分析。

(1) 正常状况下，预测源强应结合建设项目工程分析和相关设计规范确定，如《给水排水构筑物工程施工及验收规范》(GB 50141—2008)、《给水排水管道工程施工及验收规范》(GB 50268—2008)等。

(2) 非正常状况下，预测源强可根据地下水环境保护设施或工艺设备的系统老化或腐蚀程度等设定。

七、预测方法

(1) 建设项目地下水环境影响预测方法包括数学模型法和类比分析法。其中，数学模型法包括数值法、解析法等。

(2) 预测方法的选取应根据建设项目工程特征、水文地质条件及资料掌握程度来确定，当数值法不适用时，可用解析法或其他方法预测。一般情况下，一级评价应采用数值法，不宜概化为等效多孔介质的地区除外；二级评价中水文地质条件复杂且适宜采用数值法时，建议优先采用数值法；三级评价可采用解析法或类比分析法。

(3) 采用数值法预测前，应先进行参数识别和模型验证。

(4) 采用解析模型预测污染物在含水层中的扩散时，一般应满足以下条件：①污染物的排放对地下水流场没有明显的影响；②调查评价区内含水层的基本参数(如渗透系数、有效孔隙度等)不变或变化很小。

(5) 采用类比分析法时，应给出类比条件。类比分析对象与拟预测对象之间应满足以下要求：①二者的环境水文地质条件、水动力场条件相似；②二者的工程类型、规模及特征因子对地下水环境的影响具有相似性。

(6) 地下水环境影响预测过程中，对于采用非本导则推荐模式进行预测评价时，须明确所采用模式的适用条件，给出模型中的各参数物理意义及参数取值，并尽可能地采用本导则中的相关模式进行验证。

八、预测模型概化

1. 水文地质条件概化

根据调查评价区和场地环境水文地质条件，对边界性质、介质特征、水流特征和补径排等条件进行概化。

2. 污染源概化

污染源概化包括排放形式与排放规律的概化。根据污染源的具体情况，排放形式可以概化为点源、线源、面源；排放规律可以概化为连续恒定排放或非连续恒定排放以及瞬时排放。

3. 水文地质参数初始值的确定

包气带垂向渗透系数、含水层渗透系数、给水度等预测所需参数初始值的获取应以收集评价范围内已有水文地质资料为主，不满足预测要求时需通过现场试验获取。

九、预测内容

(1) 给出特征因子不同时段的影响范围、程度、最大迁移距离。

(2) 给出预测期内建设项目场地边界或地下水环境保护目标处特征因子随时间的变化规律。

(3) 当建设项目场地天然包气带垂向渗透系数小于 1.0×10^{-6} cm/s 或厚度超过 100 m 时，须考虑包气带阻滞作用，预测特征因子在包气带中的迁移规律。

(4) 污染场地修复治理工程项目应给出污染物变化趋势或污染控制的范围。

十、地下水环境影响评价的内容

1. 评价原则

(1) 评价应以地下水环境现状调查和地下水环境影响预测结果为依据，对建设项目各实施阶段(建设期、运营期及服务期满后)不同环节及不同污染防控措施下的地下水环境影响进行评价。

(2) 地下水环境影响预测未包括环境质量现状值时，应叠加环境质量现状值后再进行评价。

(3) 应评价建设项目对地下水水质的直接影响，重点评价建设项目对地下水环境保护目标的影响。

2. 评价范围

地下水环境影响评价范围一般与调查评价范围一致。

3. 评价方法

(1) 采用标准指数法对建设项目地下水水质影响进行评价。

(2) 对属于《地下水质量标准》水质指标的评价因子，应按其规定的水质分类标准值进行评价；对于不属于《地下水质量标准》水质指标的评价因子，可参照国家(行业、地方)相关标准的水质标准值进行评价。

4. 评价结论

评价建设项目对地下水水质影响时，可采用以下判据评价水质能否满足标准的要求。

(1) 以下情况应得出可以满足标准要求的结论：①建设项目各个不同阶段，除场界内小范围以外地区，均能满足《地下水质量标准》或国家(行业、地方)相关标准要求的；②在建设项目实施的某个阶段，有个别评价因子出现较大范围超标，但采取环保措施后，可满足《地下水质量标准》或国家(行业、地方)相关标准要求的。

(2) 以下情况应得出不能满足标准要求的结论：①新建项目排放的主要污染物，改扩建项目已经排放的及将要排放的主要污染物在评价范围内地下水中已经超标的；②环保措施在技术上不可行，或在经济上明显不合理的。

十一、地下水环境保护措施与对策

1. 基本要求

(1) 地下水环境保护措施与对策应符合《中华人民共和国水污染防治法》和《中华人民共和国环境影响评价法》的相关规定，按照“源头控制、分区防控、污染监控、应急响应”且重点突出饮用水水质安全的原则确定。

(2) 根据建设项目特点、调查评价区和场地环境水文地质条件，在建设项目可行性研究提出的污染防控对策的基础上，根据环境影响预测与评价结果，提出需要增加或完善的地下水环境保护措施和对策。

(3) 改扩建项目应针对现有工程引起的地下水污染问题，提出“以新带老”措施，有效减轻污染程度或控制污染范围，防止地下水污染加剧。

(4) 给出各项地下水环境保护措施与对策的实施效果，初步估算各措施的投资概算，列表给出并分析其技术、经济可行性。

(5) 提出合理、可行、操作性强的地下水污染防控的环境管理体系，包括地下水环境跟踪监测方案和定期信息公开等。

2. 建设项目污染防控对策

1) 源头控制措施

主要包括提出各类废物循环利用的具体方案，减少污染物的排放量；提出工艺、管道、设备、污水贮存及处理构筑物应采取的污染防控措施，将污染物“跑、冒、滴、漏”降到最低限度。

2) 分区防控措施

(1) 结合地下水环境影响评价结果，对工程设计或可行性研究报告提出的地下水污染防控方案提出优化调整建议，给出不同分区的具体防渗技术要求。

一般情况下，应以水平防渗为主，防控措施应满足以下要求：

(a) 已颁布污染控制标准或防渗技术规范的行业，水平防渗技术要求按照相应标准或规范执行，如《生活垃圾填埋场污染控制标准》(GB 16889—2008)、《危险废物贮存污染控制标准》(GB 18597—2001)、《危险废物填埋场污染控制标准》(GB 18598—2019)、《一般工业固体废物贮存、处置场污染控制标准》(GB 18599—2001)、《石油化工工程防渗技术规范》(GB/T 50934 —2013)等。

(b) 未颁布相关标准的行业，应根据预测结果和建设项目场地包气带特征及其防污性能，提出防渗技术要求；或根据建设项目场地天然包气带防污性能、污染控制难易程度和污染物特性，参照表 9-8 提出防渗技术要求。其中污染控制难易程度分级和天然包气带防污性能分级参照表 9-6 和表 9-7 进行相关等级的确定。

表 9-6　污染控制难易程度分级参照表

污染控制难易程度	主要特征
难	对地下水环境有污染的物料或污染物泄漏后，不能及时发现和处理
易	对地下水环境有污染的物料或污染物泄漏后，可及时发现和处理

表 9-7　天然包气带防污性能分级参照表

分级	包气带岩土的渗透性能
强	Mb≥1.0 m，$K≤1.0×10^{-6}$ cm/s，且分布连续、稳定
中	0.5 m≤Mb＜1.0 m，$K≤1.0×10^{-6}$ cm/s，且分布连续、稳定 Mb≥1.0 m，$1.0×10^{-6}$ cm/s＜$K≤1.0×10^{-4}$ cm/s，且分布连续、稳定
弱	岩(土)层不满足上述“强”和“中”条件

注：Mb 为岩土层单层厚度；*K* 为渗透系数。

表 9-8　地下水污染防渗分区参照表

防渗分区	天然包气带防污性能	污染控制难易程度	污染物类型	防渗技术要求
重点防渗区	弱	难	重金属、持久性有机污染物	等效黏土防渗层 Mb≥6.0 m，$K≤1.0×10^{-7}$ cm/s，或参照《危险废物填埋场污染控制标准》执行
	中-强	难		
	弱	易		
一般防渗区	弱	易-难	其他类型	等效黏土防渗层 Mb≥1.5 m，$K≤1.0×10^{-7}$ cm/s，或参照《生活垃圾填埋场污染控制标准》执行
	中-强	难		
	中	易	重金属、持久性有机污染物	
	强	易		
简单防渗区	中-强	易	其他类型	一般地面硬化

(2) 对难以采取水平防渗的建设项目场地，可采用垂向防渗为主、局部水平防渗为辅的防控措施。

(3) 根据非正常状况下的预测评价结果，在建设项目服务年限内个别评价因子超标范围超出厂界时，应提出优化总图布置的建议或地基处理方案。

3. 地下水环境监测与管理

(1) 建立地下水环境监测管理体系，包括制订地下水环境影响跟踪监测计划、建立地下水环境影响跟踪监测制度、配备先进的监测仪器和设备，以便及时发现问题，采取措施。

(2) 跟踪监测计划应根据环境水文地质条件和建设项目特点设置跟踪监测点，跟踪监测点应明确与建设项目的位置关系，给出点位、坐标、井深、井结构、监测层位、监测因子及监测频率等相关参数。

(a) 跟踪监测点数量要求：①一级、二级评价的建设项目，一般不少于 3 个，应至少在建设项目场地，及其上、下游各布设 1 个，一级评价的建设项目，应在建设项目总图布置基础之上，结合预测评价结果和应急响应时间要求，在重点污染风险源处增设监测点；②三级评价的建设项目，一般不少于 1 个，应至少在建设项目场地下游布置 1 个。

(b) 明确跟踪监测点的基本功能，如背景值监测点、地下水环境影响跟踪监测点、污染扩散监测点等，必要时，明确跟踪监测点兼具的污染控制功能。

(c) 根据环境管理对监测工作的需要，提出有关监测机构、人员及装备的建议。

(3) 制定地下水环境跟踪监测与信息公开计划。

(a) 编制跟踪监测报告，明确跟踪监测报告编制的责任主体。跟踪监测报告内容一般应包括：①建设项目所在场地及其影响区地下水环境跟踪监测数据，排放污染物的种类、数量、浓度；②生产设备、管廊或管线、贮存与运输装置、污染物贮存与处理装置、事故应急装置等设施的运行状况、跑冒滴漏记录、维护记录。

(b) 信息公开计划应至少包括建设项目特征因子的地下水环境监测值。

4. 应急响应

制定地下水污染应急响应预案，明确污染状况下应采取的控制污染源、切断污染途径等措施。

十二、地下水环境影响评价结论

1. 环境水文地质现状

概述调查评价区及场地环境水文地质条件和地下水环境现状。

2. 地下水环境影响

根据地下水环境影响预测评价结果，给出建设项目对地下水环境和保护目标的直接影响。

3. 地下水环境污染防控措施

根据地下水环境影响评价结论，提出建设项目地下水污染防控措施的优化调整建议或方案。

4. 地下水环境影响评价结论

结合环境水文地质条件、地下水环境影响、地下水环境污染防控措施、建设项目总平面布置的合理性等方面进行综合评价，明确给出建设项目地下水环境影响是否可接受的结论。

思 考 题

1. 简述地下水环境影响识别的内容。
2. 地下水环境影响预测的时段有何规定？
3. 地下水环境影响预测的内容有哪些？

第十章　土壤环境影响评价

第一节　概　　述

土壤是自然环境要素的重要组成之一，它是由于地质应力以及生物地球化学长期演化而成的，一般是指地球陆地表面具有肥力、能生长植物的疏松表层，是陆地生态系统中一级生产者赖以生存的营养物质基础，也是各种动植物残体腐化分解回归循环的基地。土壤是农业生产的基础，为人类生活、生产提供必要的食物和生产资料，是人类生活中最基本的、不可替代的自然资源。它由岩石风化而成的矿物质、动植物残体腐解产生的有机质以及水分、空气等组成。开发行动或建设项目的土壤环境影响评价是从预防性环境保护目的出发，依据建设项目的特征与开发区域土壤环境条件，通过监测调查了解情况，预测影响的范围、程度及变化趋势，然后评价影响的含义和重大性；提出避免、消除和减轻土壤侵蚀与污染的对策，为行动方案的优化决策提供依据。

一、土壤的主要特征

土壤在人类-环境系统中占据着特有的空间地位，处于大气圈、生物圈、岩石圈和水圈的交接地带；是为人类环境系统中介于生物界与非生物界的中心环节，连接无机环境与有机环境的纽带，是各种物理的、化学的以及生物的过程、界面反应、物质与能量交换、迁移转化过程最为复杂、最为频繁的地带。

土壤具有一定的肥力，可以通过调节土壤水、热、空气、养分等植物根系适宜的生活环境，从环境条件和营养条件两方面供应和协调植物生长发育。土壤的肥力受土壤的组成、结构、温度等因素影响。

土壤具有缓冲性，作为生态系统，具有维持系统生态平衡的自动调节能力。土壤通过抵抗、缓冲土壤中酸性物质和碱性物质，对大气降水和水温有调节和缓冲作用，并具有调节和平衡向大气中释放的 CO_2、N_2O、SO_2 等温室气体的能力。

土壤具有纳污和净化功能，主要是土壤同化和代谢外界进入土壤的物质，使有毒、有害的污染物质变成无毒、无害物质的能力。土壤中存在的多种性质的化合物、无机与有机胶体和微生物，与进入土壤中的有害有毒物质，通过物理作用、化学作用、物理化学作用和生物作用，使土壤中的有毒有害物质的浓度、数量或活性、毒性降低。但是，土壤中有毒有害物质的输入、积累与土壤的自净作用是两个方向相反、同时存在的过程，打破二者动态平衡状态、当土壤中有毒有害物质的输入数量和速度超出土壤的自净能力时，土壤就会发生污染，土壤的环境质量和功能就会下降。

二、土壤环境质量及其变异

1. 土壤环境质量

土壤环境质量是指土壤环境(或土壤生态系统)的组成、结构、功能特性及其所处状态的综合体现与定性、定量的表述。它包括在自然环境因素影响下的自然过程及其所形成的土壤环境的组成、结构、功能特征、环境地球化学背景值与元素背景值、净化功能、自我调节功能与抗逆性能、土壤环境容量等相对稳定而仍在不断变化中的环境基本属性，以及在人类活动影响下的土壤环境污染和土壤生态状态的变化。

2. 土壤环境质量变异类型

土壤经历了一定时期的自然风化、淋溶或渍水等过程，或经历了不适当的农业措施及其他人为活动的破坏时，土壤质量降低而发生变异。主要表现为营养成分含量减少，有机质含量降低，土层变薄、沙化、板结、盐渍化、酸化、污染物含量增多等。其后果轻则影响农产品的产量和质量，降低农业生产的经济效益；重则造成生态与环境破坏，威胁人类的健康和生存。人类活动的影响是土壤环境质量变异的主要标志，是影响现代土壤环境质量变异与发展的最积极而活跃的因素。根据人类活动影响的特点，一般可以将其引起的土壤质量变异分为三种类型。

1) 土壤污染型

土壤污染型质量变异是指由外界进入土壤中的污染物，如重金属、农药等，导致土壤肥力下降、土壤生态破坏等不良影响的现象。典型的如土壤重金属污染、化学农药污染、化肥污染、土壤酸化等。这种质量变异一般是可逆的，如进入土壤环境中的有机物，经过自然净化作用和适当的人工处理，可以使它们从土壤中消除，恢复到污染前的水平。但严重的重金属污染由于恢复费用昂贵、技术难度大，污染后土地被迫废弃，也可以认为是不可逆的。

2) 土壤退化型

土壤退化型质量变异是指人类活动导致的土壤中各组分之间，或土壤与其他环境要素之间的正常的自然物质、能量循环过程遭到破坏，而引起的土壤肥力和承载力等下降的现象。这种变异一般是可逆的。

3) 土壤资源破坏型

土壤资源破坏型质量变异是指由人类活动或由其诱发的自然活动(如泥石流、洪崩)导致土壤被占用、淹没和破坏，还包括由于土壤过度侵蚀，或重金属严重污染而使土壤完全丧失原有功能而被废弃的情况。此种质量变异具有土壤资源被彻底破坏、不可恢复、变异过程不可逆等特点。

三、土壤环境影响评价的标准

1. 《环境影响评价技术导则　土壤环境(试行)》(HJ 964—2018)

《环境影响评价技术导则　土壤环境(试行)》规定了土壤环境影响评价的一般性原则、工作程序、内容、方法和要求。

本标准适用于化工、冶金、矿山采掘、农林、水利等可能对土壤环境产生影响的建设项目土壤环境影响评价。

本标准不适用于核与辐射建设项目的土壤环境影响评价。

该导则于 2018 年 9 月 13 日发布，自 2019 年 7 月 1 日起实施。

2. 土壤环境质量标准

为贯彻《中华人民共和国环境保护法》，保护土壤环境质量，管控土壤污染风险，由生态环境部与国家市场监督管理总局联合发布《土壤环境质量　农用地土壤污染风险管控标准(试行)》(GB 15618—2018)、《土壤环境质量 建设用地土壤污染风险管控标准(试行)》(GB 36600—2018)两项标准，自 2018 年 8 月 1 日起实施。

1) 《土壤环境质量 农用地土壤污染风险管控标准(试行)》

本标准规定了农用地土壤污染风险筛选值和管制值，以及监测、实施与监督要求。

本标准适用于耕地土壤污染风险筛查和分类。园地和牧草地可参照执行。

2) 《土壤环境质量 建设用地土壤污染风险管控标准(试行)》

本标准规定了保护人体健康的建设用地土壤污染风险筛选值和管制值，以及监测、实施与监督要求。

本标准适用于建设用地土壤污染风险筛查和风险管制。

建设用地土壤污染风险筛选值指在特定土地利用方式下，建设用地土壤中污染物含量等于或者低于该值的，对人体健康的风险可以忽略；超过该值的，对人体健康可能存在风险，应当开展进一步的详细调查和风险评估，确定具体污染范围和风险水平。

建设用地土壤污染风险管制值指在特定土地利用方式下，建设用地土壤中污染物含量超过该值的，对人体健康通常存在不可接受风险，应当采取风险管控或修复措施。

第二节　土壤评价等级划分和工作程序

一、基本概念

(1) 土壤环境：是指受自然或人为因素作用的，由矿物质、有机质、水、空气、生物有机体等组成的陆地表面疏松综合体，包括陆地表层能够生长植物的土壤层和污染物能够影响的松散层等。

(2) 土壤环境生态影响：是指由于人为因素引起土壤环境特征变化导致其生态功能变化的过程或状态。

(3) 土壤环境污染影响：是指因人为因素导致某种物质进入土壤环境，引起土壤物理、化学、生物等方面特性的改变，导致土壤质量恶化的过程或状态。

(4) 土壤环境敏感目标：是指可能受人为活动影响的、与土壤环境相关的敏感区或对象。

二、土壤环境影响评价的一般性原则

土壤环境影响评价应对建设项目建设期、运营期和服务期满后(根据项目情况选择)对土壤环境理化特性可能造成的影响进行分析、预测和评估，提出预防或者减轻不良影响的措施和对策，为建设项目土壤环境保护提供科学依据。

三、评价基本任务

按照《建设项目环境影响评价技术导则 总纲》中建设项目污染影响和生态影响的相关要求，根据建设项目对土壤环境可能产生的影响，将土壤环境影响类型划分为生态影响型与污染影响型，其中土壤生态影响重点指土壤环境的盐化、酸化、碱化等。

根据行业特征、工艺特点或规模大小等将建设项目类别分为Ⅰ类、Ⅱ类、Ⅲ类、Ⅳ类，见表 10-1，其中Ⅳ类建设项目可不开展土壤环境影响评价；自身为敏感目标的建设项目，可根据需要仅对土壤环境现状进行调查。

表 10-1 土壤环境影响评价项目类别

行业类别		项目类别			
		Ⅰ类	Ⅱ类	Ⅲ类	Ⅳ类
农林牧渔业		灌溉面积大于 50 万亩的灌区工程	新建 5 万～50 万亩、改造 30 万亩及以上的灌区工程；年出栏生猪 10 万头(其他畜禽种类折合猪的养殖规模)及以上的畜禽养殖场或养殖小区	年出栏生猪 5000 头(其他畜禽种类折合猪的养殖规模)及以上的畜禽养殖场或养殖小区	其他
水利		库容 1 亿 m^3 及以上水库；长度大于 1000 km 的引水工程	库容 1000 万～1 亿 m^3 的水库；跨流域调水的引水工程	其他	
采矿业		金属矿、石油、页岩油开采	化学矿采选；石棉矿采选；煤矿采选、天然气开采、页岩气开采、砂岩气开采、煤层气开采(含净化、液化)	其他	
制造业	纺织、化纤、皮革等及服装、鞋制造	制革、毛皮鞣制	化学纤维制造；有洗毛、染整、脱胶工段及产生缫丝废水、精炼废水的纺织品；有湿法印花、染色、水洗工艺的服装制造；使用有机溶剂的制鞋业	其他	
	造纸及纸制品		纸浆、溶解浆、纤维浆等制造；造纸(含制浆工艺)	其他	
	设备制造、金属制品、汽车制造及其他用品制造[a]	有电镀工艺的；金属制品表面处理及热处理加工的；使用有机涂层的(喷粉、喷塑和电泳除外)；有钝化工艺的热镀锌	有化学处理工艺的	其他	
	石油、化工	石油加工、炼焦；化学原料和化学制品制造；农药制造；涂料、染料、颜料、油墨及其类似产品制造；合成材料制造；炸药、火工及焰火产品制造；水处理剂等制造；化学药品制造；生物、生化制品制造	半导体材料、日用化学品制造；化学肥料制造	其他	
	金属冶炼和压延加工及非金属矿物制品	有色金属冶炼(含再生有色金属冶炼)	有色金属铸造及合金制造；炼铁；球团；烧结炼制；冷轧压延加工；铬铁合金制造；水泥制造；平板玻璃制造；石棉制造；含焙烧的石墨、碳素制品	其他	
电力热力燃气及水生产和供应业		生活垃圾及污泥发电	水力发电；火力发电(燃气发电除外)；矸石、油页岩、石油焦等综合利用发电；工业废水处理；燃气生产	生活污水处理；燃煤锅炉总容量 65 t/h(不含)以上的热力生产工程；燃油锅炉总容量 65 t/h(不含)以上的热力生产工程	其他
交通运输仓储邮政业			油库(不含加油站的油库)；机场的供油工程及油库；涉及危险品、化学品、石油、成品油储罐区的码头及仓储；石油及成品油的输送管线	公路的加油站；铁路的维修场所	其他

续表

行业类别	项目类别			
	Ⅰ类	Ⅱ类	Ⅲ类	Ⅳ类
环境和公共设施管理业	危险废物利用及处置	采取填埋和焚烧方式的一般工业固体废物处置及综合利用；城镇生活垃圾(不含餐厨废弃物)集中处置	一般工业固体废物处置及综合利用(除采取填埋和焚烧方式以外的)；废旧资源加工、再生利用	其他
社会事业与服务业			高尔夫球场；加油站；赛车场	其他
其他行业				全部

a 其他用品制造包括：①木材加工和木、竹、藤、棕、草制品业；②家具制造业；③文教、工美、体育和娱乐用品制造业；④仪器仪表制造业等制造业。

注：(1) 仅切割组装的、单纯混合和分装的、编织物及其制品制造的，列入Ⅳ类；

(2) 建设项目土壤环境影响评价项目类别不在本表的，可根据土壤环境影响源、影响途径、影响因子的识别结果，参照相近或相似项目类别确定。

土壤环境影响评价应按划分的评价工作等级开展工作，识别建设项目土壤环境影响类型、影响途径、影响源及影响因子，确定土壤环境影响评价工作等级；开展土壤环境现状调查，完成土壤环境现状监测与评价；预测与评价建设项目对土壤环境可能造成的影响，提出相应的防控措施与对策。

涉及两个或两个以上场地或地区的建设项目应分别开展评价工作。

四、工作程序

土壤环境影响评价工作可划分为准备阶段、现状调查与评价阶段、预测分析与评价阶段、结论阶段。土壤环境影响评价工作程序见图 10-1。

1. 准备阶段

收集分析国家和地方土壤环境相关的法律、法规、政策、标准及规划等资料；了解建设项目工程概况，结合工程分析，识别建设项目对土壤环境可能造成的影响类型，分析可能造成土壤环境影响的主要途径；开展现场踏勘工作，识别土壤环境敏感目标；确定评价等级、范围与内容。

2. 现状调查与评价阶段

采用相应标准与方法，开展现场调查、取样、监测和数据分析与处理等工作，进行土壤环境现状评价。

3. 预测分析与评价阶段

依据制定的或经论证有效的方法，预测分析与评价建设项目对土壤环境可能造成的影响。

4. 结论阶段

综合分析各阶段成果，提出土壤环境保护措施与对策，对土壤环境影响评价结论进行总结。

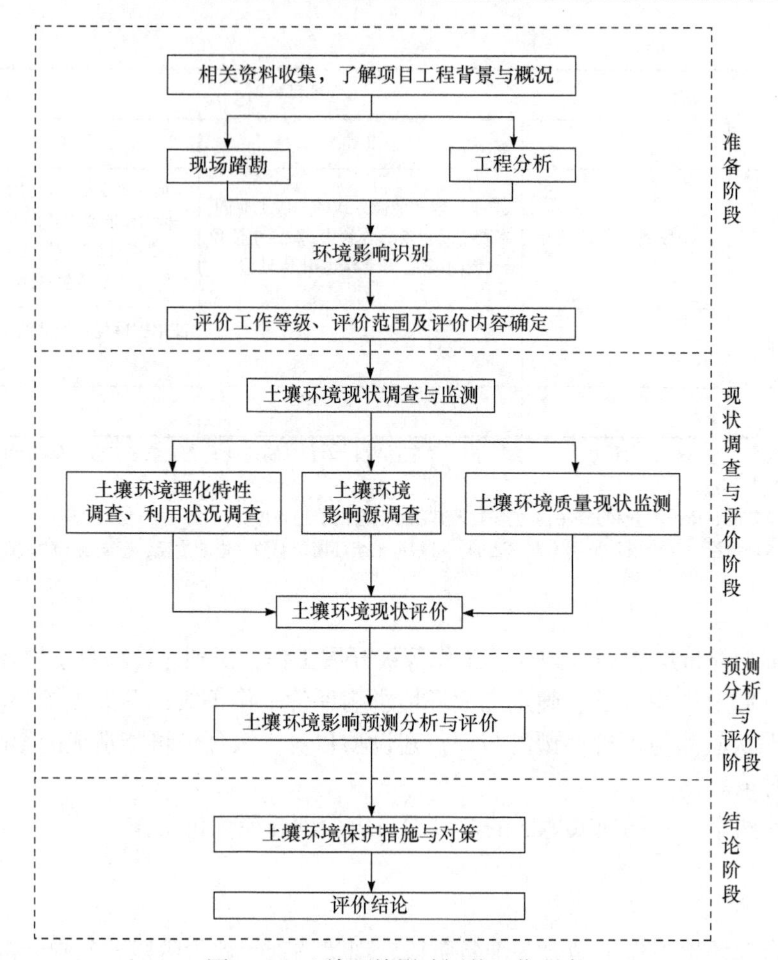

图 10-1　土壤环境影响评价工作程序

五、土壤环境影响识别

在工程分析结果的基础上，结合土壤环境敏感目标，根据建设项目建设期、运营期和服务期满后(可根据项目情况选择)三个阶段的具体特征，识别土壤环境影响类型与影响途径；对于运营期内土壤环境影响源可能发生变化的建设项目，还应按其变化特征分阶段进行环境影响识别。

根据表 10-1 识别建设项目所属行业的土壤环境影响评价项目类别。

识别建设项目土壤环境影响类型与影响途径、影响源与影响因子，初步分析可能影响的范围，具体识别内容参见表 10-2～表 10-4。

表 10-2　建设项目土壤环境影响类型与影响途径

不同时段	污染影响型				生态影响型			
	大气沉降	地面漫流	垂直入渗	其他	盐化	碱化	酸化	其他
建设期								
运营期								
服务期满后								

注：在可能产生的土壤环境影响类型处打“√”，列表未涵盖的可自行设计。

表 10-3　污染影响型建设项目土壤环境影响源及影响因子识别

污染源	工艺流程/节点	污染途径	全部污染物指标[a]	特征因子	备注[b]
车间/场地		大气沉降			
		地面漫流			
		垂直入渗			
		其他			

a 根据工程分析结果填写。

b 应描述污染源特征，如连续、间断、正常、事故等；涉及大气沉降途径的，应识别建设项目周边的土壤环境敏感目标。

表 10-4　生态影响型建设项目土壤环境影响途径识别

影响结果	影响途径	具体指标	土壤环境敏感目标
盐化/酸化/碱化/其他	物质输入/运移		
	水位变化		

根据《土地利用现状分类》(GB/T 21010—2017)识别建设项目及周边的土地利用类型，分析建设项目可能影响的土壤环境敏感目标。

六、评价工作分级

土壤环境影响评价工作等级划分为一级、二级、三级。

1. 划分依据

(1) 生态影响型。建设项目所在地土壤环境敏感程度分为敏感、较敏感、不敏感，判别依据见表 10-5；同一建设项目涉及两个或两个以上场地或地区时，应分别判定其敏感程度；产生两种或两种以上生态影响后果的，敏感程度按相对最高级别判定。

表 10-5　生态影响型敏感程度分级

敏感程度	判别依据		
	盐化	酸化	碱化
敏感	建设项目所在地干燥度[a]＞2.5 且常年地下水位平均埋深＜1.5 m 的地势平坦区域；或土壤含盐量＞4 g/kg 的区域	pH≤4.5	pH≥9.0
较敏感	建设项目所在地干燥度＞2.5 且常年地下水位平均埋深≥1.5 m 的，或 1.8＜干燥度≤2.5 且常年地下水位平均埋深＜1.8 m 的地势平坦区域；建设项目所在地干燥度＞2.5 或常年地下水位平均埋深＜1.5 m 的平原区；或 2 g/kg ＜土壤含盐量≤4 g/kg 的区域	4.5＜pH≤5.5	8.5≤pH＜9.0
不敏感	其他	4.5＜pH＜8.5	

a 多年平均睡眠蒸发量与降水量的比值，即蒸降比值。

根据识别的土壤环境影响评价项目类别与敏感程度分级结果划分评价工作等级，见表 10-6。

表 10-6 生态影响型评价工作等级划分

评价工作等级 / 项目类别 / 敏感程度	Ⅰ类	Ⅱ类	Ⅲ类
敏感	一级	二级	三级
较敏感	二级	二级	三级
不敏感	三级	三级	—

注：“—”表示可不开展土壤环境影响评价工作。

(2) 污染影响型。将建设项目占地规模分为大型(≥50 hm²)、中型(5～50 hm²)、小型(≤5 hm²)，建设项目占地主要为永久占地。

建设项目所在地周边的土壤环境敏感程度分为敏感、较敏感、不敏感，判别依据见表 10-7。

表 10-7 污染影响型敏感程度分级

敏感程度	判别依据
敏感	建设项目周边存在耕地、园地、牧草地、饮用水水源地或居民区、学校、医院、疗养院、养老院等土壤环境敏感目标的
较敏感	建设项目周边存在其他土壤环境敏感目标的
不敏感	其他情况

根据土壤环境影响评价项目类别、占地规模与敏感程度划分评价工作等级，见表 10-8。

表 10-8 污染影响型评价工作等级划分

评价工作等级 / 占地规模 / 敏感程度	Ⅰ类			Ⅱ类			Ⅲ类		
	大	中	小	大	中	小	大	中	小
敏感	一级	一级	一级	二级	二级	二级	三级	三级	三级
较敏感	一级	一级	二级	二级	二级	三级	三级	三级	—
不敏感	一级	二级	二级	二级	三级	三级	三级	—	—

注：“—”表示可不开展土壤环境影响评价工作。

(3) 建设项目同时涉及土壤环境生态影响型与污染影响型时，应分别判定评价工作等级，并按相应等级分别开展评价工作。

(4) 当同一建设项目涉及两个或两个以上场地时，各场地应分别判定评价工作等级，并按相应等级分别开展评价工作。

(5) 线性工程重点针对主要站场位置(如输油站、泵站、阀室、加油站、维修场所等)参照污染影响型分段判定评价等级，并按相应等级分别开展评价工作。

第三节　土壤环境现状调查与评价

一、调查评价范围

(1) 调查评价范围应包括建设项目可能影响的范围，能满足土壤环境影响预测和评价要求；改扩建类建设项目的现状调查评价范围还应兼顾现有工程可能影响的范围。

(2) 建设项目(除线性工程外)土壤环境影响现状调查评价范围可根据建设项目影响类型、污染途径、气象条件、地形地貌、水文地质条件等确定并说明，或参照表 10-9 确定。

表 10-9　现状调查范围

评价工作等级	影响类型	调查范围[a]	
		占地[b]范围内	占地范围外
一级	生态影响型	全部	5 km 范围内
	污染影响型		1 km 范围内
二级	生态影响型		2 km 范围内
	污染影响型		0.2 km 范围内
三级	生态影响型		1 km 范围内
	污染影响型		0.05 km 范围内

a 涉及大气沉降途径影响的，可根据主导风向下风向的最大落地浓度点适当调整。
b 矿山类项目指开采区与各场地的占地；改扩建类的指现有工程与拟建工程的占地。

(3) 建设项目同时涉及土壤环境生态影响与污染影响时，应各自确定调查评价范围。

(4) 危险品、化学品或石油等输送管线应以工程边界两侧向外延伸 0.2 km 作为调查评价范围。

二、调查内容与要求

1. 资料收集

根据建设项目特点、可能产生的环境影响和当地环境特征，有针对性地收集调查评价范围内的相关资料，主要包括以下内容：

(1) 土地利用现状图、土地利用规划图、土壤类型分布图。

(2) 气象资料、地形地貌特征资料、水文及水文地质资料等。

(3) 土地利用历史情况。

(4) 与建设项目土壤环境影响评价相关的其他资料。

2. 理化特性调查内容

(1) 在充分收集资料的基础上，根据土壤环境影响类型、建设项目特征与评价需要，有针对性地选择土壤理化特性调查内容，主要包括土体构型、土壤结构、土壤质地、阳离子交换量、氧化还原电位、饱和导水率、土壤容重、孔隙度等；土壤环境生态影响型建设项目还应调查植被、地下水位埋深、地下水溶解性总固体等。

(2) 评价工作等级为一级的建设项目应填写土壤剖面调查表。

3. 影响源调查

(1) 应调查与建设项目产生同种特征因子或造成相同土壤环境影响后果的影响源。

(2) 改扩建的污染影响型建设项目，其评价工作等级为一级、二级的，应对现有工程的土壤环境保护措施情况进行调查，并重点调查主要装置或设施附近的土壤污染现状。

三、现状监测

1. 布点原则

(1) 土壤环境现状监测点布设应根据建设项目土壤环境影响类型、评价工作等级、土地利用类型确定，采用均布性与代表性相结合的原则，充分反映建设项目调查评价范围内的土壤环境现状，可根据实际情况优化调整。

(2) 调查范围内的每种土壤类型应至少设置 1 个表层样监测点，应尽量设置在未受人为污染或相对未受污染的区域。

(3) 生态影响型建设项目应根据建设项目所在地的地形特征、地面径流方向设置表层样监测点。

(4) 涉及入渗途径影响的，主要产污装置区应设置柱状样监测点，采样深度需至装置底部与土壤接触面以下，根据可能影响的深度适当调整。

(5) 涉及大气沉降影响的，应在占地范围外主导风向的上、下风向各设置 1 个表层样监测点，可在最大落地浓度点增设表层样监测点。

(6) 涉及地面漫流途径影响的，应结合地形地貌，在占地范围外的上、下游各设置 1 个表层样监测点。

(7) 线性工程应重点在站场位置(如输油站、泵站、阀室、加油站及维修场所等)设置监测点，涉及危险品、化学品或石油等输送管线的应根据评价范围内土壤环境敏感目标或厂区内的平面布局情况确定监测点布设位置。

(8) 评价工作等级为一级、二级的改扩建项目，应在现有工程厂界外可能产生影响的土壤环境敏感目标处设置监测点。

(9) 涉及大气沉降影响的改扩建项目，可在主导风向下风向适当增加监测点位，以反映降尘对土壤环境的影响。

(10) 建设项目占地范围及其可能影响区域的土壤环境已存在污染风险的，应结合用地历史资料和现状调查情况，在可能受影响最重的区域布设监测点，取样深度根据其可能影响的情况确定。

(11) 建设项目现状监测点设置应兼顾土壤环境影响跟踪监测计划。

2. 现状监测点数量要求

(1) 建设项目各评价工作等级的监测点数不少于表 10-10 要求。

表 10-10 现状监测布点类型与数量

评价工作等级		占地范围内	占地范围外
一级	生态影响型	5 个表层样点[a]	6 个表层样点
	污染影响型	5 个柱状样点[b]，2 个表层样点	4 个表层样点
二级	生态影响型	3 个表层样点	4 个表层样点
	污染影响型	3 个柱状样点，1 个表层样点	2 个表层样点
三级	生态影响型	1 个表层样点	2 个表层样点
	污染影响型	3 个表层样点	—

a 表层样应在 0～0.2 m 取样。

b 柱状样通常在 0～0.5 m、0.5～1.5 m、1.5～3 m 分别取样，3 m 以下每 3 m 取 1 个样，可根据基础埋深、土体构型适当调整。

注："—"表示无现状监测点类型与数量的要求。

(2) 生态影响型建设项目可优化调整占地范围内、外监测点数量，保持总数不变；占地范围超过 5000 hm^2 的，每增加 1000 hm^2 增加 1 个监测点。

(3) 污染影响型建设项目占地范围超过 100 hm^2 的，每增加 20 hm^2 增加 1 个监测点。

3. 现状监测因子

土壤环境现状监测因子分为基本因子和建设项目的特征因子。

基本因子为《土壤环境质量 农用地土壤污染风险管控标准(试行)》《土壤环境质量 建设用地土壤污染风险管控标准(试行)》中规定的基本项目，分别根据调查评价范围内的土地利用类型选取；

特征因子为建设项目产生的特有因子，根据《土壤环境质量 建设用地土壤污染风险管控标准(试行)》的附录 B 确定；既是特征因子又是基本因子的，按特征因子对待。

布点原则的(2)与(10)中规定的点位须监测基本因子与特征因子；其他监测点位可仅监测特征因子。

4. 现状监测频次要求

(1) 基本因子：评价工作等级为一级的建设项目，应至少开展 1 次现状监测；评价工作等级为二级、三级的建设项目，若掌握近 3 年至少 1 次的监测数据，可不再进行现状监测；引用监测数据应满足相关要求，并说明数据有效性。

(2) 特征因子：应至少开展 1 次现状监测。

四、现状评价

1. 评价标准

(1) 根据调查评价范围内的土地利用类型，分别选取《土壤环境质量 农用地土壤污染风险管控标准(试行)》《土壤环境质量 建设用地土壤污染风险管控标准(试行)》等标准中的筛选值进行评价，土地利用类型无相应标准的可只给出现状监测值。

(2) 评价因子在《土壤环境质量 农用地土壤污染风险管控标准(试行)》《土壤环境质量 建设用地土壤污染风险管控标准(试行)》等标准中未规定的，可参照行业、地方或国外相关标准进行评价，无可参照标准的可只给出现状监测值。

(3) 土壤盐化、酸化、碱化等的分级标准见表 10-11、表 10-12。

表 10-11　土壤盐化分级标准

分级	土壤含盐量(SSC)/(g/kg)	
	滨海、半湿润和半干旱地区	干旱、半荒漠和荒漠地区
未盐化	SSC<1	SSC<2
轻度盐化	1≤SSC<2	2≤SSC<3
中度盐化	2≤SSC<4	3≤SSC<5
重度盐化	4≤SSC<6	5≤SSC<10
极重度盐化	SSC≥6	SSC≥10

注：根据区域自然背景状况适当调整。

表 10-12　土壤酸化、碱化分级标准

土壤 pH	土壤酸化、碱化强度
pH<3.5	极重度酸化
3.5≤pH<4.0	重度酸化
4.0≤pH<4.5	中度酸化
4.5≤pH<5.5	轻度酸化
5.5≤pH<8.5	无酸化或碱化
8.5≤pH<9.0	轻度碱化
9.0≤pH<9.5	中度碱化
9.5≤pH<10.0	重度碱化
pH≥10.0	极重度碱化

注：土壤酸化、碱化强度指受人为影响后呈现的土壤 pH，可根据区域自然背景状况适当调整。

2. 评价方法

(1) 土壤环境质量现状评价应采用标准指数法，并进行统计分析，给出样本数量、最大值、最小值、均值、标准差、检出率和超标率、最大超标倍数等。

(2) 对照表 10-11、表 10-12 给出各监测点位土壤盐化、酸化、碱化的级别，统计样本数量、最大值、最小值和均值，并评价均值对应的级别。

3. 评价结论

(1) 生态影响型建设项目应给出土壤盐化、酸化、碱化的现状。

(2) 污染影响型建设项目应给出评价因子是否满足相关标准要求的结论；当评价因子存在超标时，应分析超标原因。

第四节　土壤环境影响预测与评价

根据影响识别结果与评价工作等级，结合当地土地利用规划确定影响预测的范围、时段、内容和方法。

选择适宜的预测方法，预测评价建设项目各实施阶段不同环节与不同环境影响防控措施下的土壤环境影响，给出预测因子的影响范围与程度，明确建设项目对土壤环境的影响结果。

应重点预测评价建设项目对占地范围外土壤环境敏感目标的累积影响，并根据建设项目特征兼顾对占地范围内的影响预测。

土壤环境影响分析可定性或半定量地说明建设项目对土壤环境产生的影响及趋势。

建设项目导致土壤潜育化、沼泽化、潴育化和土地沙漠化等影响的，可根据土壤环境特征，结合建设项目特点，分析土壤环境可能受到影响的范围和程度。

1. 预测评价范围

一般与现状调查评价范围一致。

2. 预测评价时段

根据建设项目土壤环境影响识别结果，确定重点预测时段。

3. 情景设置

在影响识别的基础上，根据建设项目特征设定预测情景。

4. 预测与评价因子

污染影响型建设项目应根据环境影响识别出的特征因子选取关键预测因子。

可能造成土壤盐化、酸化、碱化影响的建设项目，分别选取土壤盐分含量、pH 等作为预测因子。

5. 预测评价标准

《土壤环境质量 农用地土壤污染风险管控标准(试行)》《土壤环境质量 建设用地土壤污染风险管控标准(试行)》，或《土壤环境质量 农用地土壤污染风险管控标准(试行)》附录 D、附录 F 中的表 F.2。

6. 预测与评价方法

土壤环境影响预测与评价方法应根据建设项目土壤环境影响类型与评价工作等级确定。

1) 评价工作等级为一级、二级时，土壤盐化、酸化、碱化等影响的建设项目的预测方法

(1) 单位质量土壤中某种物质的增量可用式(10-1)计算：

$$\Delta S = n(I_S - L_S - R_S)/(\rho_b \times A \times D) \tag{10-1}$$

式中：ΔS 为单位质量表层土壤中某种物质的增量，g/kg(表层土壤中游离酸或游离碱浓度增量，mmol/kg)；I_S 为预测评价范围内单位年份表层土壤中某种物质的输入量，g(预测评价范围内单位年份表层土壤中游离酸、游离碱输入量，mmol)；L_S 为预测评价范围内单位年份表层土壤中某种物质经淋溶排出的量，g(预测评价范围内单位年份表层土壤中经淋溶排出的游离酸、游离碱的量，mmol)；R_S 为预测评价范围内单位年份表层土壤中某种物质经径流排出的量，g(预测评价范围内单位年份表层土壤中经径流排出的游离酸、游离碱的量，mmol)；ρ_b 为表层土壤容重，kg/m^3；A 为预测评价范围，m^2；D 为表层土壤深度，一般取 0.2 m，可根据实际情况适当调整；n 为持续年份，a。

(2) 单位质量土壤中某种物质的预测值可根据其增量叠加现状值进行计算，见式(10-2)：

$$S = S_b + \Delta S \tag{10-2}$$

式中：S_b为单位质量土壤中某种物质的现状值，g/kg；S为单位质量土壤中某种物质的预测值，g/kg。

(3) 酸性物质或碱性物质排放后表层土壤 pH 预测值，可根据表层土壤游离酸或游离碱浓度的增量进行计算，见式(10-3)：

$$\mathrm{pH} = \mathrm{pH_b} \pm \Delta S/\mathrm{BC_{pH}} \tag{10-3}$$

式中：$\mathrm{pH_b}$为土壤 pH 现状值；$\mathrm{BC_{pH}}$为缓冲容量，mmol/(kg · pH)；pH 为土壤 pH 预测值。

(4) 缓冲容量($\mathrm{BC_{pH}}$)测定方法：采集项目区土壤样品，样品加入不同量游离酸或游离碱后分别进行 pH 测定，绘制不同浓度游离酸或游离碱和 pH 之间的曲线，曲线斜率即为缓冲容量。

2) 评价工作等级为一级、二级时，土壤盐化类建设项目的综合评分预测方法

根据表 10-13 选取各项影响因素的分值与权重，采用式(10-4)计算土壤盐化综合评分值(S_a)，对照表 10-14 得出土壤盐化综合评分预测结果。

$$S_a = \sum_{i=1}^{n} W_{x_i} \times I_{x_i} \tag{10-4}$$

式中：n为影响因素指标数目；I_{x_i}为影响因素i指标评分；W_{x_i}为影响因素i指标权重。

表 10-13　土壤盐化影响因素赋值表

影响因素	分值				权重
	0 分	2 分	4 分	6 分	
地下水位埋深 (GWD)/m	GWD≥2.5	1.5≤GWD<2.5	1.0≤GWD<1.5	GWD<1.0	0.35
干燥度 (蒸降比值，EPR)	EPR<1.2	1.2≤EPR<2.5	2.5≤EPR<6	EPR≥6	0.25
土壤本底含盐量 (SSC)/(g/kg)	SSC<1	1≤SSC<2	2≤SSC<4	SSC≥4	0.15
地下水溶解性总固体(TDS)/(g/L)	TDS<1	1≤TDS<2	2≤TDS<5	TDS≥5	0.15
土壤质地	黏土	砂土	壤土	砂壤、粉土、砂粉土	0.10

表 10-14　土壤盐化预测表

土壤盐化综合评分值(S_a)	$S_a<1$	$1\leq S_a<2$	$2\leq S_a<3$	$3\leq S_a<4.5$	$S_a\geq 4.5$
土壤盐化综合评分预测结果	未盐化	轻度盐化	中度盐化	重度盐化	极重度盐化

7. 预测评价结论

(1) 以下情况可得出建设项目土壤环境影响可接受的结论：①建设项目各不同阶段，土壤

环境敏感目标处且占地范围内各评价因子均满足相关标准要求的；②生态影响型建设项目各不同阶段，出现或加重土壤盐化、酸化、碱化等问题，但采取防控措施后，可满足相关标准要求的；③污染影响型建设项目各不同阶段，土壤环境敏感目标处或占地范围内有个别点位、层位或评价因子出现超标，但采取措施后，可满足《土壤环境质量 农用地土壤污染风险管控标准(试行)》《土壤环境质量 建设用地土壤污染风险管控标准(试行)》或其他土壤污染防治相关管理规定的。

(2) 以下情况不能得出建设项目土壤环境影响可接受的结论：①生态影响型建设项目，土壤盐化、酸化、碱化等对预测评价范围内土壤原有生态功能造成重大不可逆影响的；②污染影响型建设项目不同阶段，土壤环境敏感目标处或占地范围内多个点位、层位或评价因子出现超标，采取必要措施后，仍无法满足《土壤环境质量 农用地土壤污染风险管控标准(试行)》《土壤环境质量 建设用地土壤污染风险管控标准(试行)》或其他土壤污染防治相关管理规定的。

思　考　题

1. 简述土壤影响源调查的内容。
2. 什么情况能得出建设项目土壤环境影响可接受的结论?

第十一章　环境风险评价

随着我国经济持续的高速增长，在今后相当长的一段时期内，布局性的环境隐患和结构性的环境风险，将取代个体的污染，成为我国环境安全的头号威胁。预防应对环境风险，保护公众环境安全，成为生态环境部门在新时期的首要任务。

为贯彻《中华人民共和国环境保护法》和《中华人民共和国环境影响评价法》，规范环境风险评价工作，加强环境风险防控，制定《建设项目环境风险评价技术导则》(HJ 169—2018)，规定了建设项目环境风险评价的一般性原则、内容、程序和方法。

第一节　概　　述

一、基本概念

1. 风险

有人定义风险为“用事故可能性与损失或损伤的幅度来表达的经济损失与人员伤害的度量”。表述不幸事件发生概率的风险，符合一定的统计规律，即在一定的时间条件下，在一定的空间范围中，某个事件具有一定的发生概率，即具有一定的可能性。

风险与危险又是紧密相连的。正是由于风险反映了一定时空条件下不幸事件发生的可能性，揭示了事件发生的规律，因而风险可以看成危险的根源。

2. 环境风险

环境风险是指突发性事故对环境造成的危害程度及可能性。

环境风险广泛存在于人们的生产和其他活动之中，而且表现方式纷繁复杂。根据产生原因将环境风险分为化学风险、物理风险以及自然灾害引发的风险。化学风险是指对人类、动物和植物能产生毒害或其他不利作用的化学物品的排放、泄漏，或者是易燃易爆材料的泄漏而引发的风险。例如，2005 年 11 月 13 日，中国石油吉林石化分公司双苯厂，由于苯胺装置发生堵塞，循环不畅，因处理不当发生爆炸。事故造成了 8 人丧生，60 人受伤，同时导致了 100 t 苯类污染物倾泻入松花江中，造成长达 135 km 的污染带，给下游哈尔滨等城市带来严重的“水危机”。物理风险是指机械设备或机械结构的故障所引发的风险。自然灾害引发的风险是指地震、火山、洪水、台风等自然灾害带来的化学性和物理性的风险，显然，自然灾害引发的风险具有综合性的特点。另外，也可根据危害事件的承受对象的差异，将风险分为三类，即人群风险、设施风险以及生态风险。人群风险是指因危害性事件而致人病、伤、死、残等损失的概率；设施风险是指危害性事件对人类社会经济活动的依托设施，如水库大坝、房屋等造成破坏的概率；生态风险是指危害性事件对生态系统中的某些要素或生态系统本身造成破坏的可能性，对生态系统的破坏作用可以是使某种群落数量减少，乃至灭绝，导致生态系统的结构、功能发生变异。

3. 环境风险评价

建设项目环境风险评价是对建设项目建设和运行期间发生的可预测突发性事件或事故(一般不包括人为破坏及自然灾害)引起有毒有害、易燃易爆等物质泄漏，或突发事件产生的新的有毒有害物质，所造成的对人身安全与环境的影响和损害进行评估，提出防范、应急与减缓措施。发生这种灾难性事故的概率虽然很小，但影响的程度往往是巨大的。在现代工业高速发展的同时，污染事故时有发生。例如，20 世纪 80 年代发生的印度博帕尔氰化物泄漏(导致 3500～7500 人死亡，至 2002 年估计已导致约 2 万人死亡)与 80 年代的苏联切尔诺贝利核电站事故，都是震惊世界的重大污染事故。环境风险评价的分类可以是多种多样的，按评价对象分为三类，即自然灾害的风险评价、危险化学品风险评价和建设项目及其相关系统的风险评价。

4. 环境风险潜势

环境风险潜势是对建设项目潜在环境危害程度的概化分析表达，是基于建设项目涉及的物质和工艺系统危险性及其所在地环境敏感程度的综合表征。

5. 风险源

存在物质或能量意外释放，并可能产生环境危害的源。

6. 危险物质

具有易燃易爆、有毒有害等特性，会对环境造成危害的物质。

7. 危险单元

由一个或多个风险源构成的具有相对独立功能的单元，事故状态下应可实现与其他功能单元的分割。

8. 最大可信事故

是基于经验统计分析，在一定可能性区间内发生的事故中，造成环境危害最严重的事故。

9. 大气毒性终点浓度

人员短期暴露可能会导致出现健康影响或死亡的大气污染浓度，用于判断周边环境风险影响程度。

二、一般性原则

环境风险评价应以突发性事故导致的危险物质环境急性损害防控为目标，对建设项目的环境风险进行分析、预测和评估，提出环境风险预防、控制、减缓措施，明确环境风险监控及应急建议要求，为建设项目环境风险防控提供科学依据。

三、工作程序

工作程序见图 11-1。

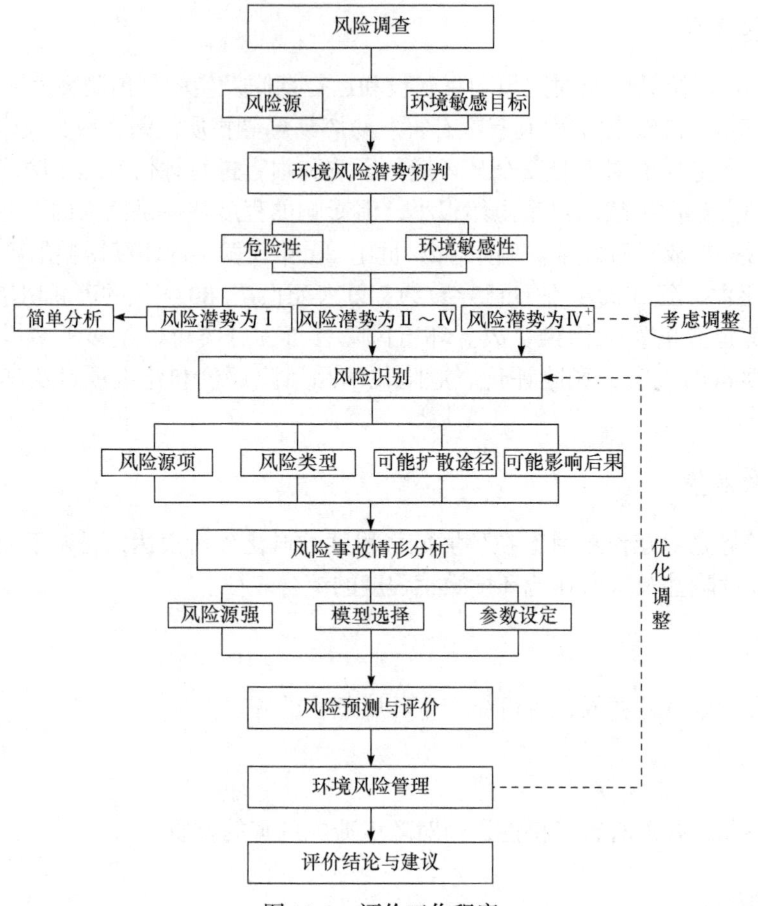

图 11-1　评价工作程序

四、工作等级划分及评价范围

1. 评价工作等级

环境风险评价工作等级划分为一、二、三级。

根据建设项目涉及的物质及工艺系统危险性和所在地的环境敏感性确定环境风险潜势，按照表 11-1 确定评价工作等级。风险潜势为Ⅳ及以上，进行一级评价；风险潜势为Ⅲ，进行二级评价；风险潜势为Ⅱ，进行三级评价；风险潜势为Ⅰ，可开展简单分析。

表 11-1　评价工作等级划分

环境风险潜势	Ⅳ、Ⅳ+	Ⅲ	Ⅱ	Ⅰ
评价工作等级	一	二	三	简单分析[a]

a 相对于详细评价工作内容而言，在描述危险物质、环境影响途径、环境危害后果、风险防范措施等方面给出定性的说明。

2. 评价范围

(1) 大气环境风险评价范围：一级、二级评价，距离建设项目边界一般不低于 5 km；三级评价距离项目边界一般不低于 3 km。油气、化学品输送管线项目一级、二级评价距管道中心线两侧一般均不低于 200 m；三级评价距管道中心线两侧一般均不低于 100 m。当大气毒性终点浓度预测到达距离超出评价范围时，应根据预测到达距离进一步调整评价范围。

(2) 地表水环境风险评价范围参照《环境影响评价技术导则 地表水环境》(HJ 2.3—2018)规定执行。

(3) 地下水环境风险评价范围参照《环境影响评价技术导则 地下水环境》(HJ 610—2016)规定执行。

(4) 环境风险评价范围应根据环境敏感目标分布情况、事故后果可能对环境产生危害的范围等综合确定。项目周边所在区域，评价范围外存在需要特别关注的环境敏感目标，评价范围需延伸至所关心的目标。

五、风险评价工作内容

(1) 环境风险评价基本内容包括：风险调查、环境风险潜势初判、风险识别、风险事故情形分析、风险预测与评价、环境风险管理等。

(2) 基于风险调查，分析建设项目物质及工艺系统危险性和环境敏感性，进行风险潜势的判断，确定风险评价等级。

风险源调查：调查建设项目危险物质数量和分布情况、生产工艺特点，收集危险物质安全技术说明书等基础资料。

环境敏感目标调查：根据危险物质可能的影响途径，明确环境敏感目标，给出环境敏感目标区位分布图，列表明确调查对象、属性、相对方位及距离等信息。

(3) 风险识别及风险事故情形分析应明确危险物质在生产系统中的主要分布，筛选具有代表性的风险事故情形，合理设置事故源项。

事故源项分析应基于风险事故情形的设定，合理估算源强。泄漏频率可参考《建设项目环境风险评价技术导则》附录 E 的推荐方法确定，也可采用事故树、事件树分析法或类比法等确定。

事故源强是为事故后果预测提供分析模拟情形。源强设定可采用计算法和经验估算法。计算法适用于以腐蚀或应力作用等引起的泄漏型为主的事故；经验估算法适用于以火灾、爆炸等突发性事故伴生/次生的污染物释放。

(4) 各环境要素按确定的评价工作等级开展预测评价，分析说明环境风险危害范围与程度，提出环境风险防范的基本要求。

(a) 大气环境风险预测：一级评价需选取最不利气象条件和事故发生地的最常见气象条件，选择适用的数值方法进行分析预测，给出风险事故情形下危险物质释放可能造成的大气环境影响范围与程度；二级评价需选取最不利气象条件，选择适用的数值方法进行分析预测，给出风险事故情形下危险物质释放可能造成的大气环境影响范围与程度；三级评价应定性分析说明大气环境影响后果。

(b) 地表水环境风险预测：一级、二级评价应选择适用的数值方法预测地表水环境风险，给出风险事故情形下可能造成的影响范围与程度；三级评价应定性分析说明地表水环境影响后果。

(c) 地下水环境风险预测：一级评价应优先选择适用的数值方法预测地下水环境风险，给出风险事故情形下可能造成的影响范围与程度；低于一级评价的，风险预测分析与评价参照《环境影响评价技术导则 地下水环境》执行。

(5) 提出环境风险管理对策，明确环境风险防范措施及突发环境事件应急预案编制要求。

(6) 综合环境风险评价过程，给出评价结论与建议。

第二节　环境风险潜势初判

一、环境风险潜势划分

建设项目环境风险潜势划分为Ⅰ、Ⅱ、Ⅲ、Ⅳ/Ⅳ⁺级。根据建设项目涉及的物质和工艺系统的危险性及其所在地的环境敏感程度，结合事故情形下环境影响途径，对建设项目潜在环境危害程度进行概化分析，按照表 11-2 确定环境风险潜势。

表 11-2　建设项目环境风险潜势划分

环境敏感程度(E)	危险物质及工艺系统危险性(P)			
	极高危害(P1)	高度危害(P2)	中毒危害(P3)	轻度危害(P4)
环境高度敏感区(E1)	Ⅳ⁺	Ⅳ	Ⅲ	Ⅲ
环境中毒敏感区(E2)	Ⅳ	Ⅲ	Ⅲ	Ⅱ
环境轻度敏感区(E3)	Ⅲ	Ⅲ	Ⅱ	Ⅰ

注：Ⅳ⁺为极高环境风险。

二、危险物质及工艺系统危险性(P)的分级确定

分析建设项目生产、使用、储存过程中涉及的有毒有害、易燃易爆物质，参见《建设项目环境风险评价技术导则》附录 B 确定危险物质的临界量，定量分析危险物质数量与临界量的比值(Q)和所属行业及生产工艺(M)，按《建设项目环境风险评价技术导则》附录 C 对危险物质及工艺系统危险性(P)等级进行判断。

1. 危险物质数量与临界量比值(Q)

计算所涉及的每种危险物质在厂界内的最大存在总量与其临界量的比值 Q。在不同厂区的同一种物质，按其在厂界内的最大存在总量计算。对于长输管线项目，按照两个截断阀室之间管段危险物质最大存在总量计算。

当只涉及一种危险物质时，该物质的总数量与其临界量比值即为 Q。

当存在多种危险物质时，则按式(11-1)计算物质总量与其临界量比值(Q)：

$$Q=\frac{q_1}{Q_1}+\frac{q_2}{Q_2}+\cdots+\frac{q_n}{Q_n} \tag{11-1}$$

式中：q_1，q_2，…，q_n 为每种危险物质最大存在总量，t；Q_1，Q_2，…，Q_n 为每种危险物质的临界量，t。

当 $Q<1$ 时，该项目环境风险潜势为Ⅰ。

当 $Q\geqslant1$ 时，将 Q 值划分为：①$1\leqslant Q<10$；②$10\leqslant Q<100$；③$Q\geqslant100$。

2. 行业及生产工艺(M)

分析项目所属行业及生产工艺特点，按照表 11-3 评估生产工艺情况。具有多套工艺单元的项目，对每套生产工艺分别评分并求和。将 M 划分为：①M>20；②10<M≤20；③5<M≤10；④M=5，分别以 M1、M2、M3 和 M4 表示。

表 11-3　行业及生产工艺(M)

行业	评估依据	分值
石化、化工、医药、轻工、化纤、有色冶炼等	涉及光气及光气化工艺、电解工艺(氯碱)、氯化工艺、硝化工艺、合成氨工艺、裂解(裂化)工艺、氟化工艺、加氢工艺、重氮化工艺、氧化工艺、过氧化工艺、胺基化工艺、磺化工艺、聚合工艺、烷基化工艺、新型煤化工工艺、电石生产工艺、偶氮化工艺	10/套
	无机酸制酸工艺、焦化工艺	5/套
	其他高温或高压，且涉及危险物质的工艺过程[a]、危险物质贮存罐区	5/套(罐区)
管道、港口/码头等	涉及危险物质管道运输项目、港口/码头等	10
石油天然气	石油、天然气、页岩气开采(含净化)，气库(不含加气站的气库)，油库(不含加气站的油库)、油气管线[b](不含城镇燃气管线)	10
其他	涉及危险物质使用、贮存的项目	5

a 高温指工艺温度≥300℃，高压指压力容器的设计压力(P)≥10.0 MPa。

b 长输管道运输项目应按站场、管线分段进行评价。

3. 危险物质及工艺系统危险性(P)分级

根据危险物质数量与临界量比值(Q)和行业及生产工艺(M)，按照表 11-4 确定危险物质及工艺系统危险性等级(P)，分别以 P1、P2、P3、P4 表示。

表 11-4　危险物质及工艺系统危险性等级(P)判断

危险物质数量与临界量比值(Q)	行业及生产工艺(M)			
	M1	M2	M3	M4
Q≥100	P1	P1	P2	P3
10≤Q<100	P1	P2	P3	P4
1≤Q<10	P2	P3	P4	P4

三、环境敏感程度(E)的分级确定

分析危险物质在事故情形下的环境影响途径，如大气、地表水、地下水等，按《建设项目环境风险评价技术导则》附录 D 对建设项目各要素环境敏感程度(E)等级进行判断。

1. 大气环境

依据环境敏感目标环境敏感性及人口密度划分环境风险受体的敏感性，共分为三种类型，E1 为环境高度敏感区，E2 为环境中度敏感区，E3 为环境低度敏感区，分级原则见表 11-5。

表 11-5　大气环境敏感程度分级

分级	大气环境敏感性
E1	周边 5 km 范围内居住区、医疗卫生、文化教育、科研、行政办公等机构人口总数大于 5 万人，或其他需要特殊保护区域；或周边 500 m 范围内人口总数大于 1000 人；油气、化学品输送管线管段周边 200 m 范围内，每千米管段人口数大于 200 人
E2	周边 5 km 范围内居住区、医疗卫生、文化教育、科研、行政办公等机构人口总数大于 1 万人，小于 5 万人；或周边 500 m 范围内人口总数大于 500 人，小于 1000 人；油气、化学品输送管线管段周边 200 m 范围内，每千米管段人口数大于 100 人，小于 200 人
E3	周边 5 km 范围内居住区、医疗卫生、文化教育、科研、行政办公等机构人口总数小于 1 万人，或周边 500 m 范围内人口总数小于 500 人；油气、化学品输送管线管段周边 200 m 范围内，每千米管段人口数小于 100 人

2. 地表水环境

依据事故情况下危险物质泄漏到水体的排放点受纳地表水体功能敏感性，与下游环境敏感目标情况，共分为三种类型，E1 为环境高度敏感区，E2 为环境中度敏感区，E3 为环境低度敏感区，分级原则见表 11-6。其中地表水功能敏感性分区和环境敏感目标分级分别见表 11-7 和表 11-8。

表 11-6　地表水环境敏感程度分级

环境敏感目标	地表水功能敏感性		
	F1	F2	F3
S1	E1	E1	E2
S2	E1	E2	E3
S3	E1	E2	E3

表 11-7　地表水功能敏感性分区

敏感性	地表水环境敏感特征
敏感 F1	排放点进入地表水水域环境功能为Ⅱ类及以上，或海水水质分类第一类；或以发生事故时危险物质泄漏到水体的排放点算起，排放进入受纳河流最大流速时，24 h 流经范围内涉跨国界的
较敏感 F2	排放点进入地表水水域环境功能为Ⅲ类，或海水水质分类第二类；或以发生事故时危险物质泄漏到水体的排放点算起，排放进入受纳河流最大流速时，24 h 流经范围内涉跨省界的
低敏感 F3	上述地区之外的其他地区

表 11-8　环境敏感目标分级

分级	环境敏感目标
S1	发生事故时，危险物质泄漏到内陆水体的排放点下游(顺水流向)10 km 范围内、近岸海域一个潮周期水质点可能达到的最大水平距离的两倍范围内，有如下一类或多类环境风险受体的：集中式地表水饮用水水源保护区(包括一级保护区、二级保护区及准保护区)；农村及分散式饮用水水源保护区；自然保护区；重要湿地；珍稀濒危野生动植物天然集中分布区；重要水生生物的自然产卵场及索饵场、越冬场和洄游通道；世界文化和自然遗产地；红树林、珊瑚礁等滨海湿地生态系统；珍稀濒危海洋生物的天然集中分布区；海洋特别保护区；海上自然保护区；盐场保护区；海水浴场；海洋自然历史遗迹；风景名胜区；或其他特殊重要保护区域
S2	发生事故时，危险物质泄漏到内陆水体的排放点下游(顺水流向)10 km 范围内、近岸海域一个潮周期水质点可能达到的最大水平距离的两倍范围内，有如下一类或多类环境风险受体的：水产养殖区；天然渔场；森林公园；地质公园；海滨风景游览区；具有重要经济价值的海洋生物生存区域
S3	排放点下游(顺水流向)10 km 范围、近岸海域一个潮周期水质点可能达到的最大水平距离的两倍范围内无上述类型 1 和类型 2 包括的敏感保护目标

3. 地下水环境

依据地下水功能敏感性与包气带防污性能，共分为三种类型，E1 为环境高度敏感区，E2 为环境中度敏感区，E3 为环境低度敏感区，分级原则见表 11-9。其中地下水功能敏感性分区和包气带防污性能分级分别见表 11-10 和表 11-11。当同一建设项目涉及两个 G 分区或 D 分级及以上时，取相对较高值。

表 11-9　地下水环境敏感程度分级

包气带防污性能	地下水功能敏感性		
	G1	G2	G3
D1	E1	E1	E2
D2	E1	E2	E3
D3	E2	E3	E3

表 11-10　地下水功能敏感性分区

敏感性	地下水环境敏感特征
敏感 G1	集中式饮用水水源(包括已建成的在用、备用、应急水源，在建和规划的饮用水水源)准保护区；除集中式饮用水水源以外的国家或地方政府设定的与地下水环境相关的其他保护区，如热水、矿泉水、温泉等特殊地下水资源保护区
较敏感 G2	集中式饮用水水源(包括已建成的在用、备用、应急水源，在建和规划的饮用水水源)准保护区以外的补给径流区；未划定准保护区的集中式饮用水水源，其保护区以外的补给径流区；分散式饮用水水源地；特殊地下水资源 (如热水、矿泉水、温泉等)保护区以外的分布区等其他未列入上述敏感分级的环境敏感区
不敏感 G3	上述地区之外的其他地区

表 11-11　包气带防污性能分级

分级	包气带岩土的渗透性能
D3	Mb≥1.0 m，$K \leq 1.0\times10^{-6}$ cm/s，且分布连续、稳定
D2	0.5 m≤Mb<1.0 m，$K \leq 1.0\times10^{-6}$ cm/s，且分布连续、稳定 Mb≥1.0 m，1.0×10^{-6} cm/s$\leq K <1.0\times10^{-4}$ cm/s，且分布连续、稳定
D1	岩(土)层不满足上述“D2”和“D3”条件

注：Mb 为岩土层单层厚度；K 为渗透系数。

四、建设项目环境风险潜势判断

建设项目环境风险潜势综合等级取各要素等级的相对高值。

第三节　风险识别与风险事故情形分析

一、风险识别

风险识别主要分为物质危险性识别、生产系统危险性识别、危险物质向环境转移的途径识别。

1. 物质危险性识别

包括主要原辅材料、燃料、中间产品、副产品、最终产品、污染物、火灾和爆炸伴生/次生物等。以图表的方式给出物质易燃易爆、有毒有害危险特性，明确危险物质的分布。

2. 生产系统危险性识别

包括主要生产装置、储运设施、公用工程和辅助生产设施，以及环境保护设施等。

(1) 按工艺流程和平面布置功能区划，结合物质危险性识别，以图表的方式给出危险单元划分结果及单元内危险物质的最大存在量。按生产工艺流程分析危险单元内潜在的风险源。

(2) 按危险单元分析风险源的危险性、存在条件和转化为事故的触发因素。

(3) 采用定性或定量分析方法确定重点风险源。

3. 危险物质向环境转移的途径识别

包括分析危险物质特性及可能的环境风险类型，识别危险物质影响环境的途径，分析可能影响的环境敏感目标。

4. 环境风险类型及危害分析

(1) 环境风险类型包括危险物质泄漏，以及火灾、爆炸等引发的伴生/次生污染物排放。

(2) 根据物质及生产系统危险性识别结果，分析环境风险类型、危险物质向环境转移的可能途径和影响方式。

在风险识别的基础上，图示危险单元分布。给出建设项目环境风险识别汇总，包括危险单元、风险源、主要危险物质、环境风险类型、环境影响途径、可能受影响的环境敏感目标等，说明风险源的主要参数。

二、风险事故情形分析

同一种危险物质可能有多种环境风险类型。风险事故情形应包括危险物质泄漏，以及火灾、爆炸等引发的伴生/次生污染物排放情形。对不同环境要素产生影响的风险事故情形，应分别进行设定。

对于火灾、爆炸事故，需将事故中未完全燃烧的危险物质在高温下迅速挥发释放至大气，以及燃烧过程中产生的伴生/次生污染物对环境的影响作为风险事故情形设定的内容。

设定的风险事故情形发生可能性应处于合理的区间，并与经济技术发展水平相适应。一般而言，发生频率小于 10^{-6}/年的事件是极小概率事件，可作为代表性事故情形中最大可信事故设定的参考。

由于事故触发因素具有不确定性，因此事故情形的设定并不能包含全部可能的环境风险，但通过具有代表性的事故情形分析可为风险管理提供科学依据。事故情形的设定应在环境风险识别的基础上筛选，设定的事故情形应具有危险物质、环境危害、影响途径等方面的代表性。

第四节　源 项 分 析

一、源项分析方法

源项分析应基于风险事故情形的设定，合理估算源强。泄漏频率可按照《建设项目环境风险评价技术导则》附录 E 的推荐方法确定，也可以采用事故树、事件树分析法或类比法等确定。

二、事故源强的确定

事故源强是为事故后果预测提供分析模拟情形。事故源强设定可采用计算法和经验估算法。计算法适用于以腐蚀或应力作用等引起的泄漏型为主的事故；经验估算法适用于以火灾、爆炸等突发性事故伴生/次生的污染物释放。

1. 事故泄漏量的计算

泄漏时间应结合建设项目探测和隔离系统的设计原则确定。一般情况下，设置紧急隔离系统的单元，泄漏时间可设定为 10 min；未设置紧急隔离系统的单元，泄漏时间可设定为 30 min。

1) 液体泄漏

液体泄漏速率 Q_L 用伯努利方程计算(限制条件为液体在喷口内不应有急骤蒸发)。

$$Q_L = C_d A \rho \sqrt{\frac{2(P - P_0)}{\rho} + 2gh} \tag{11-2}$$

式中：Q_L 为液体泄漏速率，kg/s；P 为容器内介质压力，Pa；P_0 为环境压力，Pa；ρ 为泄漏液体密度，kg/m^3；g 为重力加速度，9.81 m/s^2；h 为裂口之上液位高度，m；C_d 为液体泄漏系数，按表 11-12 选取；A 为裂口面积，m^2。

表 11-12　液体泄漏系数(C_d)

雷诺数 Re	裂口形状		
	圆形(多边形)	三角形	长方形
＞100	0.65	0.60	0.55
≤100	0.50	0.45	0.40

2) 气体泄漏

当式(11-3)成立时，气体流动属音速流动(临界流)：

$$\frac{P_0}{P} \leqslant \left(\frac{2}{\gamma + 1}\right)^{\frac{\gamma}{\gamma - 1}} \tag{11-3}$$

当式(11-4)成立时，气体流动属亚音速流动(次临界流)：

$$\frac{P_0}{P} > \left(\frac{2}{\gamma + 1}\right)^{\frac{\gamma}{\gamma - 1}} \tag{11-4}$$

式中：P 为容器压力，Pa；P_0 为环境压力，Pa；γ 为气体的绝热指数(比热容比)，即定压比热容 C_p 与定容比热容 C_V 之比。

假定气体特性为理想气体，其泄漏速率 Q_G 按(11-5)计算：

$$Q_G = Y C_d A P \sqrt{\frac{M\gamma}{RT_G}\left(\frac{2}{\gamma + 1}\right)^{\frac{\gamma + 1}{\gamma - 1}}} \tag{11-5}$$

式中：Q_G 为气体泄漏速率，kg/s；P 为容器内介质压力，Pa；C_d 为气体泄漏系数，当裂口为圆形时取 1.00，三角形时取 0.95，长方形时取 0.90；M 为物质的摩尔质量，kg/mol；γ 为气体绝热指数；R 为摩尔气体常量，J/(mol · K)；T_G 为气体温度，K；A 为裂口面积，m^2；Y 为流出系数，对于临界流 Y=1.0，对于次临界流按(11-6)计算。

$$Y=\left(\frac{P_0}{P}\right)^{1/\gamma}\times\left[1-\left(\frac{P_0}{P}\right)^{(\gamma-1)/\gamma}\right]^{1/2}\times\left[\left(\frac{2}{\gamma-1}\right)\times\left(\frac{\gamma+1}{2}\right)^{(\gamma+1)/(\gamma-1)}\right]^{1/2} \tag{11-6}$$

3) 两相流泄漏

假定液相和气相是均匀的，且互相平衡，两相流泄漏速率 Q_{LG} 按(11-7)计算：

$$Q_{LG}=C_d A\sqrt{2\rho_m(P-P_c)} \tag{11-7}$$

$$\rho_m=\frac{1}{\dfrac{F_V}{\rho_1}+\dfrac{1-F_V}{\rho_2}} \tag{11-8}$$

$$F_V=\frac{C_p(T_{LG}-T_C)}{H} \tag{11-9}$$

式中：Q_{LG} 为两相流泄漏速率，kg/s；C_d 为两相流泄漏系数，取 0.8；P_c 为临界压力，Pa，取 0.55 Pa；P 为操作压力或容器压力，Pa；A 为裂口面积，m^2；ρ_m 为两相混合物的平均密度，kg/m^3；ρ_1 为液体蒸发的蒸气的密度，kg/m^3；ρ_2 为液体密度，kg/m^3；F_V 为蒸发的液体占液体总量的比例；C_p 为两相混合物的定压比热容，J/(kg · K)，T_{LG} 为两相混合物的温度，K；T_C 为液体在临界压力下的沸点，K；H 为液体的气化热，J/kg。

当 F_V>1 时，表明液体将全部蒸发成气体，此时应按气体泄漏计算；如果 F_V 很小，则可近似地按液体泄漏公式计算。

4) 泄漏液体蒸发速率

泄漏液体的蒸发分为闪蒸蒸发、热量蒸发和质量蒸发三种，其蒸发总量为这三种蒸发之和。

(1) 闪蒸蒸发估算。

液体中闪蒸部分：

$$F_v=\frac{C_p(T_T-T_b)}{H_v} \tag{11-10}$$

过热液体闪蒸蒸发速率可按式(11-11)估算：

$$Q_1=Q_L\times F_v \tag{11-11}$$

式中：F_v 为泄漏液体的闪蒸比例；T_T 为储存温度，K；T_b 为泄漏液体的沸点，K；H_v 为泄漏液体的蒸发热，J/kg；C_p 为泄漏液体的定压比热容，J/(kg · K)，Q_1 为过热液体闪蒸蒸发速率，kg/s；Q_L 为物质泄漏速率，kg/s。

(2) 热量蒸发估算。

当液体闪蒸不完全时，有一部分液体在地面形成液池，并吸收地面热量而气化，其蒸发速率按式(11-12)计算，并应考虑对流传热系数。

$$Q_2=\frac{\lambda S(T_0-T_b)}{H\sqrt{\pi\alpha t}} \tag{11-12}$$

式中：Q_2 为热量蒸发速率，kg/s；T_0 为环境温度，K；T_b 为泄漏液体沸点；K；H 为液体气化热，J/kg；t 为蒸发时间，s；λ 为表面热导系数(取值见表 11-13)，W/(m · K)；S 为液池面积，m^2；α 为表面热扩散系数(取值见表 11-13)，m^2/s。

表 11-13　某些地面的热传递性质

地面情况	λ/[W/ (m · K)]	α/(m²/s)
水泥	1.1	1.29×10^{-7}
土地(含水 8%)	0.9	4.3×10^{-7}
干涸土地	0.3	2.3×10^{-7}
湿地	0.6	3.3×10^{-7}
砂砾地	2.5	11.0×10^{-7}

(3) 质量蒸发估算。

当热量蒸发结束后，转由液池表面气流运动使液体蒸发，称为质量蒸发。其蒸发速率按式(11-13)计算：

$$Q_3 = \alpha P \frac{M}{RT_0} u^{\frac{(2-n)}{(2+n)}} r^{\frac{(4+n)}{(2+n)}} \tag{11-13}$$

式中：Q_3 为质量蒸发速率，kg/s；P 为液体表面蒸气压，Pa；R 为摩尔气体常量，J/(mol · K)；T_0 为环境温度，K；M 为物质的摩尔质量，kg/mol；u 为风速，m/s；r 为液池半径，m；α、n 为大气稳定度系数，取值见表 11-14。

表 11-14　液池蒸发模式参数

大气稳定度	n	α
不稳定(A、B)	0.2	3.846×10^{-3}
中性(D)	0.25	4.685×10^{-3}
稳定(E、F)	0.3	5.285×10^{-3}

液池最大直径取决于泄漏点附近的地域构型、泄漏的连续性或瞬时性。有围堰时，以围堰最大等效半径为液池半径；无围堰时，设定液体瞬间扩散到最小厚度时，推算液池等效半径。

(4) 液体蒸发总量的计算。

液体蒸发总量按式(11-14)计算：

$$W_p = Q_1 t_1 + Q_2 t_2 + Q_3 t_3 \tag{11-14}$$

式中：W_p 为液体蒸发总量，kg；Q_1 为闪蒸蒸发速率，kg/s；Q_2 为热量蒸发速率，kg/s；Q_3 为质量蒸发速率，kg/s；t_1 为闪蒸蒸发时间，s；t_2 为热量蒸发时间，s；t_3 为从液体泄漏到全部清理完毕的时间，s。

2. 经验法估算物质释放量

火灾、爆炸事故在高温下迅速挥发释放至大气的未完全燃烧危险物质，以及在燃烧过程中产生的伴生/次生污染物，可采用经验法估算释放量。

(1) 火灾爆炸事故中有毒有害物质的释放比例取值见表 11-15。

表 11-15　火灾爆炸事故有毒有害物质释放比例　(单位：%)

Q	LC_{50}					
	＜200	≥200，＜1000	≥1000，＜2000	≥2000，＜10000	≥10000，＜20000	≥20000
≤100	5	10				
＞100，≤500	1.5	3	6			
＞500，≤1000	1	2	4	5	8	
＞1000，≤5000		0.5	1	1.5	2	3
＞5000，≤10000			0.5	1	1	2
＞10000，≤20000				0.5	1	1
＞20000，≤50000					0.5	0.5
＞50000，≤100000						0.5

注：LC_{50}为物质半致死浓度，mg/m^3；Q为有毒有害物质在线量，t。

(2) 火灾伴生/次生污染物产生量估算。

(a) 二氧化硫产生量。

油品火灾伴生/次生二氧化硫产生量按式(11-15)计算：

$$G_{二氧化硫} = 2BS \tag{11-15}$$

式中：$G_{二氧化硫}$为二氧化硫排放速率，kg/h；B为物质燃烧量，kg/h；S为物质中硫的含量，%。

(b) 一氧化碳产生量。

油品火灾伴生/次生一氧化碳产生量按式(11-16)计算：

$$G_{一氧化碳} = 2330qCQ \tag{11-16}$$

式中：$G_{一氧化碳}$为一氧化碳排放速率，kg/s；C为物质中碳的含量，取85%；q为化学不完全燃烧值，取1.5%～6.0%；Q为参与燃烧的物质量，t/s。

3. 其他估算方法

(1) 装卸事故，泄漏量按装卸物质流速和管径及失控时间计算，失控时间一般可按5～30 min计。

(2) 油气长输管线泄漏事故，按管道截面100% 断裂估算泄漏量，应考虑截断阀启动前、后的泄漏量。截断阀启动前，泄漏量按实际工况确定；截断阀启动后，泄漏量以管道泄压至与环境压力平衡所需要时间计。

(3) 水体污染事故源强应结合污染物释放量、消防用水量及雨水量等因素综合确定。

4. 源强参数确定

根据风险事故情形确定事故源参数(如泄漏点高度、温度、压力、泄漏液体蒸面积等)、释放/泄漏速率、释放/泄漏时间、释放/泄漏量、泄漏液体蒸发量等，给出源强汇总。

第五节　风险预测与评价

一、风险预测

1. 有毒有害物质在大气中的扩散

1) 预测模型筛选

(1) 预测计算时，应区分重质气体与轻质气体排放，选择合适的大气风险预测模型。SLAB模型适用于平坦地形下重质气体排放的扩散模拟，AFTOX模型适用于平坦地形下中性气体和轻质气体排放以及液池蒸发气体的扩散模拟。其中重质气体和轻质气体可采用理查德森数进行判定。

(2) 采用SLAB模型或AFTOX模型进行气体扩散后果预测，应结合模型的适用范围、参数要求等说明模型选择的依据。

(3) 选用推荐模型以外的其他技术成熟的大气风险预测模型时，需说明模型选择理由及适用性。

2) 预测范围与计算点

(1) 预测范围即预测物质浓度达到评价标准时的最大影响范围，通常由预测模型计算获取。预测范围一般不超过10 km。

(2) 计算点分特殊计算点和一般计算点。特殊计算点指大气环境敏感目标等关心点，一般计算点指下风向不同距离点。一般计算点的设置应具有一定分辨率，距离风险源500 m范围内可设置10～50 m间距，大于500 m范围内可设置50～100 m间距。

3) 事故源参数

根据大气风险预测模型的需要，调查泄漏设备类型、尺寸、操作参数(压力、温度等)，泄漏物质理化特性(摩尔质量、沸点、临界温度、临界压力、比热容比、气体定压比热容、液体定压比热容、液体密度、气化热等)。

4) 气象参数

(1) 一级评价，需选取最不利气象条件及事故发生地的最常见气象条件分别进行后果预测。其中最不利气象条件取F类稳定度，1.5 m/s风速，温度25℃，相对湿度50%；最常见气象条件由当地近3年内的至少连续1年气象观测资料统计分析得出，包括出现频率最高的稳定度、该稳定度下的平均风速(非静风)、日最高平均气温、年平均湿度。

(2) 二级评价，需选取最不利气象条件进行后果预测。最不利气象条件取F类稳定度，1.5 m/s风速，温度25℃，相对湿度50%。

5) 大气毒性终点浓度值选取

大气毒性终点浓度即预测评价标准。大气毒性终点浓度值选取参见《建设项目环境风险评价技术导则》附录H，分为1、2级。其中1级为当大气中危险物质浓度低于该限值时，绝大多数人员暴露1 h不会对生命造成威胁；当超过该限值时，有可能对人群造成生命威胁；2级为当大气中危险物质浓度低于该限值时，暴露1 h一般不会对人体造成不可逆的伤害，或出现的症状一般不会损伤该个体采取有效防护措施的能力。

6) 预测结果表述

(1) 给出下风向不同距离处有毒有害物质的最大浓度，以及预测浓度达到不同毒性终点浓度的最大影响范围。

(2) 给出各关心点的有毒有害物质浓度随时间变化情况，以及关心点的预测浓度超过评价标准时对应的时刻和持续时间。

(3) 对于存在极高大气环境风险的建设项目，应开展关心点概率分析，即有毒有害气体(物质)剂量负荷对个体的大气伤害概率、关心点处气象条件的频率、事故发生概率的乘积，以反映关心点处人员在无防护措施条件下受到伤害的可能性。有毒有害气体大气伤害概率估算参见《建设项目环境风险评价技术导则》附录 I 。

2. 有毒有害物质在地表水、地下水环境中的运移扩散

1) 有毒有害物质进入水环境的方式

有毒有害物质进入水环境包括事故直接导致和事故处理处置过程间接导致的情况，一般为瞬时排放源和有限时段内排放的源。

2) 预测模型

(1) 地表水。根据风险识别结果，有毒有害物质进入水体的方式、水体类别及特征，以及有毒有害物质的溶解性，选择适用的预测模型。

(a) 对于油品类泄漏事故，流场计算按《环境影响评价技术导则 地表水环境》中的相关要求，选取适用的预测模型，溢油漂移扩散过程按《海洋工程环境影响评价技术导则》(GB/T 19485—2014)中的溢油粒子模型进行溢油轨迹预测。

(b) 其他事故，地表水风险预测模型及参数参照《环境影响评价技术导则 地表水环境》。

(2) 地下水。地下水风险预测模型及参数参照《环境影响评价技术导则 地下水环境》。

3) 终点浓度值选取

终点浓度即预测评价标准。终点浓度值根据水体分类及预测点水体功能要求，按照《地表水环境质量标准》(GB 3838—2002)、《生活饮用水卫生标准》(GB 5749—2006)、《海水水质标准》(GB 3097—1997)、《地下水质量标准》(GB/T 14848—2017)选取。对于未列入上述标准，但确需进行分析预测的物质，其终点浓度值选取可参照《环境影响评价技术导则 地表水环境》《环境影响评价技术导则 地下水环境》。对于难以获取终点浓度值的物质，可按质点运移到达判定。

4) 预测结果表述

(1) 地表水。根据风险事故情形对水环境的影响特点，预测结果可采用以下表述方式：

(a) 给出有毒有害物质进入地表水体最远超标距离及时间。

(b) 给出有毒有害物质经排放通道到达下游(按水流方向)环境敏感目标处的到达时间、超标时间、超标持续时间及最大浓度，对于在水体中漂移类物质，应给出漂移轨迹。

(2) 地下水。给出有毒有害物质进入地下水体到达下游厂区边界和环境敏感目标处的到达时间、超标时间、超标持续时间及最大浓度。

二、环境风险评价

结合各要素风险预测，分析说明建设项目环境风险的危害范围与程度。大气环境风险的影响范围和程度由大气毒性终点浓度确定，明确影响范围内的人口分布情况；地表水、地下水对照功能区质量标准浓度(或参考浓度)进行分析，明确对下游环境敏感目标的影响情况。环

境风险可采用后果分析、概率分析等方法开展定性或定量评价，以避免急性损害为重点，确定环境风险防范的基本要求。

第六节 风 险 管 理

环境风险管理目标是采用最低合理可行原则管控环境风险。采取的环境风险防范措施应与社会经济技术发展水平相适应，运用科学的技术手段和管理方法，对环境风险进行有效的预防、监控、响应。

一、环境风险防范措施

(1) 大气环境风险防范应结合风险源状况明确环境风险的防范、减缓措施，提出环境风险监控要求，并结合环境风险预测分析结果、区域交通道路和安置场所位置等，提出事故状态下人员的疏散通道及安置等应急建议。

(2) 事故废水环境风险防范应明确“单元-厂区-园区区域”的环境风险防控体系要求，设置事故废水收集(尽可能以非动力自流方式)和应急储存设施，以满足事故状态下收集泄漏物料、污染消防水和污染雨水的需要，明确并图示防止事故废水进入外环境的控制、封堵系统。应急储存设施应根据发生事故的设备容量、事故时消防用水量及可能进入应急储存设施的雨水量等因素综合确定。应急储存设施内的事故废水，应及时进行有效处置，做到回用或达标排放。结合环境风险预测分析结果，提出实施监控和启动相应的园区区域突发环境事件应急预案的建议要求。

(3) 地下水环境风险防范应重点采取源头控制和分区防渗措施，加强地下水环境的监控、预警，提出事故应急减缓措施。

(4) 针对主要风险源，提出设立风险监控及应急监测系统，实现事故预警和快速应急监测、跟踪，提出应急物资、人员等的管理要求。

(5) 对于改建、扩建和技术改造项目，应分析依托企业现有环境风险防范措施的有效性，提出完善意见和建议。

(6) 环境风险防范措施应纳入环保投资和建设项目竣工环境保护验收内容。

(7) 考虑事故触发具有不确定性，厂内环境风险防控系统应纳入园区/区域环境风险防控体系，明确风险防控设施、管理的衔接要求。极端事故风险防控及应急处置应结合所在园区/区域环境风险防控体系统筹考虑，按分级响应要求及时启动园区/区域环境风险防范措施，实现厂内与园区/区域环境风险防控设施及管理有效联动，有效防控环境风险。

二、突发环境事件应急预案编制要求

(1) 按照国家、地方和相关部门要求，提出企业突发环境事件应急预案编制或完善的原则要求，包括预案适用范围、环境事件分类与分级、组织机构与职责、监控和预警、应急响应、应急保障、善后处置、预案管理与演练等内容。

(2) 明确企业、园区/区域、地方政府环境风险应急体系。企业突发环境事件应急预案应体现分级响应、区域联动的原则，与地方政府突发环境事件应急预案相衔接，明确分级响应程序。

三、评价结论与建议

1. 项目危险因素

简要说明主要危险物质、危险单元及其分布，明确项目危险因素，提出优化平面布局、调整危险物质存在量及危险性控制的建议。

2. 环境敏感性及事故环境影响

简要说明项目所在区域环境敏感目标及其特点，根据预测分析结果，明确突发性事故可能造成环境影响的区域和涉及的环境敏感目标，提出保护措施及要求。

3. 环境风险防范措施和应急预案

结合区域环境条件和园区/区域环境风险防控要求，明确建设项目环境风险防控体系，重点说明防止危险物质进入环境及进入环境后的控制、消减、监测等措施，提出优化调整风险防范措施建议及突发环境事件应急预案原则要求。

4. 环境风险评价结论与建议

综合环境风险评价专题的工作过程，明确给出建设项目环境风险是否可防控的结论。根据建设项目环境风险可能影响的范围与程度，提出缓解环境风险的建议措施。

对存在较大环境风险的建设项目，须提出环境影响后评价的要求。

思 考 题

1. 环境风险评价的工作内容包括哪些?
2. 风险识别的内容包括哪些方面?
3. 企业突发环境事件应急预案编制有哪些要求?

第十二章　规划环境影响评价

对环境产生重大、深远、不可逆影响的，往往是政府制定和实施的有关产业发展、区域开发和资源开发等方面的规划。对规划进行环境影响评价，有助于解决不能在项目层次上解决的冲突，并且能够分析大量项目的累积环境影响。

第一节　概　　述

一、规划的定义

一般而言，规划是指政府机构为特定目的而制定的一组相互协调并排定优先顺序的未来行动方案和实现这些方案的措施，目的是在未来一定时段内贯彻既定的政策，也包括在未来一定时段内拟具体执行的一组行动或许多项目。

二、规划环境影响评价

2009 年 8 月 17 日国务院发布了《规划环境影响评价条例》。为了实施可持续发展战略，预防因规划和建设实施后对环境造成不良影响，促进经济、社会和环境的协调发展，贯彻《中华人民共和国环境保护法》、《中华人民共和国环境影响评价法》和《规划环境影响评价条例》，规范和指导规划环境影响评价，生态环境部修订了《规划环境影响评价技术导则 总纲》(HJ 130—2019)。

规划环境影响评价是指在规划编制阶段，对规划实施可能造成的环境影响进行分析、预测和评价，并提出预防或者减轻不良环境影响的对策和措施的过程。

《中华人民共和国环境影响评价法》规定，国务院有关部门、设区的市级以上地方人民政府及其有关部门，对其组织编制的土地利用的有关规划，区域、流域、海域的建设、开发利用规划，应当在规划编制过程中组织进行环境影响评价，编写该规划有关环境影响的篇章或者说明。未编写有关环境影响的篇章或者说明的规划草案，审批机关不予审批。

国务院有关部门、设区的市级以上地方人民政府及其有关部门，对其组织编制的工业、农业、畜牧业、林业、能源、水利、交通、城市建设、旅游、自然资源开发的有关专项规划(以下简称专项规划)，应当在该专项规划草案上报审批前，组织进行环境影响评价，并向审批该专项规划的机关提出环境影响报告书。

专项规划的编制机关对可能造成不良环境影响并直接涉及公众环境权益的规划，应当在该规划草案报送审批前，举行论证会、听证会，或者采取其他形式，征求有关单位、专家和公众对环境影响报告书草案的意见。

专项规划的编制机关在报批规划草案时，应当将环境影响报告书一并附送审批机关审查；未附送环境影响报告书的，审批机关不予审批。

对环境有重大影响的规划实施后，编制机关应当及时组织环境影响的跟踪评价，并将评价结果报告审批机关；发现有明显不良环境影响的，应当及时提出改进措施。

三、基本概念

1. 环境目标

环境目标指为保护和改善环境而设定的、拟在相应规划期限内达到的环境质量、生态功能和其他与生态环境保护相关的目标和要求，是规划编制和实施应满足的生态环境保护总体要求。

2. 生态空间

生态空间指具有自然属性、以提供生态服务或生态产品为主体功能的国土空间，包括森林、草原、湿地、河流、湖泊、滩涂、岸线、海洋、荒地、戈壁、冰川、高山冻原、无居民海岛等区域，是保障区域生态系统稳定性、完整性，提供生态服务功能的主要区域。

3. 生态保护红线

生态保护红线指在生态空间范围内具有特殊重要生态功能、必须强制性严格保护的区域，是保障和维护国家生态安全的底线和生命线，通常包括具有重要水源涵养、生物多样性维护、水土保持、防风固沙、海岸生态稳定等功能的生态功能重要区域，以及水土流失、土地沙化、石漠化、盐渍化等生态环境敏感脆弱区域。

4. 环境质量底线

环境质量底线指按照水、大气、土壤环境质量不断优化的原则，结合环境质量现状和相关规划、功能区划要求，考虑环境质量改善潜力，确定的分区域分阶段环境质量目标及相应的环境管控、污染物排放控制等要求。

5. 资源利用上线

资源利用上线以保障生态安全和改善环境质量为目的，结合自然资源开发管控，提出的分区域分阶段的资源开发利用总量、强度、效率等管控要求。

6. 环境敏感区

环境敏感区指依法设立的各级各类保护区域和对规划实施产生的环境影响特别敏感的区域，主要包括生态保护红线范围内或者其外的下列区域：

(1) 自然保护区、风景名胜区、世界文化和自然遗产地、海洋特别保护区、饮用水水源保护区。

(2) 永久基本农田、基本草原、森林公园、地质公园、重要湿地、天然林、野生动物重要栖息地、重点保护野生植物生长繁殖地、重要水生生物自然产卵场、索饵场、越冬场和洄游通道、天然渔场、水土流失重点预防区、沙化土地封禁保护区、封闭及半封闭海域。

(3) 以居住、医疗卫生、文化教育、科研、行政办公等为主要功能的区域，以及文物保护单位。

7. 重点生态功能区

重点生态功能区指生态系统脆弱或生态功能重要，需要在国土空间开发中限制进行大规模高强度工业化城镇化开发，以保持并提高生态产品供给能力的区域。

8. 生态系统完整性

生态系统完整性指自然生态系统通过其组织、结构、关系等应对外来干扰并维持自身状态稳定性和生产能力的功能水平。

9. 环境管控单元

环境管控单元指集成生态保护红线及生态空间、环境质量底线、资源利用上线的管控区域。

10. 生态环境准入清单

生态环境准入清单指基于环境管控单元，统筹考虑生态保护红线、环境质量底线、资源利用上线的管控要求，以清单形式提出的空间布局、污染物排放、环境风险防控、资源开发利用等方面的生态环境准入要求。

11. 跟踪评价

跟踪评价指规划编制机关在规划的实施过程中，对已经和正在产生的环境影响进行监测、分析和评价的过程，用以检验规划实施的实际环境影响以及不良环境影响减缓措施的有效性，并根据评价结果，提出完善的环境管理方案，或者对正在实施的规划方案进行修订。

四、规划环境影响评价原则

1. 早期介入、过程互动

评价应在规划编制的早期阶段介入，在规划前期研究和方案编制、论证、审定等关键环节和过程中充分互动，不断优化规划方案，提高环境合理性。

2. 统筹衔接、分类指导

评价工作应突出不同类型、不同层级规划及其环境影响特点，充分衔接“三线一单”成果，分类指导规划所包含建设项目的布局和生态环境准入。

3. 客观评价、结论科学

依据现有知识水平和技术条件对规划实施可能产生的不良环境影响的范围和程度进行客观分析，评价方法应成熟可靠，数据资料应完整可信，结论建议应具体明确且具有可操作性。

五、规划环境影响评价的适用范围和要求

依据《规划环境影响评价条例》第二条，国务院有关部门、设区的市级以上地方人民政府及其有关部门，对其组织编制的土地利用的有关规划和区域、流域、海域的建设、开发利用规划(称综合性规划)，以及工业、农业、畜牧业、林业、能源、水利、交通、城市建设、旅

游、自然资源开发的有关专项规划(称专项规划)，应当进行环境影响评价。其他规划的环境影响评价可参照执行。

依据《规划环境影响评价条例》第十条，编制综合性规划，应当根据规划实施后可能对环境造成的影响，编写环境影响篇章或者说明。编制专项规划，应当在规划草案报送审批前编制环境影响报告书。编制专项规划中的指导性规划(指以发展战略为主要内容的专项规划)，应当依照本条第一款规定编写环境影响篇章或者说明。

第二节　规划环境影响评价的程序与范围

一、评价目的

以改善环境质量和保障生态安全为目标，论证规划方案的生态环境合理性和环境效益，提出规划优化调整建议；明确不良生态环境影响的减缓措施，提出生态环境保护建议和管控要求，为规划决策和规划实施过程中的生态环境管理提供依据。

二、评价范围

(1) 按照规划实施的时间维度和可能影响的空间尺度来界定评价范围。

(2) 时间维度上，应包括整个规划期，并根据规划方案的内容、年限等选择评价的重点时段。

(3) 空间尺度上，应包括规划空间范围以及可能受到规划实施影响的周边区域。周边区域确定应考虑各环境要素评价范围，兼顾区域流域污染物传输扩散特征、生态系统完整性和行政边界。

三、规划环境影响评价的工作程序

(1) 规划环境影响评价应在规划编制的早期阶段介入，并与规划编制、论证及审定等关键环节和过程充分互动，互动内容一般包括：

(a) 在规划前期阶段，同步开展规划环境影响评价工作。通过对规划内容的分析，收集与规划相关的法律法规、环境政策等，收集上层位规划和规划所在区域战略环境影响评价及“三线一单”成果，对规划区域及可能受影响的区域进行现场踏勘，收集相关基础数据资料，初步调查环境敏感区情况，识别规划实施的主要环境影响，分析提出规划实施的资源、生态、环境制约因素，反馈给规划编制机关。

(b) 在规划方案编制阶段，完成现状调查与评价，提出环境影响评价指标体系，分析、预测和评价拟定规划方案实施的资源、生态、环境影响，并将评价结果和结论反馈给规划编制机关，作为方案比选和优化的参考和依据。

(c) 在规划的审定阶段：①进一步论证拟推荐的规划方案的环境合理性，形成必要的优化调整建议，反馈给规划编制机关。针对推荐的规划方案提出不良环境影响减缓措施和环境影响跟踪评价计划，编制环境影响报告书。②如果拟选定的规划方案在资源、生态、环境方面难以承载，或者可能造成重大不良生态环境影响且无法提出切实可行的预防或减缓对策和措施，或者根据现有的数据资料和专家知识对可能产生的不良生态环境影响的程度、范围等无法做出科学判断，应向规划编制机关提出对规划方案做出重大修改的建议并说明理由。

(d) 规划环境影响报告书审查会后，应根据审查小组提出的修改意见和审查意见对报告书进行修改完善。

(e) 在规划报送审批前，应将环境影响评价文件及其审查意见正式提交给规划编制机关。

(2) 规划环境影响评价的技术流程见图 12-1。

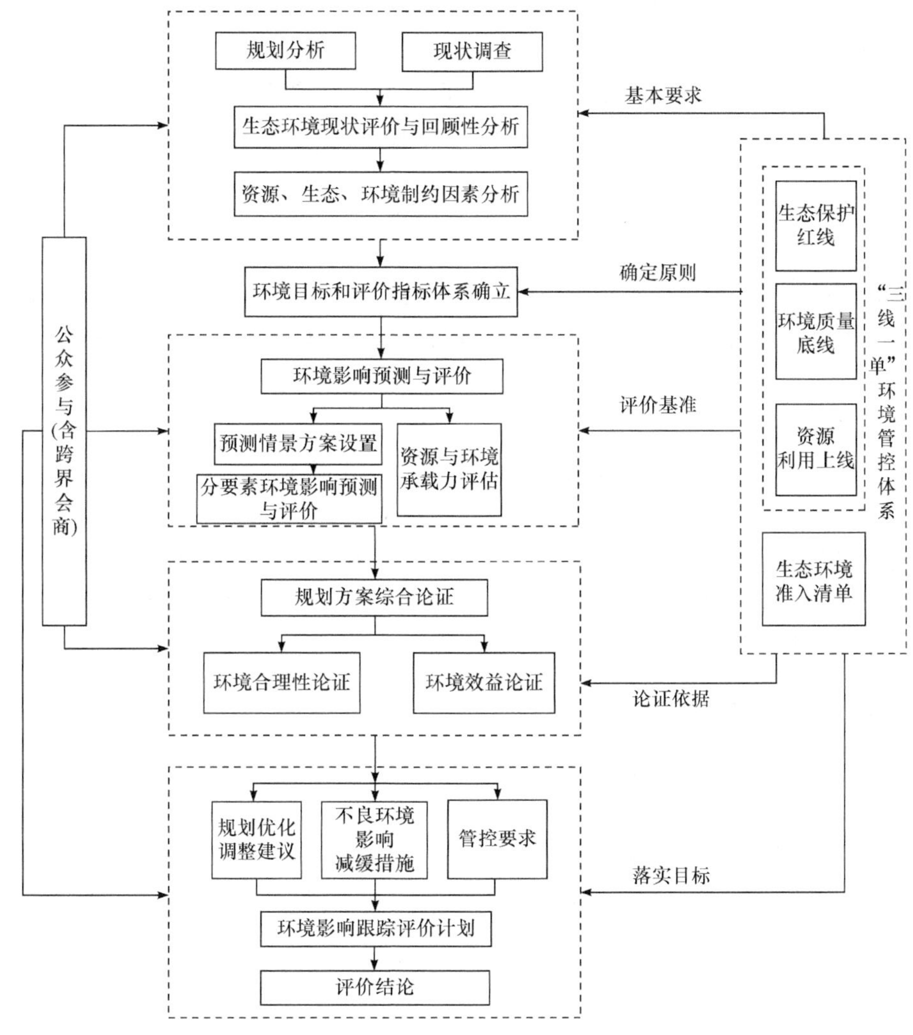

图 12-1　规划环境影响评价的技术流程图

第三节　规 划 分 析

规划分析包括规划概述和规划协调性分析。规划概述应明确可能对生态环境造成影响的规划内容；规划协调性分析应明确规划与相关法律、法规、政策的相符性，以及规划在空间布局、资源保护与利用、生态环境保护等方面的冲突和矛盾。

一、规划概述

介绍规划编制背景和定位，结合图、表梳理分析规划的空间范围和布局，规划不同阶段目标、发展规模、布局、结构(包括产业结构、能源结构、资源利用结构等)、建设时序，配套基础设施等可能对生态环境造成影响的规划内容，梳理规划的环境目标、环境污染治理要求、环保基础设施建设、生态保护与建设等方面的内容。如规划方案包含的具体建设项目有明确的规划内容，应说明其建设时段、内容、规模、选址等。

二、规划协调性分析

(1) 筛选出与本规划相关的生态环境保护法律法规、环境经济政策、环境技术政策、资源利用和产业政策，分析本规划与其相关要求的符合性。

(2) 分析规划规模、布局、结构等规划内容与上层位规划、区域“三线一单”管控要求、战略或规划环境影响评价成果的符合性，识别并明确在空间布局以及资源保护与利用、生态环境保护等方面的冲突和矛盾。

(3) 筛选出在评价范围内与本规划同层位的自然资源开发利用或生态环境保护相关规划，分析与同层位规划在关键资源利用和生态环境保护等方面的协调性，明确规划与同层位规划间的冲突和矛盾。

第四节　现状调查与评价

开展资源利用和生态环境现状调查、环境影响回顾性分析，明确评价区域资源利用水平和生态功能、环境质量现状、污染物排放状况，分析主要生态环境问题及成因，梳理规划实施的资源、生态、环境制约因素。

一、现状调查内容与要求

调查内容应包括自然环境状况、社会经济状况、资源分布与利用状况、环境质量和生态状况等方面。

(1) 调查应包括自然地理状况、环境质量现状、生态状况及生态功能、环境敏感区和重点生态功能区、资源利用现状、社会经济概况、环保基础设施建设及运行情况等内容，并附相应图件。

(2) 现状调查应立足于收集和利用评价范围内已有的常规现状资料，并说明资料来源和有效性。有常规监测资料的区域，资料原则上包括近 5 年或更长时间段资料，能够说明各项调查内容的现状和变化趋势。对其中的环境监测数据，应给出监测点位名称、监测点位分布图、监测因子、监测时段、监测频次及监测周期等，分析说明监测点位的代表性。

(3) 当已有资料不能满足评价要求，或评价范围内有需要特别保护的环境敏感区时，可利用相关研究成果，必要时进行补充调查或监测，补充调查样点或监测点位应具有针对性和代表性。

二、现状评价与回顾性分析

1. 资源利用现状评价

明确与规划实施相关的自然资源、能源种类，结合区域资源禀赋及其合理利用水平或上线要求，分析区域水资源、土地资源、能源等各类资源利用的现状水平和变化趋势。

2. 环境与生态现状评价

(1) 结合各类环境功能区划及其目标质量要求，评价区域水、大气、土壤、声等环境要素的质量现状和演变趋势，明确主要的和特征污染因子，并分析其主要来源；分析区域环境质量达标情况、主要环境敏感区保护等方面存在的问题及成因，明确需解决的主要环境问题。

(2) 结合区域生态系统的结构与功能状况，评价生态系统的重要性和敏感性，分析生态状况和演变趋势及驱动因子。当评价区域涉及环境敏感区和重点生态功能区时，应分析其生态现状、保护现状和存在的问题等；当评价区域涉及受保护的关键物种时，应分析该物种种群与重要生境的保护现状和存在问题。明确需解决的主要生态保护和修复问题。

3. 环境影响回顾性分析

结合上一轮规划实施情况或区域发展历程，分析区域生态环境演变趋势和现状生态环境问题与上一轮规划实施或发展历程的关系，调查分析上一轮规划环境影响评价及审查意见落实情况和环境保护措施的效果。提出本次评价应重点关注的生态环境问题及解决途径。

三、制约因素分析

分析评价区域资源利用水平、生态状况、环境质量等现状与区域资源利用上线、生态保护红线、环境质量底线等管控要求间的关系，明确提出规划实施的资源、生态、环境制约因素。

第五节　环境影响识别与评价指标体系构建

识别规划实施可能产生的资源、生态、环境影响，初步判断影响的性质、范围和程度，确定评价重点，明确环境目标，建立评价的指标体系。

一、环境影响识别

(1) 根据规划方案的内容、年限，识别和分析评价期内规划实施对资源、生态、环境造成影响的途径、方式，以及影响的性质、范围和程度。识别规划实施可能产生的主要生态环境影响和风险。

(2) 对于可能产生具有易生物蓄积、长期接触对人群和生物产生危害作用的无机和有机污染物、放射性污染物、微生物等的规划，还应识别规划实施产生的污染物与人体接触的途径以及可能造成的人群健康风险。

(3) 对资源、生态、环境要素的重大不良影响，可从规划实施是否导致区域环境质量下降和生态功能丧失、资源利用冲突加剧、人居环境明显恶化三个方面进行分析与判断。

(4) 通过环境影响识别，筛选出受规划实施影响显著的资源、生态、环境要素，作为环境影响预测与评价的重点。

二、环境目标与评价指标确定

1. 确定环境目标

分析国家和区域可持续发展战略、生态环境保护法规与政策、资源利用法规与政策等的目标及要求，重点依据评价范围涉及的生态环境保护规划、生态建设规划以及其他相关生态环境保护管理规定，结合规划协调性分析结论，衔接区域“三线一单”成果，设定各评价时段有关生态功能保护、环境质量改善、污染防治、资源开发利用等的具体目标及要求。

2. 建立评价指标体系

结合规划实施的资源、生态、环境等制约因素，从环境质量、生态保护、资源利用、污染排放、风险防控、环境管理等方面构建评价指标体系。评价指标应符合评价区域生态环境特征，体现环境质量和生态功能不断改善的要求，体现规划的属性特点及其主要环境影响特征。

3. 确定评价指标值

评价指标应易于统计、比较和量化，指标值符合相关产业政策、生态环境保护政策、相关标准中规定的限值要求，如国内政策、标准中没有相应的规定，也可参考国际标准来确定；对于不易量化的指标，可参考相关研究成果或经过专家论证，给出半定量的指标值或定性说明。

第六节　环境影响预测与评价

一、基本要求

(1) 主要针对环境影响识别出的资源、生态、环境要素，开展多情景的影响预测与评价，一般包括预测情景设置、规划实施生态环境压力分析，环境质量、生态功能的影响预测与评价，对环境敏感区和重点生态功能区的影响预测与评价，环境风险预测与评价，资源与环境承载力评估等内容。

(2) 环境影响预测与评价应给出规划实施对评价区域资源、生态、环境的影响程度和范围，叠加环境质量、生态功能和资源利用现状，分析规划实施后能否满足环境目标要求，评估区域资源与环境承载能力。

(3) 应充分考虑不同层级和属性规划的环境影响特征以及决策需求，采用定性和定量相结合的方式开展评价。对主要环境要素的影响预测和评价可参考相应的环境影响评价技术导则来进行。

二、环境影响预测与评价的内容

1. 预测情景设置

应结合规划所依托的资源环境和基础设施建设条件、区域生态功能维护和环境质量改善要求等，从规划规模、布局、结构、建设时序等方面，设置多种情景开展环境影响预测与评价。

2. 规划实施生态环境压力分析

(1) 依据环境现状评价和回顾性分析结果，考虑技术进步等因素，估算不同情景下水、土地、能源等规划实施支撑性资源的需求量和主要污染物(包括常规污染物和特征污染物)的产生量、排放量。

(2) 依据生态现状评价和回顾性分析结果，考虑生态系统演变规律及生态保护修复等因素，评估不同情景下主要生态因子(如生物量、植被覆盖度/率、重要生境面积等)的变化量。

3. 影响预测与评价

(1) 水环境影响预测与评价。预测不同情景下规划实施导致的区域水资源、水文情势、海洋水文动力环境和冲淤环境、地下水补径排状况等的变化，分析主要污染物对地表水和地下水、近岸海域水环境质量的影响，明确影响的范围、程度，评价水环境质量的变化能否满足环境目标要求，绘制必要的预测与评价图件。

(2) 大气环境影响预测与评价。预测不同情景下规划实施产生的大气污染物对环境空气质量的影响，明确影响范围、程度，评价大气环境质量的变化能否满足环境目标要求，绘制必要的预测与评价图件。

(3) 土壤环境影响预测与评价。预测不同情景下规划实施的土壤环境风险，评价土壤环境的变化能否满足相应环境管控要求，绘制必要的预测与评价图件。

(4) 声环境影响预测与评价。预测不同情景下规划实施对声环境质量的影响，明确影响范围、程度，评价声环境质量的变化能否满足相应的功能区目标，绘制必要的预测与评价图件。

(5) 生态影响预测与评价。预测不同情景下规划实施对生态系统结构、功能的影响范围和程度，评价规划实施对生物多样性和生态系统完整性的影响，绘制必要的预测与评价图件。

(6) 环境敏感区影响预测与评价。预测不同情景下规划实施对评价范围内生态保护红线、自然保护区等环境敏感区的影响，评价其是否符合相应的保护和管控要求，绘制必要的预测与评价图件。

(7) 人群健康风险分析。对可能产生具有易生物蓄积、长期接触对人群和生物产生危害作用的无机和有机污染物、放射性污染物、微生物等的规划，根据上述特定污染物的环境影响范围，估算暴露人群数量和暴露水平，开展人群健康风险分析。

(8) 环境风险预测与评价。对于涉及重大环境风险源的规划，应进行风险源及源强、风险源叠加、风险源与受体响应关系等方面的分析，开展环境风险评价。

4. 资源与环境承载力评估

(1) 资源与环境承载力分析。分析规划实施支撑性资源(水资源、土地资源、能源等)可利用(配置)上线和规划实施主要环境影响要素(大气、水等)污染物允许排放量，结合现状利用和排放量、区域削减量，分析各评价时段剩余可利用的资源量和剩余污染物允许排放量。

(2) 资源与环境承载状态评估。根据规划实施新增资源消耗量和污染物排放量，分析规划实施对各评价时段剩余可利用资源量和剩余污染物允许排放量的占用情况，评估资源与环境对规划实施的承载状态。

三、规划所包含建设项目环境影响评价要求

(1) 如规划方案中包含具体的建设项目，应针对建设项目所属行业特点及其环境影响特征，提出建设项目环境影响评价的重点内容和基本要求，并依据规划环境影响评价的主要评价结论提出建设项目的生态环境准入要求(包括选址或选线、规模、资源利用效率、污染物排放管控、环境风险防控和生态保护要求等)、污染防治措施建设要求等。

(2) 对符合规划环境影响评价环境管控要求和生态环境准入清单的具体建设项目，应将规划环境影响评价结论作为重要依据，其环境影响评价文件中选址选线、规模分析内容可适当简化。当规划环境影响评价资源、环境现状调查与评价结果仍具有时效性时，规划所包含的建设项目的环境影响评价文件中现状调查与评价内容可适当简化。

第七节 规划方案综合论证与优化调整建议

以改善环境质量和保障生态安全为核心，综合环境影响预测与评价结果，论证规划目标、规模、布局、结构等规划内容的环境合理性以及评价设定的环境目标的可达性，分析判定规划实施的重大资源、生态、环境制约的程度、范围、方式等，提出规划方案的优化调整建议并推荐环境可行的规划方案。如果规划方案优化调整后资源、生态、环境仍难以承载，不能满足资源利用上线和环境质量底线要求，应提出规划方案的重大调整建议。

一、规划方案综合论证

规划方案的综合论证包括环境合理性论证和环境效益论证两部分内容。前者从规划实施对资源、生态、环境综合影响的角度，论证规划内容的合理性；后者从规划实施对区域经济、社会与环境发挥的作用，以及协调当前利益与长远利益之间关系的角度，论证规划方案的合理性。

1. 规划方案的环境合理性论证

(1) 基于区域环境保护目标以及 “三线一单”要求，结合规划协调性分析结论，论证规划目标与发展定位的环境合理性。

(2) 基于环境影响预测与评价和资源与环境承载力评估结论，结合资源利用上线和环境质量底线等要求，论证规划规模和建设时序的环境合理性。

(3) 基于规划布局与生态保护红线、重点生态功能区、其他环境敏感区的空间位置关系和对以上区域的影响预测结果，结合环境风险评价的结论，论证规划布局的环境合理性。

(4) 基于环境影响预测与评价和资源与环境承载力评估结论，结合区域环境管理和循环经济发展要求，以及规划重点产业的环境准入条件和清洁生产水平，论证规划用地结构、能源结构、产业结构的环境合理性。

(5) 基于规划实施环境影响预测与评价结果，结合生态环境保护措施的经济技术可行性、有效性，论证环境目标的可达性。

2. 规划方案的环境效益论证

分析规划实施在维护生态功能、改善环境质量、提高资源利用效率、减少温室气体排放、保障人居安全、优化区域空间格局和产业结构等方面的环境效益。

不同类型规划方案综合论证重点如下。

(1) 对于资源能源消耗量大、污染物排放量高的行业规划，重点从流域和区域资源利用上线、环境质量底线对规划实施的约束、规划实施可能对环境质量的影响程度、环境风险、人群健康风险等方面，论述规划拟定的发展规模、布局(及选址)和产业结构的环境合理性。

(2) 对于土地利用的有关规划和区域、流域、海域的建设、开发利用规划，农业、畜牧业、林业、能源、水利、旅游、自然资源开发专项规划，重点从流域或区域生态保护红线、资源利用上线对规划实施的约束，以及规划实施对生态系统及环境敏感区、重点生态功能区结构、功能的影响和生态风险等角度，论述规划方案的环境合理性。

(3) 对于公路、铁路、城市轨道交通、航运等交通类规划，重点从规划实施对生态系统结构、功能所造成的影响，规划布局与评价区域生态保护红线、重点生态功能区、其他环境敏感区的协调性等方面，论述规划布局(及选线、选址)的环境合理性。

(4) 对于产业园区等规划，重点从区域资源利用上线、环境质量底线对规划实施的约束、规划及包括的交通运输实施可能对环境质量的影响程度以及环境风险与人群健康风险等方面，综合论述规划规模、布局、结构、建设时序以及规划环境基础设施、重大建设项目的环境合理性。

(5) 对于城市规划、国民经济与社会发展规划等综合类规划，重点从区域资源利用上线、生态保护红线、环境质量底线对规划实施的约束，城市环境基础设施对规划实施的支撑能力、规划及相关交通运输实施对改善环境质量、优化城市生态格局、提高资源利用效率的作用等方面，综合论述规划方案的环境合理性。

二、规划方案优化调整建议

(1) 根据规划方案的环境合理性和环境效益论证结果，对规划内容提出明确的、具有可操作性的优化调整建议，特别是出现以下情形时。

(a) 规划的主要目标、发展定位不符合上层位主体功能区规划、区域“三线一单”等要求。

(b) 规划空间布局和包含的具体建设项目选址、选线不符合生态保护红线、重点生态功能区，以及其他环境敏感区的保护要求。

(c) 规划开发活动或包含的具体建设项目不满足区域生态环境准入清单要求、属于国家明令禁止的产业类型或不符合国家产业政策、环境保护政策。

(d) 规划方案中配套的生态保护、污染防治和风险防控措施实施后，区域的资源、生态、环境承载力仍无法支撑规划实施，环境质量无法满足评价目标，或仍可能造成重大的生态破坏和环境污染，或仍存在显著的环境风险。

(e) 规划方案中有依据现有科学水平和技术条件，无法或难以对其产生的不良环境影响的程度或范围作出科学、准确判断的内容。

(2) 应明确优化调整后的规划布局、规模、结构、建设时序，给出相应的优化调整图、表，说明优化调整后的规划方案具备资源、生态和环境方面的可支撑性。

(3) 将优化调整后的规划方案作为评价推荐的规划方案。

(4) 说明规划环境影响评价与规划编制的互动过程、互动内容和各时段向规划编制机关反馈的建议及其被采纳情况等互动结果。

第八节　环境影响减缓对策与措施及环境影响跟踪评价计划

一、环境影响减缓对策与措施

(1) 规划的环境影响减缓对策和措施是针对评价推荐的规划方案实施后可能产生的不良

环境影响，在充分评估规划方案中已明确的环境污染防治、生态保护、资源能源增效等相关措施的基础上，提出的环境保护方案和管控要求。

(2) 环境影响减缓对策和措施应具有针对性和可操作性，能够指导规划实施中的生态环境保护工作，有效预防重大不良生态环境影响的产生，并促进环境目标在相应的规划期限内可以实现。

(3) 环境影响减缓对策和措施一般包括生态环境保护方案和管控要求。主要内容包括：

(a) 提出现有生态环境问题解决方案，规划区域整体性污染治理、生态修复与建设、生态补偿等环境保护方案，以及与周边区域开展联防联控等预防和减缓环境影响的对策措施。

(b) 提出规划区域资源能源可持续开发利用、环境质量改善等目标、指标性管控要求。

(c) 对于产业园区等规划，从空间布局约束、污染物排放管控、环境风险防控、资源开发利用等方面，以清单方式列出生态环境准入要求。

二、环境影响跟踪评价计划

(1) 结合规划实施的主要生态环境影响，拟定跟踪评价计划，监测和调查规划实施对区域环境质量、生态功能、资源利用等的实际影响，以及不良生态环境影响减缓措施的有效性。

(2) 跟踪评价取得的数据、资料和结果应能够说明规划实施带来的生态环境质量实际变化，反映规划优化调整建议、环境管控要求和生态环境准入清单等对策措施的执行效果，并为后续规划实施、调整、修编，完善生态环境管理方案和加强相关建设项目环境管理等提供依据。

(3) 跟踪评价计划应包括工作目的、监测方案、调查方法、评价重点、执行单位、实施安排等内容。主要包括：

(a) 明确需重点调查、监测、评价的资源生态环境要素，提出具体监测计划及评价指标，以及相应的监测点位、频次、周期等。

(b) 提出调查和分析规划优化调整建议、环境影响减缓措施、环境管控要求和生态环境准入清单落实情况和执行效果的具体内容和要求，明确分析和评价不良生态环境影响预防和减缓措施有效性的监测要求和评价准则。

(c) 提出规划实施对区域环境质量、生态功能、资源利用等的阶段性综合影响，环境影响减缓措施和环境管控要求的执行效果，后续规划实施调整建议等跟踪评价结论的内容和要求。

三、公众参与和会商意见处理

收集整理公众意见和会商意见，对于已采纳的，应在环境影响评价文件中明确说明修改的具体内容；对于未采纳的，应说明理由。

第九节　评价结论及编制要求

一、评价结论

(1) 评价结论是对全部评价工作内容和成果的归纳总结，应文字简洁、观点鲜明、逻辑清晰、结论明确。

(2) 在评价结论中应明确以下内容。

(a) 区域生态保护红线、环境质量底线、资源利用上线，区域环境质量现状和演变趋势，资源利用现状和演变趋势，生态状况和演变趋势，区域主要生态环境问题、资源利用和保护问题及成因，规划实施的资源、生态、环境制约因素。

(b) 规划实施对生态、环境影响的程度和范围，区域水、土地、能源等各类资源要素和大气、水等环境要素对规划实施的承载能力，规划实施可能产生的环境风险，规划实施环境目标可达性分析结论。

(c) 规划的协调性分析结论，规划方案的环境合理性和环境效益论证结论，规划优化调整建议等。

(d) 减缓不良环境影响的生态环境保护方案和管控要求。

(e) 规划包含的具体建设项目环境影响评价的重点内容和简化建议等。

(f) 规划实施环境影响跟踪评价计划的主要内容和要求。

(g) 公众意见、会商意见的回复和采纳情况。

二、环境影响评价文件的编制要求

(1) 规划环境影响评价文件应图文并茂、数据详实、论据充分、结构完整、重点突出、结论和建议明确。

(2) 环境影响报告书应包括以下主要内容。

(a) 总则。概述任务由来，明确评价依据、评价目的与原则、评价范围、评价重点、执行的环境标准、评价流程等。

(b) 规划分析。介绍规划不同阶段目标、发展规模、布局、结构、建设时序，以及规划包含的具体建设项目的建设计划等可能对生态环境造成影响的规划内容；给出规划与法规政策、上层位规划、区域“三线一单”管控要求、同层位规划在环境目标、生态保护、资源利用等方面的符合性和协调性分析结论，重点明确规划之间的冲突与矛盾。

(c) 现状调查与评价。通过调查评价区域资源利用状况、环境质量现状、生态状况及生态功能等，说明评价区域内的环境敏感区、重点生态功能区的分布情况及其保护要求，分析区域水资源、土地资源、能源等各类自然资源现状利用水平和变化趋势，评价区域环境质量达标情况和演变趋势，区域生态系统结构与功能状况和演变趋势，明确区域主要生态环境问题、资源利用和保护问题及成因。对已开发区域进行环境影响回顾性分析，说明区域生态环境问题与上一轮规划实施的关系。明确提出规划实施的资源、生态、环境制约因素。

(d) 环境影响识别与评价指标体系构建。识别规划实施可能影响的资源、生态、环境要素及其范围和程度，确定不同规划时段的环境目标，建立评价指标体系，给出评价指标值。

(e) 环境影响预测与评价。设置多种预测情景，估算不同情景下规划实施对各类支撑性资源的需求量和主要污染物的产生量、排放量，以及主要生态因子的变化量。预测与评价不同情景下规划实施对生态系统结构和功能、环境质量、环境敏感区的影响范围与程度，明确规划实施后能否满足环境目标的要求。根据不同类型规划及其环境影响特点，开展人群健康风险分析、环境风险预测与评价。评价区域资源与环境对规划实施的承载能力。

(f) 规划方案综合论证和优化调整建议。根据规划环境目标可达性论证规划的目标、规模、布局、结构等规划内容的环境合理性，以及规划实施的环境效益。介绍规划环境影响评价与规划编制互动情况。明确规划方案的优化调整建议，并给出调整后的规划布局、结构、规模、建设时序。

(g) 环境影响减缓对策和措施。给出减缓不良生态环境影响的环境保护方案和管控要求。

(h) 如规划方案中包含具体的建设项目，应给出重大建设项目环境影响评价的重点内容要求和简化建议。

(i) 环境影响跟踪评价计划。说明拟定的跟踪监测与评价计划。

(j) 说明公众意见、会商意见回复和采纳情况。

(k) 评价结论。归纳总结评价工作成果，明确规划方案的环境合理性，以及优化调整建议和调整后的规划方案。

(3) 环境影响报告书中图件的要求

(a) 规划环境影响评价文件中图件一般包括规划概述相关图件，环境现状和区域规划相关图件，现状评价、环境影响评价、规划优化调整、环境管控、跟踪评价计划等成果图件。

(b) 成果图件应包含地理信息、数据信息，依法需要保密的除外。

(c) 报告书应包含的成果图件及格式、内容要求见附录 F。实际工作中应根据规划环境影响特点和区域环境保护要求，选取提交附录 F 中的相应图件。

(4) 规划环境影响篇章(或说明)应包括以下主要内容。

(a) 环境影响分析依据。重点明确与规划相关的法律法规、政策、规划和环境目标、标准。

(b) 现状调查与评价。通过调查评价区域资源利用状况、环境质量现状、生态状况及生态功能等，分析区域水资源、土地资源、能源等各类资源现状利用水平，评价区域环境质量达标情况和演变趋势，区域生态系统结构与功能状况和演变趋势等，明确区域主要生态环境问题、资源利用和保护问题及成因。明确提出规划实施的资源、生态、环境制约因素。

(c) 环境影响预测与评价。分析规划与相关法律法规、政策、上层位规划和同层位规划在环境目标、生态保护、资源利用等方面的符合性和协调性。预测与评价规划实施对生态系统结构和功能、环境质量、环境敏感区的影响范围与程度。根据规划类型及其环境影响特点，开展环境风险预测与评价。评价区域资源与环境对规划实施的承载能力，以及环境目标的可达性。给出规划方案的环境合理性论证结果。

(d) 环境影响减缓措施。给出减缓不良生态环境影响的环境保护方案和环境管控要求。针对主要环境影响提出跟踪监测和评价计划。

(e) 根据评价需要，在篇章(或说明)中附必要的图、表。

思 考 题

1. 简述规划制约因素分析的内容。
2. 简述规划方案的环境合理性论证内容。
3. 规划环境影响评价中环境影响减缓对策和措施一般包括哪些内容？

第十三章　建设项目竣工环境保护验收

建设项目需要配套建设的环境保护设施，必须与主体工程同时设计、同时施工、同时投产使用(简称“三同时”)，是《建设项目环境保护管理条例》中对建设项目的明确要求，对其跟踪检查和竣工环境保护验收是我国独具特色的环境管理制度，也是生态环境部对建设项目实施管理的重要手段和日常工作内容之一。

从最早作为试点的第一个项目“小湾水电站”竣工环境保护验收起，以全面调查工程建设与试运行以来造成的环境影响，编制调查报告的形式，为公路、铁路、管道(管线)、水利、水电、油(气)田开发、矿山开采等建设项目竣工环境保护验收提供验收依据已逐渐形成惯例。《建设项目环境保护管理条例》中明确了建设单位应当按照国务院生态环境主管部门规定的标准和程序，对配套建设的环境保护设施进行验收。

为进一步贯彻《中华人民共和国环境保护法》、《中华人民共和国环境影响评价法》和《建设项目环境保护管理条例》，规范建设项目竣工后建设单位自主开展环境保护验收的程序和标准，2017年环境保护部制定了《建设项目竣工环境保护验收暂行办法》。

该暂行办法中规定以排放污染物为主的建设项目，参照《建设项目竣工环境保护验收技术指南 污染影响类》编制验收监测报告；主要对生态造成影响的建设项目，按照《建设项目竣工环境保护验收技术规范 生态影响类》(HJ/T 394—2007) 编制验收调查报告。并开始对部分行业的技术规范进行修编，如《建设项目竣工环境保护技术规范 铀矿冶(征求意见稿)》。

第一节　建设项目竣工环境保护验收暂行办法

一、总则

(1) 为规范建设项目环境保护设施竣工验收的程序和标准，强化建设单位环境保护主体责任，根据《建设项目环境保护管理条例》，制定本办法。

(2) 本办法适用于编制环境影响报告书(表)并根据环保法律法规的规定由建设单位实施环境保护设施竣工验收的建设项目以及相关监督管理。

(3) 建设项目竣工环境保护验收的主要依据包括：

(a) 建设项目环境保护相关法律、法规、规章、标准和规范性文件。

(b) 建设项目竣工环境保护验收技术规范。

(c) 建设项目环境影响报告书(表)及审批部门审批决定。

(4) 建设单位是建设项目竣工环境保护验收的责任主体，应当按照本办法规定的程序和标准，组织对配套建设的环境保护设施进行验收，编制验收报告，公开相关信息，接受社会监督，确保建设项目需要配套建设的环境保护设施与主体工程同时投产或者使用，并对验收内容、结论和所公开信息的真实性、准确性和完整性负责，不得在验收过程中弄虚作假。

环境保护设施是指防治环境污染和生态破坏以及开展环境监测所需的装置、设备和工程设施等。

验收报告分为验收监测(调查)报告、验收意见和其他需要说明的事项三项内容。

二、验收的程序和内容

(1) 建设项目竣工后，建设单位应当如实查验、监测、记载建设项目环境保护设施的建设和调试情况，编制验收监测(调查)报告。以排放污染物为主的建设项目，参照《建设项目竣工环境保护验收技术指南 污染影响类》编制验收监测报告；主要对生态造成影响的建设项目，按照《建设项目竣工环境保护验收技术规范 生态影响类》编制验收调查报告；火力发电、石油炼制、水利水电、核与辐射等已发布行业验收技术规范的建设项目，按照该行业验收技术规范编制验收监测报告或者验收调查报告。

建设单位不具备编制验收监测(调查)报告能力的，可以委托有能力的技术机构编制。建设单位对受委托的技术机构编制的验收监测(调查)报告结论负责。建设单位与受委托的技术机构之间的权利义务关系，以及受委托的技术机构应当承担的责任，可以通过合同形式约定。

(2) 需要对建设项目配套建设的环境保护设施进行调试的，建设单位应当确保调试期间污染物排放符合国家和地方有关污染物排放标准和排污许可等相关管理规定。

环境保护设施未与主体工程同时建成的，或者应当取得排污许可证但未取得的，建设单位不得对该建设项目环境保护设施进行调试。

调试期间，建设单位应当对环境保护设施运行情况和建设项目对环境的影响进行监测。验收监测应当在确保主体工程调试工况稳定、环境保护设施运行正常的情况下进行，并如实记录监测时的实际工况。国家和地方有关污染物排放标准或者行业验收技术规范对工况和生产负荷另有规定的，按其规定执行。建设单位开展验收监测活动，可根据自身条件和能力，利用自有人员、场所和设备自行监测；也可以委托其他有能力的监测机构开展监测。

(3) 验收监测(调查)报告编制完成后，建设单位应当根据验收监测(调查)报告结论，逐项检查是否存在本办法第八条所列验收不合格的情形，提出验收意见。存在问题的，建设单位应当进行整改，整改完成后方可提出验收意见。

验收意见包括工程建设基本情况、工程变动情况、环境保护设施落实情况、环境保护设施调试效果、工程建设对环境的影响、验收结论和后续要求等内容，验收结论应当明确该建设项目环境保护设施是否验收合格。

建设项目配套建设的环境保护设施经验收合格后，其主体工程方可投入生产或者使用；未经验收或者验收不合格的，不得投入生产或者使用。

(4) 建设项目环境保护设施存在下列情形之一的，建设单位不得提出验收合格的意见：

(a) 未按环境影响报告书(表)及其审批部门审批决定要求建成环境保护设施，或者环境保护设施不能与主体工程同时投产或者使用的。

(b) 污染物排放不符合国家和地方相关标准、环境影响报告书(表)及其审批部门审批决定或者重点污染物排放总量控制指标要求的。

(c) 环境影响报告书(表)经批准后，该建设项目的性质、规模、地点、采用的生产工艺或者防治污染、防止生态破坏的措施发生重大变动，建设单位未重新报批环境影响报告书(表)或者环境影响报告书(表)未经批准的。

(d) 建设过程中造成重大环境污染未治理完成，或者造成重大生态破坏未恢复的。

(e) 纳入排污许可管理的建设项目，无证排污或者不按证排污的。

(f) 分期建设、分期投入生产或者使用，依法应当分期验收的建设项目，其分期建设、分期投入生产或者使用的环境保护设施防治环境污染和生态破坏的能力不能满足其相应主体工程需要的。

(g) 建设单位因该建设项目违反国家和地方环境保护法律法规受到处罚，被责令改正，尚未改正完成的。

(h) 验收报告的基础资料数据明显不实，内容存在重大缺项、遗漏，或者验收结论不明确、不合理的。

(i) 其他环境保护法律法规规章等规定不得通过环境保护验收的。

(5) 为提高验收的有效性，在提出验收意见的过程中，建设单位可以组织成立验收工作组，采取现场检查、资料查阅、召开验收会议等方式，协助开展验收工作。验收工作组可以由设计单位、施工单位、环境影响报告书(表)编制机构、验收监测(调查)报告编制机构等单位代表以及专业技术专家等组成，代表范围和人数自定。

(6) 建设单位在“其他需要说明的事项”中应当如实记载环境保护设施设计、施工和验收过程简况、环境影响报告书(表)及其审批部门审批决定中提出的除环境保护设施外的其他环境保护对策措施的实施情况，以及整改工作情况等。

相关地方政府或者政府部门承诺负责实施与项目建设配套的防护距离内居民搬迁、功能置换、栖息地保护等环境保护对策措施的，建设单位应当积极配合地方政府或部门在所承诺的时限内完成，并在“其他需要说明的事项”中如实记载前述环境保护对策措施的实施情况。

(7) 除按照国家需要保密的情形外，建设单位应当通过其网站或其他便于公众知晓的方式，向社会公开下列信息：

(a) 建设项目配套建设的环境保护设施竣工后，公开竣工日期。

(b) 对建设项目配套建设的环境保护设施进行调试前，公开调试的起止日期。

(c) 验收报告编制完成后 5 个工作日内，公开验收报告，公示的期限不得少于 20 个工作日。

建设单位公开上述信息的同时，应当向所在地县级以上生态环境主管部门报送相关信息，并接受监督检查。

(8) 除需要取得排污许可证的水和大气污染防治设施外，其他环境保护设施的验收期限一般不超过 3 个月；需要对该类环境保护设施进行调试或者整改的，验收期限可以适当延期，但最长不超过 12 个月。验收期限是指自建设项目环境保护设施竣工之日起至建设单位向社会公开验收报告之日止的时间。

(9) 验收报告公示期满后 5 个工作日内，建设单位应当登录全国建设项目竣工环境保护验收信息平台，填报建设项目基本信息、环境保护设施验收情况等相关信息，生态环境主管部门对上述信息予以公开。

建设单位应当将验收报告以及其他档案资料存档备查。

(10) 纳入排污许可管理的建设项目，排污单位应当在项目产生实际污染物排放之前，按照国家排污许可有关管理规定要求，申请排污许可证，不得无证排污或不按证排污。建设项目验收报告中与污染物排放相关的主要内容应当纳入该项目验收完成当年排污许可证执行年报。

三、监督检查

(1) 各级生态环境主管部门应当按照《建设项目环境保护事中事后监督管理办法(试行)》等规定，通过“双随机、一公开”抽查制度，强化建设项目环境保护事中事后监督管理。要充分依托建设项目竣工环境保护验收信息平台，采取随机抽取检查对象和随机选派执法检查人员的方式，同时结合重点建设项目定点检查，对建设项目环境保护设施“三同时”落实情况、竣工验收等情况进行监督性检查，监督结果向社会公开。

(2) 需要配套建设的环境保护设施未建成、未经验收或者经验收不合格，建设项目已投入生产或者使用的，或者在验收中弄虚作假的，或者建设单位未依法向社会公开验收报告的，县级以上生态环境主管部门应当依照《建设项目环境保护管理条例》的规定予以处罚，并将建设项目有关环境违法信息及时记入诚信档案，及时向社会公开违法者名单。

(3) 相关地方政府或者政府部门承诺负责实施的环境保护对策措施未按时完成的，生态环境主管部门可以依照法律法规和有关规定采取约谈、综合督查等方式督促相关政府或者政府部门抓紧实施。

第二节　建设项目竣工环境保护验收技术指南　污染影响类

一、适用范围

该指南规定了污染影响类建设项目竣工环境保护验收的总体要求，提出了验收程序、验收自查、验收监测方案和报告编制、验收监测技术的一般要求。

该指南适用于污染影响类建设项目竣工环境保护验收，已发布行业验收技术规范的建设项目服从其规定，行业验收技术规范中未规定的内容按照本指南执行。

二、验收工作程序

验收工作主要包括验收监测工作和后续工作，其中验收监测工作可分为启动、自查、编制验收监测方案、实施监测与检查、编制验收监测报告五个阶段。具体工作程序见图 13-1。

三、验收自查

1. 环保手续履行情况

主要包括环境影响报告书(表)及其审批部门审批决定，初步设计(环保篇)等文件，国家与地方生态环境部门对项目的督查、整改要求的落实情况，建设过程中的重大变动及相应手续履行情况，是否按排污许可相关管理规定申领了排污许可证，是否按辐射安全许可管理办法申领了辐射安全许可证。

2. 项目建成情况

对照环境影响报告书(表)及其审批部门审批决定等文件，自查项目建设性质、规模、地点，主要生产工艺、产品及产量、原辅材料消耗，项目主体工程、辅助工程、公用工程、贮运工程和依托工程内容及规模等情况。

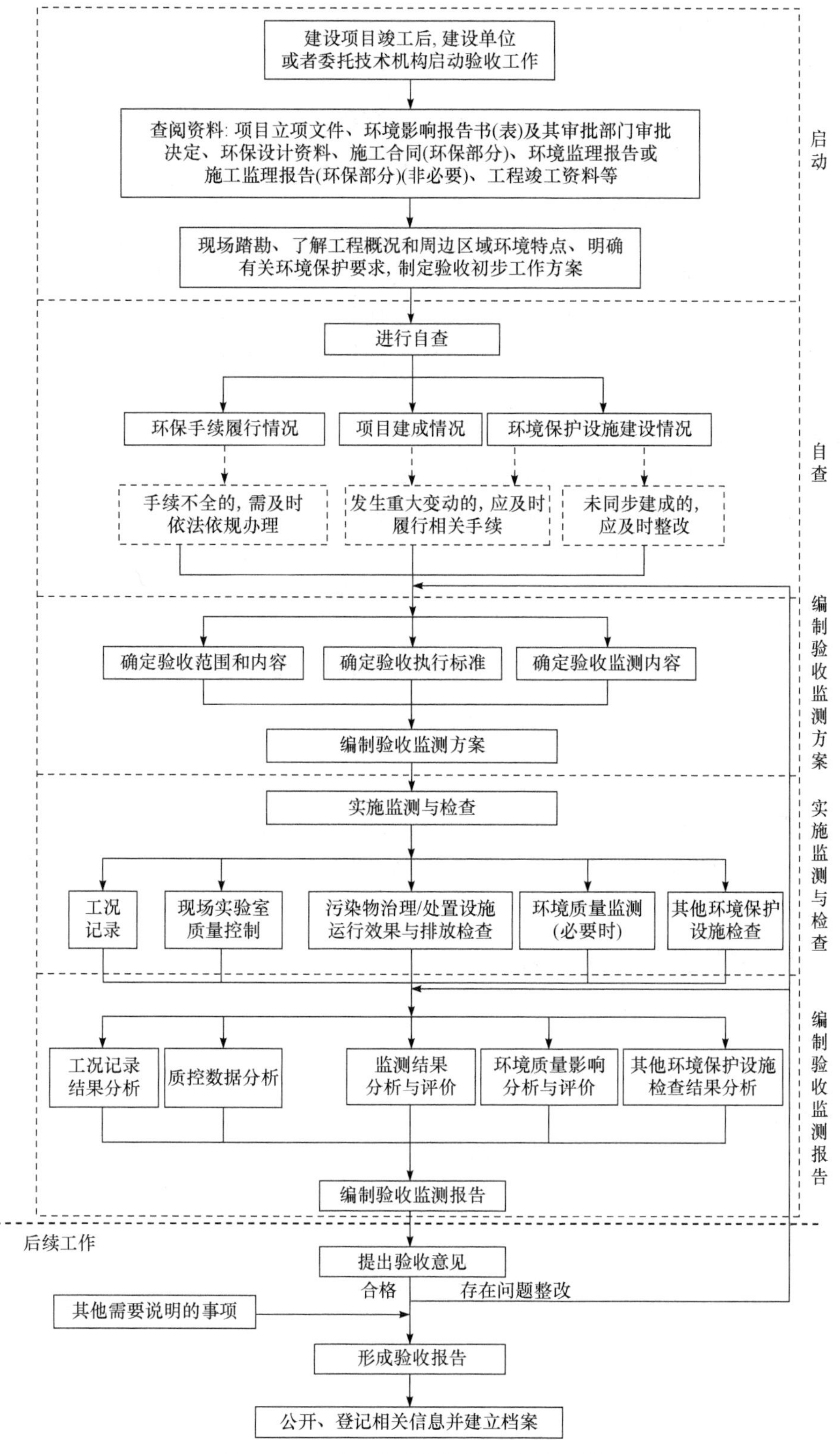

图 13-1　验收工作程序框图(污染影响类)

3. 环境保护设施建设情况

1) 建设过程

施工合同中是否涵盖环境保护设施的建设内容和要求，是否有环境保护设施建设进度和资金使用内容，项目实际环保投资总额占项目实际总投资额的百分比。

2) 污染物治理/处置设施

按照废气、废水、噪声、固体废物的顺序，逐项自查环境影响报告书(表)及其审批部门审批决定中的污染物治理/处置设施建成情况，如废水处理设施类别、规模、工艺及主要技术参数，排放口数量及位置；废气处理设施类别、处理能力、工艺及主要技术参数，排气筒数量、位置及高度；主要噪声源的防噪降噪设施；辐射防护设施类别及防护能力；固体废物的储运场所及处置设施等。

3) 其他环境保护设施

按照环境风险防范、在线监测和其他设施的顺序，逐项自查环境影响报告书(表)及其审批部门审批决定中的其他环境保护设施建成情况，如装置区围堰、防渗工程、事故池；规范化排污口及监测设施、在线监测装置；"以新带老"改造工程、关停或拆除现有工程(旧机组或装置)、淘汰落后生产装置；生态恢复工程、绿化工程、边坡防护工程等。

4) 整改情况

自查发现未落实环境影响报告书(表)及其审批部门审批决定要求的环境保护设施的，应及时整改。

四、重大变动情况

自查发现项目性质、规模、地点、采用的生产工艺或者防治污染、防止生态破坏的措施发生重大变动，且未重新报批环境影响报告书(表)或环境影响报告书(表)未经批准的，建设单位应及时依法依规履行相关手续。

五、验收监测方案与验收监测报告编制

1. 验收监测方案编制

1) 验收监测方案编制目的及要求

编制验收监测方案是根据验收自查结果，明确工程实际建设情况和环境保护设施落实情况，在此基础上确定验收工作范围、验收评价标准，明确监测期间工况记录方法，确定验收监测点位、监测因子、监测方法、频次等，确定其他环境保护设施验收检查内容，制定验收监测质量保证和质量控制工作方案。

验收监测方案作为实施验收监测与检查的依据，有助于验收监测与检查工作开展得更加规范、全面和高效。石化、化工、冶炼、印染、造纸、钢铁等重点行业编制环境影响报告书的项目推荐编制验收监测方案。建设单位也可根据建设项目的具体情况，自行决定是否编制验收监测方案。

2) 验收监测方案推荐内容

验收监测方案内容可包括：建设项目概况、验收依据、项目建设情况、环境保护设施、验收执行标准、验收监测内容、现场监测注意事项、其他环保设施检查内容、质量保证和质量控制方案等。

2. 验收监测报告编制

编制验收监测报告是在实施验收监测与检查后，对监测数据和检查结果进行分析、评价得出结论。结论应明确环境保护设施调试、运行效果，包括污染物排放达标情况、环境保护设施处理效率达到设计指标情况、主要污染物排放总量核算结果与总量指标符合情况，建设项目对周边环境质量的影响情况，其他环保设施落实情况等。

1) 报告编制基本要求

验收监测报告编制应规范、全面，必须如实、客观、准确地反映建设项目对环境影响报告书(表)及审批部门审批决定要求的落实情况。

2) 验收监测报告内容

验收监测报告内容应包括但不限于以下内容：建设项目概况、验收依据、项目建设情况、环境保护设施、环境影响报告书(表)主要结论与建议及审批部门审批决定、验收执行标准、验收监测内容、质量保证和质量控制、验收监测结果、验收监测结论、建设项目环境保护“三同时”竣工验收登记表等。

编制环境影响报告书的建设项目应编制建设项目竣工环境保护验收监测报告，编制环境影响报告表的建设项目可视情况自行决定编制建设项目竣工环境保护验收监测报告书或表。

六、验收监测技术要求

1. 工况记录要求

验收监测应当在确保主体工程工况稳定、环境保护设施运行正常的情况下进行，并如实记录监测时的实际工况以及决定或影响工况的关键参数，如实记录能够反映环境保护设施运行状态的主要指标。

2. 验收执行标准

1) 污染物排放标准

建设项目竣工环境保护验收污染物排放标准原则上执行环境影响报告书(表)及其审批部门审批决定所规定的标准。在环境影响报告书(表)审批之后发布或修订的标准对建设项目执行该标准有明确时限要求的，按新发布或修订的标准执行。特别排放限值的实施地域范围、时间，按国务院生态环境主管部门或省级人民政府规定执行。

建设项目排放环境影响报告书(表)及其审批部门审批决定中未包括的污染物，执行相应的现行标准。

对国家和地方标准以及环境影响报告书(表)审批决定中尚无规定的特征污染因子，可按照环境影响报告书(表)和工程《初步设计》(环保篇)等的设计指标进行参照评价。

2) 环境质量标准

建设项目竣工环境保护验收期间的环境质量评价执行现行有效的环境质量标准。

3) 环境保护设施处理效率

环境保护设施处理效率按照相关标准、规范、环境影响报告书(表)及其审批部门审批决定的相关要求进行评价，也可参照工程《初步设计》(环保篇)中的要求或设计指标进行评价。

3. 监测内容

1) 环保设施调试运行效果监测

(1) 环境保护设施处理效率监测。

包括各种废水、废气处理设施的处理效率；固(液)体废物处理设备的处理效率和综合利用率等；用于处理其他污染物的处理设施的处理效率；辐射防护设施屏蔽能力及效果。

若不具备监测条件，无法进行环保设施处理效率监测的，需在验收监测报告(表)中说明具体情况及原因。

(2) 污染物排放监测。

(a) 排放到环境中的废水，以及环境影响报告书(表)及其审批部门审批决定中有回用或间接排放要求的废水。

(b) 排放到环境中的各种废气，包括有组织排放和无组织排放。

(c) 产生的各种有毒有害固(液)体废物，需要进行危废鉴别的，按照相关危废鉴别技术规范和标准执行。

(d) 厂界环境噪声。

(e) 环境影响报告书(表)及其审批部门审批决定、排污许可证规定的总量控制污染物的排放总量。

(f) 场所辐射水平(如有)。

2) 环境质量影响监测

环境质量影响监测主要针对环境影响报告书(表)及其审批部门审批决定中关注的环境敏感保护目标的环境质量，包括地表水、地下水和海水、环境空气、声环境、土壤环境、辐射环境质量等的监测。

3) 监测因子确定原则

(a) 环境影响报告书(表)及其审批部门审批决定中确定的污染物。

(b) 环境影响报告书(表)及其审批部门审批决定中未涉及，但属于实际生产可能产生的污染物。

(c) 环境影响报告书(表)及其审批部门审批决定中未涉及，但现行相关国家或地方污染物排放标准中有规定的污染物。

(d) 环境影响报告书(表)及其审批部门审批决定中未涉及，但现行国家总量控制规定的污染物。

(e) 其他影响环境质量的污染物，如调试过程中已造成环境污染的污染物，国家或地方生态环境部门提出的、可能影响当地环境质量、需要关注的污染物等。

4) 验收监测频次确定原则

为使验收监测结果全面真实地反映建设项目污染物排放和环境保护设施的运行效果，采样频次应能充分反映污染物排放和环境保护设施的运行情况，监测频次一般按以下原则确定：

(a) 对有明显生产周期、污染物稳定排放的建设项目，污染物的采样和监测频次一般为 2～3 个周期，每个周期 3 至多次(不应少于执行标准中规定的次数)。

(b) 对无明显生产周期、污染物稳定排放、连续生产的建设项目，废气采样和监测频次一般不少于 2 天、每天不少于 3 个样品；废水采样和监测频次一般不少于 2 天， 每天不少于 4

次；厂界噪声监测一般不少于2天，每天不少于昼夜各1次；场所辐射监测运行和非运行两种状态下每个测点测试数据一般不少于5个；固体废物(液)采样一般不少于2天，每天不少于3个样品，分析每天的混合样，需要进行危废鉴别的，按照相关危废鉴别技术规范和标准执行。

(c) 对污染物排放不稳定的建设项目，应适当增加采样频次，以便能够反映污染物排放的实际情况。

(d) 对型号、功能相同的多个小型环境保护设施处理效率监测和污染物排放监测，可采用随机抽测方法进行。

抽测的原则：同样设施总数大于5个且小于20个的，随机抽测设施数量比例应不小于同样设施总数量的50%；同样设施总数大于20个的，随机抽测设施数量比例应不小于同样设施总数量的30%。

(e) 进行环境质量监测时，地表水和海水环境质量监测一般不少于2天，监测频次按相关监测技术规范并结合项目排放口废水排放规律确定。

地下水监测一般不少于2天、每天不少于2次，采样方法按相关技术规范执行；环境空气质量监测一般不少于2天、采样时间按相关标准规范执行；环境噪声监测一般不少于2天、监测量及监测时间按相关标准规范执行；土壤环境质量监测至少布设三个采样点，每个采样点至少采集1个样品，采样点布设和样品采集方法按相关技术规范执行。

(f) 对设施处理效率的监测，可选择主要因子并适当减少监测频次，但应考虑处理周期并合理选择处理前、后的采样时间，对于不稳定排放的，应关注最高浓度排放时段。

4. 质量保证和质量控制要求

验收监测采样方法、监测分析方法、监测质量保证和质量控制要求均按照《排污单位自行监测技术指南　总则》(HJ 819—2017)执行。

第三节　建设项目竣工环境保护验收技术规范　生态影响类

一、总则

1. 适用范围

适用于交通运输(公路、铁路、城市道路和轨道交通、港口和航运、管道运输等)、水利水电、石油和天然气开采、矿山采选、电力生产(风力发电)、农业、林业、牧业、渔业、旅游等行业和海洋、海岸带开发、高压输变电线路等主要对生态造成影响的建设项目，以及区域、流域开发项目竣工环境保护验收调查工作。其他项目涉及生态影响的可参照执行。

2. 验收调查工作程序

验收调查工作可分为准备、初步调查、编制实施方案、详细调查、编制调查报告五个阶段。具体工作程序见图13-2。

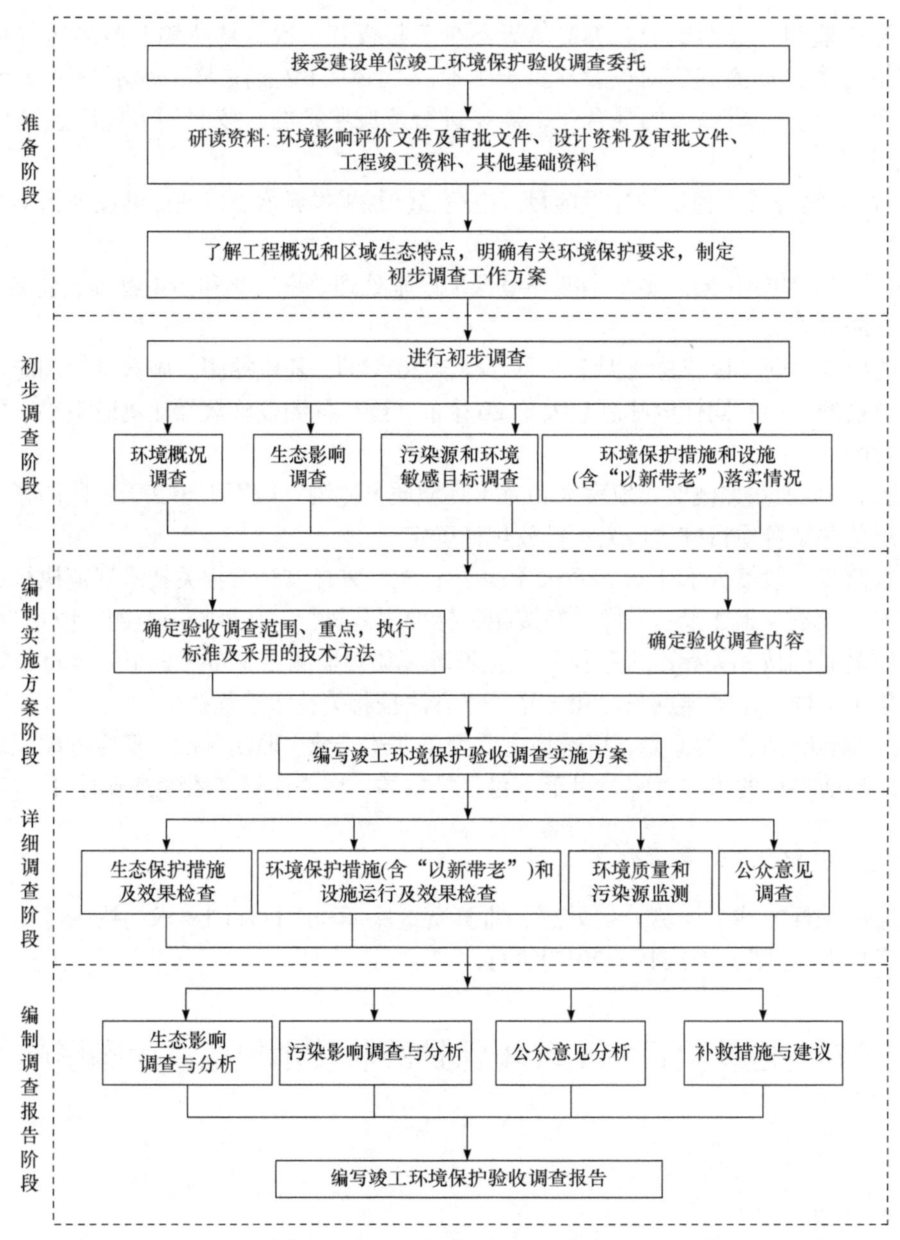

图 13-2 验收调查工作程序(生态影响类)

(1) 准备阶段：收集、分析工程有关的文件和资料，了解工程概况和项目建设区域的基本生态特征，明确环境影响评价文件和环境影响评价审批文件有关要求，制定初步调查工作方案。

(2) 初步调查阶段：核查工程设计、建设变更情况及环境敏感目标变化情况，初步掌握环境影响评价文件和环境影响评价审批文件要求的环境保护措施落实情况、与主体工程配套的污染防治设施完成及运行情况和生态保护措施执行情况，获取相应的影像资料。

(3) 编制实施方案阶段：确定验收调查标准、范围、重点及采用的技术方法，编制验收调查实施方案文本。

(4) 详细调查阶段：调查工程建设期和运行期造成的实际环境影响，详细核查环境影响评价文件及初步设计文件提出的环境保护措施落实情况、运行情况、有效性和环境影响评价审批文件有关要求的执行情况。

(5) 编制调查报告阶段：对项目建设造成的实际环境影响、环境保护措施的落实情况进行论证分析，针对尚未达到环境保护验收要求的各类环境保护问题，提出整改与补救措施，明确验收调查结论，编制验收调查报告文本。

3. 验收调查时段和范围

根据工程建设过程，验收调查时段一般分为工程前期、施工期、试运行期三个时段。

验收调查范围原则上与环境影响评价文件的评价范围一致；当工程实际建设内容发生变更或环境影响评价文件未能全面反映出项目建设的实际生态影响和其他环境影响时，根据工程实际变更和实际环境影响情况，结合现场踏勘对调查范围进行适当调整。

4. 验收调查标准

验收调查标准原则上采用建设项目环境影响评价阶段经生态环境主管部门确认的环境保护标准与环境保护设施工艺指标进行验收，对已修订新颁布的环境保护标准应提出验收后按新标准进行达标考核的建议。

环境影响评价文件和环境影响评价审批文件中有明确规定的按其规定作为验收标准，环境影响评价文件和环境影响评价审批文件中没有明确规定的，可按法律、法规、部门规章的规定参考国家、地方或发达国家环境保护标准；现阶段暂时还没有环境保护标准的可按实际调查情况给出结果。

5. 验收调查运行工况要求

对于公路、铁路、轨道交通等线性工程以及港口项目，验收调查应在工况稳定、生产负荷达到近期预测生产能力(或交通量)的 75%以上的情况下进行；如果短期内生产能力(或交通量)确实无法达到设计能力的 75%或以上的，验收调查应在主体工程运行稳定、环境保护设施运行正常的条件下进行，注明实际调查工况，并按环境影响评价文件近期的设计能力(或交通量)对主要环境要素进行影响分析。生产能力达不到设计能力的 75%时，可以通过调整工况达到设计能力的 75%以上再进行验收调查。国家、地方环境保护标准对建设项目运行工况另有规定的按相应标准规定执行。对于水利水电项目、输变电工程、油气开发工程(含集输管线)、矿山采选可按其行业特征执行，在工程正常运行的情况下即可开展验收调查工作。对分期建设、分期投入生产的建设项目应分阶段开展验收调查工作，如水利、水电项目分期蓄水、发电等。

6. 验收调查重点

验收调查应重点调查以下内容。

(1) 核查实际工程内容及方案设计变更情况。

(2) 环境敏感目标基本情况及变更情况。

(3) 实际工程内容及方案设计变更造成的环境影响变化情况。

(4) 环境影响评价制度及其他环境保护规章制度执行情况。

(5) 环境影响评价文件及环境影响评价审批文件中提出的主要环境影响。

(6) 环境质量和主要污染因子达标情况。

(7) 环境保护设计文件、环境影响评价文件及环境影响评价审批文件中提出的环境保护措施落实情况及其效果、污染物排放总量控制要求落实情况、环境风险防范与应急措施落实情况及有效性。

(8) 工程施工期和试运行期实际存在的及公众反映强烈的环境问题。

(9) 验证环境影响评价文件对污染因子达标情况的预测结果。

(10) 工程环境保护投资情况。

二、验收调查技术要求

1. 环境敏感目标调查

根据表 13-1 所界定的环境敏感目标，调查其地理位置、规模与工程的相对位置关系、所处环境功能区及保护内容等，附图、列表予以说明，并注明实际环境敏感目标与环境影响评价文件中的变化情况及变化原因。

表 13-1　环境敏感目标

环境敏感目标	主要内容
特殊保护地区	国家法律、法规、行政规章及规划确定的或经县级以上人民政府批准的需要特殊保护的地区，如饮用水水源保护区、自然保护区、风景名胜区、生态功能保护区、基本农田保护区、水土流失重点防治区、森林公园、地质公园、世界遗产地、国家重点文物保护单位、历史文化保护地等，以及有特殊价值的生物物种资源分布区域
生态敏感与脆弱区	沙尘暴源区、石漠化区、荒漠中的绿洲、严重缺水地区、珍稀动植物栖息地或特殊生态系统、天然林、热带雨林、红树林、珊瑚礁、鱼虾产卵场、重要湿地和天然渔场等
社会关注区	具有历史、文化、科学、民族意义的保护地等

2. 工程调查

(1) 工程建设过程。应说明建设项目立项时间和审批部门，初步设计完成及批复时间，环境影响评价文件完成及审批时间，工程开工建设时间，环境保护设施设计单位、施工单位和工程环境监理单位，投入试运行时间等。

(2) 工程概况。应明确建设项目所处的地理位置、项目组成、工程规模、工程量、主要经济或技术指标(可列表)、主要生产工艺及流程、工程总投资与环境保护投资(环境保护投资应列表分类详细列出)、工程运行状况等。工程建设过程中发生变更时，应重点说明其具体变更内容及有关情况。

(3) 提供适当比例的工程地理位置图和工程平面图(线性工程给出线路走向示意图)，明确比例尺，工程平面布置图(或线路走向示意图)中应标注主要工程设施和环境敏感目标。

3. 环境保护措施落实情况调查

(1) 概括描述工程在设计、施工、运行阶段针对生态影响、污染影响和社会影响所采取的环境保护措施，并对环境影响评价文件及环境影响评价审批文件所提各项环境保护措施的落实情况一一予以核实、说明。

(2) 给出环境影响评价、设计和实际采取的生态保护和污染防治措施对照、变化情况，并对变化情况予以必要的说明；对无法全面落实的措施，应说明实际情况并提出后续实施、改进的建议。

(3) 生态影响的环境保护措施主要是针对生态敏感目标(水生、陆生)的保护措施，包括植被的保护与恢复措施、野生动物保护措施(如野生动物通道)、水环境保护措施、生态用水泄水建筑物及运行方案、低温水缓解工程措施、鱼类保护设施与措施、水土流失防治措施、土壤质量保护和占地恢复措施，以及自然保护区、风景名胜区、生态功能保护区等生态敏感目标的保护措施、生态监测措施等。

(4) 污染影响的环境保护措施主要是指针对水、气、声、固体废物、电磁、振动等各类污染源所采取的保护措施。

(5) 社会影响的环境保护措施主要包括移民安置、文物保护等方面所采取的保护措施。

4. 生态影响调查

1) 调查内容

根据建设项目的特点设置调查内容，一般包括：

(1) 工程沿线生态状况，珍稀动植物和水生生物的种类、保护级别和分布状况、鱼类三场分布等。

(2) 工程占地情况调查，包括临时占地、永久占地，列表说明占地位置、用途、类型、面积、取弃土量(取弃土场)及生态恢复情况等。

(3) 工程影响区域内水土流失现状、成因、类型，所采取的水土保持、绿化及措施的实施效果等。

(4) 工程影响区域内自然保护区、风景名胜区、饮用水源保护区、生态功能保护区、基本农田保护区、水土流失重点防治区、森林公园、地质公园、世界遗产地等生态敏感目标和人文景观的分布状况，明确其与工程影响范围的相对位置关系、保护区级别、保护物种及保护范围等。提供适当比例的保护区位置图，注明工程相对位置、保护区位置和边界。

(5) 工程影响区域内植被类型、数量、覆盖率的变化情况。

(6) 工程影响区域内不良地质地段分布状况及工程采取的防护措施。

(7) 工程影响区域内水利设施、农业灌溉系统分布状况及工程采取的保护措施。

(8) 建设项目建设及运行改变周围水系情况时，应做水文情势调查，必要时须进行水生生态调查。

(9) 如需进行植物样方、水生生态、土壤调查，应明确调查范围、位置、因子、频次，并提供调查点位图。

(10) 上述内容可根据实际情况进行适当增减。

2) 调查方法

(1) 文件资料调查。

查阅工程有关协议、合同等文件，了解工程施工期产生的生态影响，调查工程建设占用土地(耕地、林地、自然保护区等)或水利设施等产生的生态影响及采取的相应生态补偿措施。

(2) 现场勘察。

(a) 通过现场勘察核实文件资料的准确性，了解项目建设区域的生态背景，评估生态影响的范围和程度，核查生态保护与恢复措施的落实情况。

(b) 现场勘察范围：全面覆盖项目建设所涉及的区域，勘察区域与勘察对象应基本能覆盖建设项目所涉及区域的 80%以上。对于建设项目涉及的范围较大、无法全部覆盖的，可根据随机性和典型性的原则，选择有代表性的区域与对象进行重点现场勘察。

(c) 勘察区域与勘察对象的选择应遵循验收调查重点确定原则进行。

(d) 为了定量了解项目建设前后对周围生态所产生的影响，必要时需进行植物样方调查或水生生态影响调查。若环境影响评价文件未进行此部分调查而工程的影响又较为突出、需定量时，则设置此部分调查内容，原则上与环境影响评价文件中的调查内容、位置、因子相一致；若工程变更影响位置发生变化时，除在影响范围内选点进行调查外，还应在未影响区选择对照点进行调查。

(3) 公众意见调查。

可以定性了解建设项目在不同时期存在的环境影响，发现工程前期和施工期曾经存在的及目前可能遗留的环境问题，有助于明确和分析运行期公众关心的环境问题，为改进已有环境保护措施和提出补救措施提供依据。

公众意见调查在公众知情的情况下开展，可采用问询、问卷调查、座谈会、媒体公示等方法，较为敏感或知名度较高的项目也可采取听证会的方式。调查对象应选择工程影响范围内的人群，从性别、年龄、职业、居住地、受教育程度等方面考虑覆盖社会各阶层的意见，民族地区必须有少数民族的代表。调查样本数量应根据实际受影响人群数量和人群分布特征，在满足代表性的前提下确定。

调查内容可根据建设项目的工程特点和周围环境特征设置，一般包括以下几点。

(a) 工程施工期是否发生过环境污染事件或扰民事件。

(b) 公众对建设项目施工期、试运行期存在的主要环境问题和可能存在的环境影响方式的看法与认识，可按生态、水、气、声、固体废物、振动、电磁等环境要素设计问题。

(c) 公众对建设项目施工期、试运行期采取的环境保护措施效果的满意度及其他意见。

(d) 对涉及环境敏感目标或公众环境利益的建设项目，应针对环境敏感目标或公众环境利益设计调查问题，了解其是否受到影响。

(e) 公众最关注的环境问题及希望采取的环境保护措施。

(f) 公众对建设项目环境保护工作的总体评价。

(4) 遥感调查。

(a) 适用于涉及范围区域较大、人力勘察较为困难或难以到达的建设项目。

(b) 遥感调查一般需以下内容：卫星遥感资料、地形图等基础资料，通过卫星遥感技术或GPS定位等技术获取专题数据；数据处理与分析；成果生成。

3) 调查结果分析

(1) 自然生态影响调查结果。

(a) 根据工程建设前后影响区域内重要野生生物(包括陆生和水生)生存环境及生物量的变化情况，结合工程采取的保护措施，分析工程建设对动植物生存的影响；调查与环境影响评价文件中预测值的符合程度及减免、补偿措施的落实情况。

(b) 分析建设项目建设及运营造成的地貌影响及保护措施。

(c) 分析工程建设对自然保护区、风景名胜区、人文景观等生态敏感目标的影响，并提供工程与环境敏感目标的相对位置关系图，必要时提供图片辅助说明调查结果。

(2) 农业生态影响调查结果。

(a) 与环境影响评价文件对比，列表说明工程实际占地和变化情况，包括基本农田和耕地，明确占地性质、占地位置、占地面积、用途、采取的恢复措施和恢复效果，必要时采用图片进行说明。

(b) 说明工程影响区域内对水利设施、农业灌溉系统采取的保护措施。

(c) 分析采取工程、植物、节约用地、保护和管理措施后，对区域内农业生态的影响。

(3) 水土流失影响调查结果。

(a) 列表说明工程土石方量调运情况，占地位置、原土地类型、采取的生态恢复措施和恢复效果，采取的护坡、排水、防洪、绿化工程等。

(b) 调查工程对影响区域内河流、水利设施的影响，包括与工程的相对位置关系、工程施工方式、采取的保护措施。

(c) 调查采取工程、植物和管理措施后，保护水土资源的情况。

(d) 根据建设项目建设前水土流失原始状况，对工程施工扰动原地貌、损坏土地和植被、弃渣、损坏水土保持设施和造成水土流失的类型、分布、流失总量及危害的情况。

参考文献

胡辉, 杨家宽. 2010. 环境影响评价. 武汉: 华中科技大学出版社.

柳知非. 2017. 环境影响评价. 北京: 中国电力出版社.

生态环境部环境工程评估中心. 2020. 环境影响评价技术方法. 北京: 中国环境出版社.

生态环境部环境工程评估中心. 2020. 环境影响评价相关法律法规. 北京: 中国环境出版社.

生态环境部环境工程评估中心. 2020. 环境影响评价技术导则与标准. 北京: 中国环境出版社.

章丽萍, 张春晖. 2019. 环境影响评价. 北京: 化学工业出版社.

Rau J G, Wooten D C. 1987. 美国环境影响分析手册. 郭震远, 张康生, 刘棣, 等译. 北京: 北京大学出版社.

附录　主要环境保护标准

一、环境质量标准

1. 大气环境质量标准

(1) 《环境空气质量标准》(GB 3095—2012)
(2) 《室内空气质量标准》(GB/T 18883—2002)

2. 水环境质量标准

(1) 《地表水环境质量标准》(GB 3838—2002)
(2) 《海水水质标准》(GB 3097—1997)
(3) 《渔业水质标准》(GB 11607—1989)
(4) 《农田灌溉水质标准》(GB 5084—2021)
(5) 《地下水质量标准》(GB/T 14848—2017)

3. 声环境质量标准

(1) 《声环境质量标准》(GB 3096—2008)
(2) 《城市区域环境振动标准》(GB 10070—1988)
(3) 《机场周围飞机噪声环境标准》(GB 9660—1988)

4. 土壤环境质量标准

(1) 《土壤环境质量 农用地土壤污染风险管控标准(试行)》(GB 15618—2018)
(2) 《土壤环境质量 建设用地土壤污染风险管控标准(试行)》(GB 36600—2018)

二、污染物排放标准

1. 大气污染物排放标准

(1) 《涂料、油墨及胶粘剂工业大气污染物排放标准》(GB 37824—2019)
(2) 《制药工业大气污染物排放标准》(GB 37823—2019)
(3) 《挥发性有机物无组织排放控制标准》(GB 37822—2019)
(4) 《烧碱、聚氯乙烯工业污染物排放标准》(GB 15581—2016)
(5) 《再生铜、铝、铅、锌工业污染物排放标准》(GB 31574—2015)
(6) 《无机化学工业污染物排放标准》(GB 31573—2015)
(7) 《合成树脂工业污染物排放标准》(GB 31572—2015)
(8) 《石油化学工业污染物排放标准》(GB 31571—2015)
(9) 《石油炼制工业污染物排放标准》(GB 31570—2015)
(10) 《火葬场大气污染物排放标准》(GB 13801—2015)

(11) 《锡、锑、汞工业污染物排放标准》(GB 30770—2014)
(12) 《锅炉大气污染物排放标准》(GB 13271—2014)
(13) 《水泥工业大气污染物排放标准》(GB 4915—2013)
(14) 《电池工业污染物排放标准》(GB 30484—2013)
(15) 《砖瓦工业大气污染物排放标准》(GB 29620—2013)
(16) 《电子玻璃工业大气污染物排放标准》(GB 29495—2013)
(17) 《炼焦化学工业污染物排放标准》(GB 16171—2012)
(18) 《铁合金工业污染物排放标准》(GB 28666—2012)
(19) 《轧钢工业大气污染物排放标准》(GB 28665—2012)
(20) 《炼钢工业大气污染物排放标准》(GB 28664—2012)
(21) 《炼铁工业大气污染物排放标准》(GB 28663—2012)
(22) 《钢铁烧结、球团工业大气污染物排放标准》(GB 28662—2012)
(23) 《铁矿采选工业污染物排放标准》(GB 28661—2012)
(24) 《橡胶制品工业污染物排放标准》(GB 27632—2011)
(25) 《火电厂大气污染物排放标准》(GB 13223—2011)
(26) 《平板玻璃工业大气污染物排放标准》(GB 26453—2011)
(27) 《钒工业污染物排放标准》(GB 26452—2011)
(28) 《稀土工业污染物排放标准》(GB 26451—2011)
(29) 《硫酸工业污染物排放标准》(GB 26132—2010)
(30) 《硝酸工业污染物排放标准》(GB 26131—2010)
(31) 《镁、钛工业污染物排放标准》(GB 25468—2010)
(32) 《铜、镍、钴工业污染物排放标准》(GB 25467—2010)
(33) 《铅、锌工业污染物排放标准》(GB 25466—2010)
(34) 《铝工业污染物排放标准》(GB 25465—2010)
(35) 《陶瓷工业污染物排放标准》(GB 25464—2010)
(36) 《合成革与人造革工业污染物排放标准》(GB 21902—2008)
(37) 《电镀污染物排放标准》(GB 21900—2008)
(38) 《煤层气(煤矿瓦斯)排放标准(暂行)》(GB 21522—2008)
(39) 《加油站大气污染物排放标准》(GB 20952—2020)
(40) 《油品运输大气污染物排放标准》(GB 20951—2020)
(41) 《储油库大气污染物排放标准》(GB 20950—2020)
(42) 《煤炭工业污染物排放标准》(GB 20426—2006)
(43) 《饮食业油烟排放标准(试行)》(GB 18483—2001)
(44) 《大气污染物综合排放标准》(GB 16297—1996)
(45) 《工业炉窑大气污染物排放标准》(GB 9078—1996)
(46) 《恶臭污染物排放标准》(GB 14554—1993)

2. 水污染物排放标准

(1) 《船舶水污染物排放控制标准》(GB 3552—2018)
(2) 《烧碱、聚氯乙烯工业污染物排放标准》(GB 15581—2016)

(3)《再生铜、铝、铅、锌工业污染物排放标准》(GB 31574—2015)
(4)《无机化学工业污染物排放标准》(GB 31573—2015)
(5)《合成树脂工业污染物排放标准》(GB 31572—2015)
(6)《石油化学工业污染物排放标准》(GB 31571—2015)
(7)《石油炼制工业污染物排放标准》(GB 31570—2015)
(8)《锡、锑、汞工业污染物排放标准》(GB 30770—2014)
(9)《电池工业污染物排放标准》(GB 30484—2013)
(10)《制革及毛皮加工工业水污染物排放标准》(GB 30486—2013)
(11)《柠檬酸工业水污染物排放标准》(GB 19430—2013)
(12)《合成氨工业水污染物排放标准》(GB 13458—2013)
(13)《纺织染整工业水污染物排放标准》(GB 4287—2012)
(14)《缫丝工业水污染物排放标准》(GB 28936—2012)
(15)《毛纺工业水污染物排放标准》(GB 28937—2012)
(16)《麻纺工业水污染物排放标准》(GB 28938—2012)
(17)《铁矿采选工业污染物排放标准》(GB 28661—2012)
(18)《铁合金工业污染物排放标准》(GB 28666—2012)
(19)《钢铁工业水污染物排放标准》(GB 13456—2012)
(20)《炼焦化学工业污染物排放标准》(GB 16171—2012)
(21)《钒工业污染物排放标准》(GB 26452—2011)
(22)《橡胶制品工业污染物排放标准》(GB 27632—2011)
(23)《磷肥工业水污染物排放标准》(GB 15580—2011)
(24)《汽车维修业水污染物排放标准》(GB 26877—2011)
(25)《发酵酒精和白酒工业水污染物排放标准》(GB 27631—2011)
(26)《弹药装药行业水污染物排放标准》(GB 14470.3—2011)
(27)《稀土工业污染物排放标准》(GB 26451—2011)
(28)《硝酸工业污染物排放标准》(GB 26131—2010)
(29)《硫酸工业污染物排放标准》(GB 26132—2010)
(30)《镁、钛工业污染物排放标准》(GB 25468—2010)
(31)《铜、镍、钴工业污染物排放标准》(GB 25467—2010)
(32)《铅、锌工业污染物排放标准》(GB 25466—2010)
(33)《铝工业污染物排放标准》(GB 25465—2010)
(34)《陶瓷工业污染物排放标准》(GB 25464—2010)
(35)《油墨工业水污染物排放标准》(GB 25463—2010)
(36)《酵母工业水污染物排放标准》(GB 25462—2010)
(37)《淀粉工业水污染物排放标准》(GB 25461—2010)
(38)《制浆造纸工业水污染物排放标准》(GB 3544—2008)
(39)《电镀污染物排放标准》(GB 21900—2008)
(40)《羽绒工业水污染物排放标准》(GB 21901—2008)
(41)《合成革与人造革工业污染物排放标准》(GB 21902—2008)
(42)《发酵类制药工业水污染物排放标准》(GB 21903—2008)

(43) 《化学合成类制药工业水污染物排放标准》(GB 21904—2008)
(44) 《提取类制药工业水污染物排放标准》(GB 21905—2008)
(45) 《中药类制药工业水污染物排放标准》(GB 21906—2008)
(46) 《生物工程类制药工业水污染物排放标准》(GB 21907—2008)
(47) 《混装制剂类制药工业水污染物排放标准》(GB 21908—2008)
(48) 《制糖工业水污染物排放标准》(GB 21909—2008)
(49) 《杂环类农药工业水污染物排放标准》(GB 21523—2008)
(50) 《皂素工业水污染物排放标准》(GB 20425—2006)
(51) 《煤炭工业污染物排放标准》(GB 20426—2006)
(52) 《啤酒工业污染物排放标准》(GB 19821—2005)
(53) 《医疗机构水污染物排放标准》(GB 18466—2005)
(54) 《味精工业污染物排放标准》(GB 19431—2004)
(55) 《城镇污水处理厂污染物排放标准》(GB 18918—2002)
(56) 《兵器工业水污染物排放标准 火炸药》(GB 14470.1—2002)
(57) 《兵器工业水污染物排放标准 火工药剂》(GB 14470.2—2002)
(58) 《畜禽养殖业污染物排放标准》(GB 18596—2001)
(59) 《污水海洋处置工程污染控制标准》(GB 18486—2001)
(60) 《污水综合排放标准》(GB 8978—1996)
(61) 《航天推进剂水污染物排放标准》(GB 14374—1993)
(62) 《肉类加工工业水污染物排放标准》(GB 13457—1992)
(63) 《海洋石油开发工业含油污水排放标准》(GB 4914—1985)
(64) 《船舶工业污染物排放标准》(GB 4286—1984)

3. 环境噪声排放标准

(1) 《建筑施工场界环境噪声排放标准》(GB 12523—2011)
(2) 《工业企业厂界环境噪声排放标准》(GB 12348—2008)
(3) 《社会生活环境噪声排放标准》(GB 22337—2008)
(4) 《铁路边界噪声限值及其测量方法》(GB 12525—1990) 及修改方案

4. 固体废物污染控制标准

(1) 《固体废物鉴别标准 通则》(GB 34330—2017)
(2) 《含多氯联苯废物污染控制标准》(GB 13015—2017)
(3) 《水泥窑协同处置固体废物污染控制标准》(GB 30485—2013)
(4) 《生活垃圾焚烧污染控制标准》(GB 18485—2014)
(5) 《生活垃圾填埋场污染控制标准》(GB 16889—2008)
(6) 《医疗废物焚烧炉技术要求(试行)》(GB 19218—2003)
(7) 《危险废物焚烧污染控制标准》(GB 18484—2020)
(8) 《危险废物贮存污染控制标准》(GB 18597—2001)
(9) 《危险废物填埋污染控制标准》(GB 18598—2019)
(10) 《一般工业固体废物贮存和填埋污染控制标准》(GB 18599—2020)

(11) 《农用污泥污染物控制标准》(GB 4284—2018)

三、环境影响评价标准

(1) 《环境影响评价技术导则　土壤环境(试行)》(HJ 964—2018)
(2) 《建设项目环境风险评价技术导则》(HJ 169—2018)
(3) 《环境影响评价技术导则　地表水环境》(HJ 2.3—2018)
(4) 《环境影响评价技术导则　城市轨道交通》(HJ 453—2018)
(5) 《环境影响评价技术导则　大气环境》(HJ 2.2—2018)
(6) 《建设项目环境影响评价技术导则　总纲》(HJ 2.1—2016)
(7) 《环境影响评价技术导则　地下水环境》(HJ 610—2016)
(8) 《尾矿库环境风险评估技术导则(试行)》(HJ 740—2015)
(9) 《环境影响评价技术导则　钢铁建设项目》(HJ 708—2014)
(10) 《环境影响评价技术导则　输变电工程》(HJ 24—2014)
(11) 《规划环境影响评价技术导则　总纲》(HJ 130—2019)
(12) 《环境影响评价技术导则　生态影响》(HJ 19—2011)
(13) 《环境影响评价技术导则　煤炭采选工程》(HJ 619—2011)
(14) 《环境影响评价技术导则　制药建设项目》(HJ 611—2011)
(15) 《建设项目环境影响技术评估导则》(HJ 616—2011)
(16) 《环境影响评价技术导则　农药建设项目》(HJ 582—2010)
(17) 《环境影响评价技术导则　声环境》(HJ 2.4—2021)
(18) 《规划环境影响评价技术导则　煤炭工业矿区总体规划》(HJ 463—2009)
(19) 《环境影响评价技术导则　陆地石油天然气开发建设项目》(HJ/T 349—2007)
(20) 《开发区区域环境影响评价技术导则》(HJ/T 131—2003)
(21) 《环境影响评价技术导则　水利水电工程》(HJ/T 88—2003)
(22) 《环境影响评价技术导则　石油化工建设项目》(HJ/T 89—2003)
(23) 《环境影响评价技术导则　民用机场建设工程》(HJ/T 87—2002)
(24) 《500 kV 超高压送变电工程电磁辐射环境影响评价技术规范》(HJ/T 24—1998)
(25) 《辐射环境保护管理导则　电磁辐射环境影响评价方法与标准》(HJ/T 10.3—1996)

四、建设项目竣工环境保护验收技术规范

(1) 《建设项目竣工环境保护验收技术指南　污染影响类》(生态环境部公告 2018 年第 9 号)
(2) 《建设项目竣工环境保护验收技术规范　医疗机构》(HJ 794—2016)
(3) 《建设项目竣工环境保护验收技术规范　制药》(HJ 792—2016)
(4) 《建设项目竣工环境保护验收技术规范　涤纶》(HJ 790—2016)
(5) 《建设项目竣工环境保护验收技术规范　粘胶纤维》(HJ 791—2016)
(6) 《建设项目竣工环境保护验收技术规范　纺织染整》(HJ 709—2014)
(7) 《建设项目竣工环境保护验收技术规范　输变电工程》(HJ 705—2014)
(8) 《建设项目竣工环境保护验收技术规范　煤炭采选》(HJ 672—2013)
(9) 《建设项目竣工环境保护验收技术规范　石油天然气开采》(HJ 612—2011)
(10) 《建设项目竣工环境保护验收技术规范　公路》(HJ 552—2010)

(11) 《建设项目竣工环境保护验收技术规范 水利水电》(HJ 464—2009)
(12) 《建设项目竣工环境保护验收技术规范 港口》(HJ 436—2008)
(13) 《储油库、加油站大气污染治理项目验收检测技术规范》(HJ/T 431—2008)
(14) 《建设项目竣工环境保护设施验收技术规范 造纸工业》(HJ 408—2021)
(15) 《建设项目竣工环境保护设施验收技术规范 汽车制造》(HJ 407—2021)
(16) 《建设项目竣工环境保护设施验收技术规范 乙烯工程》(HJ 406—2021)
(17) 《建设项目竣工环境保护设施验收技术规范 石油炼制》(HJ 405—2021)
(18) 《建设项目竣工环境保护设施验收技术规范 钢铁工业》(HJ 404—2021)
(19) 《建设项目竣工环境保护验收技术规范 城市轨道交通》(HJ/T 403—2007)
(20) 《建设项目竣工环境保护验收技术规范 生态影响类》(HJ/T 394—2007)
(21) 《建设项目竣工环境保护验收技术规范 水泥制造》(HJ/T 256—2006)
(22) 《建设项目竣工环境保护验收技术规范 火力发电》(HJ/T 255—2006)
(23) 《建设项目竣工环境保护验收技术规范 电解铝》(HJ/T 254—2006)